U0312722

阻止洋垃圾入境仍在征途

周炳炎　于泓锦
赵　彤　杨玉飞　编著

中国环境出版集团·北京

图书在版编目（CIP）数据

阻止洋垃圾入境仍在征途/周炳炎等编著.—北京：中国环境
出版集团，2019.6
ISBN 978-7-5111-4035-7

Ⅰ．①阻… Ⅱ．①周… Ⅲ．① 固体废物管理—进出口
限制—研究—中国 Ⅳ．①X324.2

中国版本图书馆 CIP 数据核字（2019）第 137201 号

出 版 人 武德凯
责任编辑 李卫民
责任校对 任 丽
封面设计 宋 瑞

出版发行 中国环境出版集团
（100062 北京市东城区广渠门内大街 16 号）
网 址：http://www.cesp.com.cn
电子邮箱：bjgl@cesp.com.cn
联系电话：010-67112765（编辑管理部）
发行热线：010-67125803，010-67113405（传真）
印 刷 北京中科印刷有限公司
经 销 各地新华书店
版 次 2019 年 6 月第 1 版
印 次 2019 年 6 月第 1 次印刷
开 本 787×960 1/16
印 张 21.5
字 数 454 千字
定 价 90.00 元

前　言

党的十九大明确将打好污染防治攻坚战作为决胜全面建成小康社会的三大攻坚战之一。在 2018 年 5 月 18—19 日召开的全国生态环境保护大会上，习近平总书记强调生态文明建设是关系中华民族永续发展的根本大计，生态环境是关系党的使命宗旨的重大政治问题，也是关系民生的重大社会问题。会议提出加大力度推进生态文明建设、解决生态环境问题，坚决打好污染防治攻坚战，推动中国生态文明建设迈上新台阶。同年 6 月 16 日印发的《中共中央　国务院关于全面加强生态环境保护坚决打好污染防治攻坚战的意见》，将"全面禁止洋垃圾入境，严厉打击走私，大幅减少固体废物进口种类和数量"作为强化固体废物污染防治工作的一项重要任务。

进口固体废物是一个特定历史时期的产物。在国家整体实力较弱、经济发展还非常落后的时候几乎没有固体废物进口，进口货物基本都是国家稀缺物品。改革开放之后，随着国际贸易的活跃与发展，国外淘汰的东西、很多废弃物质逐渐成为原料以弥补资源不足；国家适度允许进口废物，成就了大批的废物资源利用企业，也解决了许多百姓的就业问题。而当经济发展水平和人们生活水平都达到一定高度之后，国人开始意识到进口固体废物的诸多负面影响，但沉疴积弊，且在国内自身的固体废物环境污染问题还没完全解决好的情况下还要帮别人处理消纳固体废物，自然不是一件光彩的事情，受人诟病，这些废物因此被称为"洋垃圾"。既然是境外的垃圾，很自然地应该成为我国拒绝的对象，党中央和国务院审时度势，坚定地支持执法部门打击洋垃圾进口；生态环境保护部顺势而为，积极制定并落实禁止洋垃圾进口的各项政策；海关系统平战结合，积极部署和执行打击洋垃圾进口的专项行动。今后即便是有一定利用价值的固体废物也难以堂而皇之地大批量进口,进口洋垃圾将会面临执法机关严厉的惩罚。这也是事物的因果关系,使本就没有非常鼓励进口的固体废物更加难以进入国门,让害群之马的洋垃圾销声匿迹也算是回归其正常状态。

我国进口废物由无到有、再由允许进口到禁止进口的管理进程并非是由"进"到"禁"两个字这么简单,牵涉很多方面,是一个系统而复杂的管理工作。首先,从管理层面,20多年来我国政府主管部门对待进口废物一直持谨慎小心的态度,没有大张旗鼓地允许各类固体废物进口,将有限允许进口的 10 余类固体废物定位于可用作原料的资源。法律明确规定进口废物必须符合环境保护标准要求,必须是列入允许进口废物目录中的废物,而且建立了各种监管措施和要求,是一个纵横交织的网络体系。其次,从执行层面,国家建立了许多方法对策,如加强口岸检验力度来堵截洋垃圾进口、加强对违规违法进口的打击力度以震慑犯罪分子、加强监管设备和人员配备等执法能力上的投入、加强进口审批和对利用企业的考核监督检查、加强固体废物属性鉴别体系建设和技术支持等。最后,从执行效果上,虽有不尽如人意的地方,但总体还是有效的。进口资源性废物倾注了很多人的投入和心血,不妨多一些理性思考,辩证地看待其功过是非,如某些特定的进口废金属及含金属废物的有价成分及其含量无疑比进口同类矿物要好得多,其利用过程产生的污染物也少得多。尽管进口固体废物有着各种争议,确有鱼龙混杂的现象,但我国法律法规从来不允许放射性废物、危险废物、混合生活垃圾、医疗垃圾、工业残渣、水处理污泥、废水处理污泥、建筑垃圾、众多产品类废物、农林业残余物等绝大多数固体废物或明显具有环境危害性的固体废物进境,各级监管机关对这些废物从来都是多措并举、强化管理,始终高悬执法利剑。

我国进口废物管理的历史并不长,在生态环境部的直接领导和大力支持下,中国环境科学研究院作为技术支持机构一直参与其中,在近20年海关总署持续开展的打击洋垃圾进口的各种行动中承担了一些具体技术工作并发挥了作用:一是承担固体废物属性鉴别工作，接受各地监管和执法机关（如口岸缉私机构、检验机构、查验监管机构等）的鉴别委托，为执法和监督管理提供技术依据。固体废物属性鉴别工作量大、难度大、责任亦很大。二是在时间紧、任务重、意见多的情况下，确保在 2017 年 12 月底前完成了 11 项《进口可用作原料的固体废物环境保护控制标准》的修订任务，这是国家《关于禁止洋垃圾入境推进固体废物进口管理制度改革实施方案》中部署的一项主要任务。三是完成了《固体废物鉴别标准　通则》（GB 34330—2017）的编制任务，该标准是打击洋垃圾入境行动中判断进口货物是否属于固体废物的最直接的技术依据，完善了固体废物环境管理的技术标准体系。四是在我国出台进口废物管理制度改革新措施后，国际上反响较大，有些国际组织、外国机构质疑我国政府的主张，中国环境科学研究院配合生态环境部的职能部门积极应对，阐明我国的立场，澄清了一些对我国严厉管制进口废物的模糊认识。五是起草并反复修改《固体废物属性鉴别程序》。六是完善和细化进口废物管理目录等。

　　本书内容主要是最近几年工作的集中体现，同时将我国政府禁止洋垃圾入境的决策部署及社会反响的相关内容也进行了梳理，书中不同部分还融入了作者的一些思考体会和建议，不一定都正确，繁简不一定都合人意，真诚希望大家批评指正！另外，还将美国废料回收产业协会（ISRI）的废物分类指南中的部分内容翻译出来作为本书的资料性附件，其中难免存在不准确的地方，敬请谅解。图文并茂、理论联系实际、直面困惑、解决难题是本书的特点，也是作者的良苦用心，从而使本书具有较强的实用性，希望为广大固体废物工作者和关注者参考借鉴。

　　得益于生态环境部各级领导的大力支持，我们有幸参与进口废物管理的技术工作，尤其是打击洋垃圾入境的固体废物属性鉴别工作，并有充足的动力和信心去战胜困难和顶住压力，在此衷心地表示感谢！参加本书编写的还有聂志强、郝雅琼、黄泽春、郭琳琳、鞠红岩、刘刚、谭春梅、周依依、周红、张喆、王宁、孟棒棒等，对大家的付出表示感谢！在标准编制等各项工作中还有一些领导和其他参与者同样也是本书的贡献者，不一一列名，一并表示感谢！

易以知险，简以知阻，简易最能知险阻，知险阻才能有效应对危险和避开障碍。国人对待进口固体废物历来有不同声音，管理政策也经常调整变化，由易到繁，再由繁至简，从资源利用角度总是存在"进"与"禁"的争议，由于一些处于产品和废物之间、原材料和废物之间的被查扣货物的物质属性不易辨识，很多粗加工材料或初级加工产物缺乏明晰的产品标准和鉴别判断依据，因而不利于这些货物的进口管理。当下亟须厘清禁止进口洋垃圾与良好且必需的再生资源产品之间的区分界限，并建立管理清单和简明规则，这样才能有利于指导和解决各口岸遇到的一些棘手问题。总之，禁止洋垃圾入境是国家决策部署的一件大事，影响深远；洋垃圾入境情形复杂多样，难以一朝绝迹，仍需要大家把握大势积极应对、去伪存真、砥砺前行。

目 录

第一章　洋垃圾入境的表现形式^①

　　多年以来，新闻媒体不断曝光非法进口固体废物的现象和事件，洋垃圾入境产生了恶劣的社会影响，成为全社会的众矢之的。海关部门不断查处非法进口固体废物案件，环保部门不断出台应对之策。阻止洋垃圾入境并非始于当下，而是伴随着我国进口废物管理的发展，政府主管部门既处于为国内经济发展需要有效管控进口少量资源性废物的主导地位，也处于有效阻止洋垃圾入境的主导地位，尤其自 2017 年我国开启了禁止洋垃圾入境的最严厉模式后，打击洋垃圾进口成为一项政治任务，正常审批的进口废物种类和数量显著减少，直至 2020 年年底前基本实现固体废物零进口。通过全方位参与环境保护部门进口废物管理的技术工作，如制定进口废物环境保护标准和固体废物鉴别标准，调整进口废物目录，制定进口废物政策，承担固体废物属性鉴别、进口废物环境影响评估、与进口废物相关的各种答疑解惑等工作，我们接触到了各种各样不符合我国环境保护标准要求和政策要求的进口废物，这些废物无疑都属于洋垃圾。

　　通过近 20 年不间断的固体废物属性鉴别工作的经验积累，笔者总结洋垃圾入境存在的问题主要表现在以下方面：

　　一是进口不符合我国环境保护标准要求的固体废物。以往我国允许进口少数种类的资源性废物作为原材料缺口的适当补充，为此，国家主管部门采取了诸多监管措施，但在实际工作中发现部分企业进口不符合政策要求和环境保护标准要求的废物，且防不胜防、管不胜管，合法进口的废物资源品质也是良莠不齐。由于违法违规进口扰乱了国内市场的正常供给需求，那些允许利用进口固体废物的守法经营企业也受到了不利影响。

　　二是违法违规走私进口固体废物。这类情形非常复杂、隐蔽性极强，如果不是有意识的紧盯查处或情报信息支持几乎难以被发现，但经海关监管查验机构和缉私部门的不懈努力，每年开展打击走私固体废物专项行动，查处了各类固体废物违法违规进口案件，打击了犯罪分子的嚣张气焰。

　　三是有相当多的企业和贸易商不认真解读或不关注国家进口废物政策，只是按照个人的片面理解误入歧途，不合规进口、冒险进口甚至错误进口一些属于禁止进口的固体废物，入境被查后不可避免地造成巨大损失。

---

① 本章内容来自中国环境科学研究院完成的固体废物鉴别案例。

　　四是长期以来国家一直实行严厉的进口废物管制政策，对生活垃圾、放射性废物、危险废物、废弃电器和电子产品、其他大多数产品类废物等都早已明令禁止进口，但也间或有违法进口情形发生，尤其是非法进口电器和电子产品类废物。

　　五是相当长时间以来我国对境外一些非常好的再生资源如何有效地与固体废物相区分并没有建立清晰的界限或明确的依据，很多企业单纯从经济利益和资源可利用性的角度考虑，贸然进口一些高值资源性废物或者一些介于正常资源性产品和废物之间、处于灰色地带的货物，此类情形也常有被查扣的，其中被鉴别为固体废物的比例还比较高。

　　2017年下半年以来，由于国家实行更严厉的禁止洋垃圾进口政策，海关总署持续开展打击行动，除了上述进口洋垃圾的形式以外，一些口岸执法机关还发现了洋垃圾化整为零的"蚂蚁搬家"式入境新动向，更具有隐蔽性，很容易被忽视。这些新动向有以下具体表现形式：一是航班旅客携带入境，例如，西部某省份的机场海关相继查扣了多起航班旅客入境时行李箱携带废手机显示屏、废手机、废线路板的情况，通过现场鉴别被认定为禁止进口的固体废物。二是陆路旅客携带入境，如西北某陆路口岸发现入境旅客携带废线路板入境。三是货船空载返回境内时，夹藏一些废物隐蔽进境，例如，某海关查获了船舶舱底夹带生活垃圾和货运船舶侧壁夹层私藏废钢铁入境的情况。四是船舶携带入境，例如，某海关水上缉私机构查获运输船舶携带废轮胎，看似为防撞击和增加浮力的安全措施，实则为变相走私进口废轮胎。可谓是海陆空都有，这些情形下单批次入境废物数量很少，形态较简单，货值也不大，不易被发觉和被查处，很容易被监管忽略。

　　本章选取了我们最近几年在鉴别工作中接触到的各类典型固体废物属性鉴别案例，其中不少是绝大多数人在日常生活和工作中都难以接触到的废物，比媒体经常关注和曝光的以废塑料、废纸为主的洋垃圾要宽泛和复杂得多；其中的非产品类废物案例难以做到快速鉴别判断，必须要经过实验分析和物质来源分析才能准确判断。这些案例一方面确实反映出洋垃圾进口的多样性、复杂性和较大的危害性，另一方面也表明阻止其入境工作的艰巨性。

一、废金属及含金属废物案例

[案例 1]：含油污废金属（20130274HB）

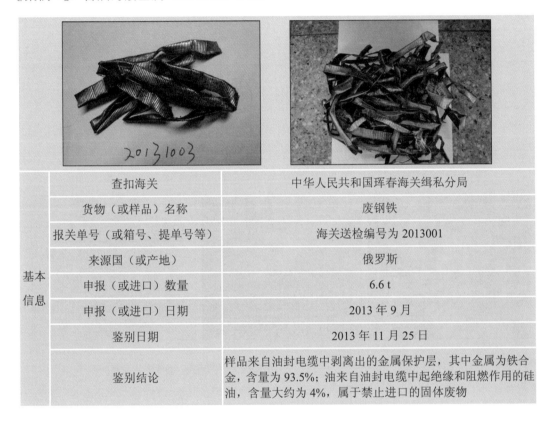

基本信息	查扣海关	中华人民共和国珲春海关缉私分局
	货物（或样品）名称	废钢铁
	报关单号（或箱号、提单号等）	海关送检编号为 2013001
	来源国（或产地）	俄罗斯
	申报（或进口）数量	6.6 t
	申报（或进口）日期	2013 年 9 月
	鉴别日期	2013 年 11 月 25 日
	鉴别结论	样品来自油封电缆中剥离出的金属保护层，其中金属为铁合金，含量为 93.5%；油来自油封电缆中起绝缘和阻燃作用的硅油，含量大约为 4%，属于禁止进口的固体废物

[案例 2]：不合格废铝（20170030HB）

基本信息	查扣海关	中华人民共和国大窑湾海关查验处
	货物（或样品）名称	铝废碎料
	报关单号（或箱号、提单号等）	报关单号为 090820171080021687
	来源国（或产地）	美国
	申报（或进口）数量	104.58 t
	申报（或进口）日期	2017 年 3 月 10 日
	鉴别日期	2017 年 4 月 18 日
	鉴别结论	回收破碎的废杂铝，属于不得进口的固体废物

［案例 3］：不合格废铝（20160056HB）

基本信息	查扣海关	中华人民共和国鲅鱼圈海关缉私分局
	货物（或样品）名称	其他铝废碎料
	报关单号（或箱号、提单号等）	报关单号为 095020161500005134
	来源国（或产地）	英国
	申报（或进口）数量	73.6 t
	申报（或进口）日期	2016 年 9 月 9 日
	鉴别日期	2016 年 10 月 25 日
	鉴别结论	回收破碎的废杂铝，明显沾染尘土污物，明显含有各种非金属杂物，非金属杂物的含量和粉尘（末）含量均超标许多，属于不得进口的固体废物

［案例 7］：含锌烟灰（20170029HB）

基本信息	查扣海关	中华人民共和国天津经济技术开发区海关缉私分局
	货物（或样品）名称	氧化锌混合物
	报关单号（或箱号、提单号等）	报关单号为 020220171000034689
	来源国（或产地）	阿曼
	申报（或进口）数量	752 t
	申报（或进口）日期	2017 年
	鉴别日期	2017 年 4 月 14 日
	鉴别结论	电弧炉炼钢除尘灰，属于禁止进口的固体废物

［案例 8］：火法炼铜熔炼渣（20170063HB）

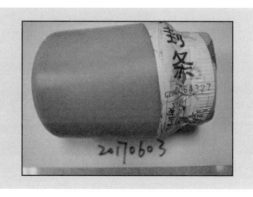 

基本信息	查扣海关	中华人民共和国马尾海关缉私分局
	货物（或样品）名称	铜精矿
	报关单号（或箱号、提单号等）	报关单号为 350120171017004153
	来源国（或产地）	赞比亚
	申报（或进口）数量	52.99 t
	申报（或进口）日期	2017 年 2 月
	鉴别日期	2017 年 8 月 8 日
	鉴别结论	经过球磨处理的火法炼铜熔炼渣，属于禁止进口的固体废物

［案例 9］：铜冶炼生产中以灰、渣为主的混合废物（20170068HB）

基本信息	查扣海关	中华人民共和国阿拉山口海关
	货物（或样品）名称	铜锍
	报关单号（或箱号、提单号等）	报关单号为 940420161046023583
	来源国（或产地）	哈萨克斯坦
	申报（或进口）数量	63 t
	申报（或进口）日期	2016 年 7 月 28 日
	鉴别日期	2017 年 8 月 21 日
	鉴别结论	样品不是铜锍，是铜冶炼生产中以灰、渣为主的混合物，属于禁止进口的固体废物

[案例 10]：黄铜灰渣泥（20160046HB）

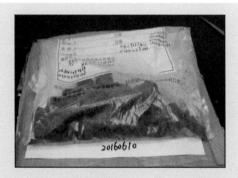

基本信息	查扣海关	中华人民共和国拱北海关缉私局
	货物（或样品）名称	铜矿砂
	报关单号（或箱号、提单号等）	箱号为 HLBU1023643、HLXU3426732 等
	来源国（或产地）	美国
	申报（或进口）数量	约 50 t
	申报（或进口）日期	2016 年
	鉴别日期	2016 年 8 月 24 日
	鉴别结论	废铜熔炼产生的灰渣泥混合物，属于禁止进口的固体废物

[案例 11]：主要含铜铅的有色金属混合废物（20160057HB）

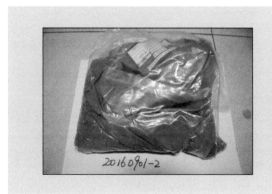

基本信息	查扣海关	中国检验认证集团广东有限公司东莞分公司
	货物（或样品）名称	铜锍
	报关单号（或箱号、提单号等）	无
	来源国（或产地）	无
	申报（或进口）数量	总重量 29.11 万 t
	申报（或进口）日期	2016 年
	鉴别日期	2016 年 11 月 1 日
	鉴别结论	主要含铜铅的有色金属物料经高温氧化还原处理以及磨选处理的混合物，属于禁止进口的固体废物

［案例 12］：铅冶炼渣（20160036HB）

基本信息	查扣海关	中华人民共和国泰州海关
	货物（或样品）名称	铁矿
	报关单号（或箱号、提单号等）	艾丽娜轮航次号：1313
	来源国（或产地）	柬埔寨
	申报（或进口）数量	无
	申报（或进口）日期	2016 年
	鉴别日期	2016 年 7 月 6 日
	鉴别结论	含有色金属物料经高温氧化还原处理以及磨选处理的铅冶炼渣混合物，属于禁止进口的固体废物

［案例 13］：镍渣（20170015HB）

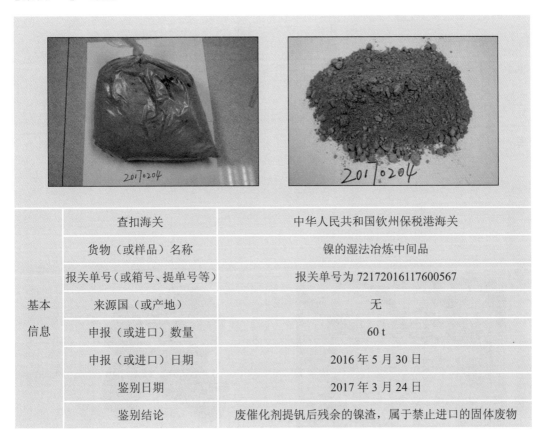

基本信息	查扣海关	中华人民共和国钦州保税港海关
	货物（或样品）名称	镍的湿法冶炼中间品
	报关单号（或箱号、提单号等）	报关单号为 72172016117600567
	来源国（或产地）	无
	申报（或进口）数量	60 t
	申报（或进口）日期	2016 年 5 月 30 日
	鉴别日期	2017 年 3 月 24 日
	鉴别结论	废催化剂提钒后残余的镍渣，属于禁止进口的固体废物

［案例 14］：铝灰（20160052HB）

基本信息	查扣海关	中华人民共和国大窑湾海关
	货物（或样品）名称	铜矿砂
	报关单号（或箱号、提单号等）	报关单号为 090820151081524533
	来源国（或产地）	巴基斯坦
	申报（或进口）数量	1 991.56 t
	申报（或进口）日期	2015 年 7 月 10 日
	鉴别日期	2016 年 9 月 28 日
	鉴别结论	铝废碎料回收熔炼产生的铝灰，属于禁止进口的固体废物

［案例 15］：废镁碳砖（20180039HB）

基本信息	查扣海关	中华人民共和国大窑湾海关
	货物（或样品）名称	镁碳砖碎块
	报关单号（或箱号、提单号等）	报关单号为 091020171100174983
	来源国（或产地）	韩国
	申报（或进口）数量	220 t
	申报（或进口）日期	2017 年 12 月 14 日
	鉴别日期	2018 年 3 月 26 日
	鉴别结论	样品是回收镁碳砖的破碎料，属于禁止进口的固体废物

[案例16]：线路板退锡废液处理的污泥（20150056HB）

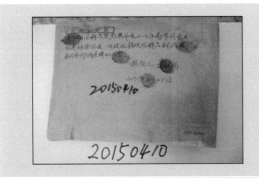

基本信息	查扣海关	中华人民共和国苏州海关缉私分局
	货物（或样品）名称	走私废物
	报关单号（或箱号、提单号等）	报关单号为232720141274054255
	来源国（或产地）	泰国
	申报（或进口）数量	7.2 t
	申报（或进口）日期	2014年12月4日
	鉴别日期	2015年5月6日
	鉴别结论	印刷电路板退锡废液沉淀污泥，属于禁止进口的固体废物

[案例17]：含稀土磁性材料的废料（20160054HB）

基本信息	查扣海关	大连海关化验中心
	货物（或样品）名称	稀土
	报关单号（或箱号、提单号等）	报关单号为 060320161031605924
	来源国（或产地）	俄罗斯
	申报（或进口）数量	3 t
	申报（或进口）日期	2016 年
	鉴别日期	2016 年 8 月 22 日
	鉴别结论	钕钐钴合金生产中的混合废物，属于禁止进口的固体废物

［案例 18］：稀土废物（20160049HB）

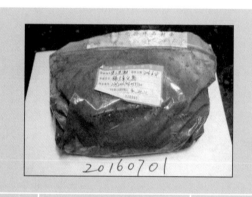 

基本信息	查扣海关	中华人民共和国连云港海关
	货物（或样品）名称	稀土氧化物
	报关单号（或箱号、提单号等）	报关单号为 230120161016015730
	来源国（或产地）	比利时
	申报（或进口）数量	6.274 t
	申报（或进口）日期	2016 年 6 月 17 日
	鉴别日期	2016 年 9 月 5 日
	鉴别结论	稀土材料提取过程中产生的废物，属于禁止进口的固体废物

[案例 19]：硫酸烧渣（20160050HB）

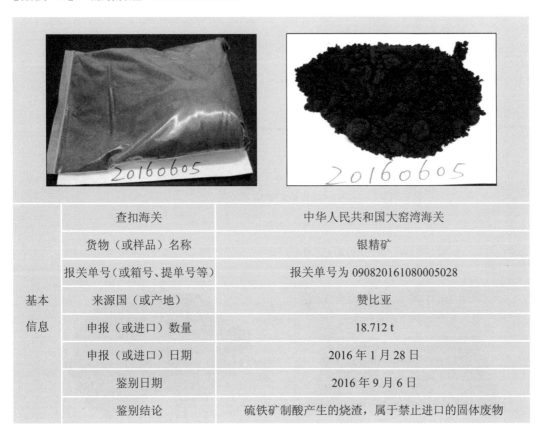

基本信息	查扣海关	中华人民共和国大窑湾海关
	货物（或样品）名称	银精矿
	报关单号（或箱号、提单号等）	报关单号为 09082016108005028
	来源国（或产地）	赞比亚
	申报（或进口）数量	18.712 t
	申报（或进口）日期	2016 年 1 月 28 日
	鉴别日期	2016 年 9 月 6 日
	鉴别结论	硫铁矿制酸产生的烧渣，属于禁止进口的固体废物

[案例 20]：轧钢过程中的混合污泥（20170016HB）

基本信息	查扣海关	中华人民共和国唐山海关
	货物（或样品）名称	铁的氧化物
	报关单号（或箱号、提单号等）	报关单号为041220161126003582
	来源国（或产地）	日本
	申报（或进口）数量	3 500 t
	申报（或进口）日期	2016 年 12 月 27 日
	鉴别日期	2017 年 4 月 5 日
	鉴别结论	样品为轧钢过程中的油污泥混合物，有明显的油污异味，属于禁止进口的固体废物

［案例 21］：含镍废催化剂（20180044HB）

基本信息	查扣海关	中华人民共和国武汉海关
	货物（或样品）名称	镍合金粉末
	报关单号（或箱号、提单号等）	报关单号为470820171000014009
	来源国（或产地）	印度尼西亚
	申报（或进口）数量	75.03 t
	申报（或进口）日期	2017 年 12 月 15 日
	鉴别日期	2018 年 4 月 16 日
	鉴别结论	样品是棕榈油氢化过程中使用过的失活催化剂，是回收的废催化剂，属于禁止进口的固体废物

二、电器电子产品类废物案例

［案例22］：废晶圆硅片（20150140HB）

基本信息	查扣海关	中华人民共和国威海海关
	货物（或样品）名称	单晶硅片
	报关单号（或箱号、提单号等）	报关单号为420420151047013050
	来源地区（或产地）	中国香港
	申报（或进口）数量	2.736 t
	申报（或进口）日期	2015年9月24日
	鉴别日期	2015年11月19日
	鉴别结论	单晶硅圆片加工过程中的废片、不合格晶圆片，属于禁止进口的固体废物

［案例23］：废五金电器（20160055HB）

基本信息	查扣海关	中华人民共和国青岛海关缉私局
	货物（或样品）名称	废五金电器
	报关单号（或箱号、提单号等）	提单号为 DD11202、DD11203
	来源地区（或产地）	中国香港
	申报（或进口）数量	741.9 t
	申报（或进口）日期	2011 年 12 月由"东波轮"走私入境
	鉴别日期	2016 年 10 月 27 日
	鉴别结论	为未拆除电路板的破损的程控交换机、各种电路板、塑料制品、光驱、硬盘、路由器、破损的手机、交换机、刷卡机、电压交换及散热装置、铅酸蓄电池，属于禁止进口的固体废物

［案例 24］：废五金电器（20150143HB）

基本信息	查扣海关	中华人民共和国连云港海关缉私分局
	货物（或样品）名称	以回收铜为主的废五金电器
	报关单号（或箱号、提单号等）	提单号为 HKGLYG04645
	来源地区（或产地）	中国香港
	申报（或进口）数量	234.54 t
	申报（或进口）日期	2014 年 9 月 17 日
	鉴别日期	2015 年 11 月 25 日
	鉴别结论	主要是回收的各种废弃电子产品设备及其拆散件，含大量的线路板，随机拆包鉴别货物中废线路板抽样份数占到总抽查包数的 25.5%，属于禁止进口的固体废物

[案例 25]：电子废物（20170001HB）

基本信息	查扣海关	中华人民共和国钦州海关缉私分局
	货物（或样品）名称	电脑及配件
	报关单号（或箱号、提单号等）	报关单号为 7217201511751011015
	来源地区（或产地）	中国香港
	申报（或进口）数量	61.52 t
	申报（或进口）日期	2015 年 11 月 17 日
	鉴别日期	2017 年 1 月 3 日
	鉴别结论	回收笔记本电脑及其拆散件，属于禁止进口的固体废物

[案例 26]：废手机显示屏、废手机（20180109HB）

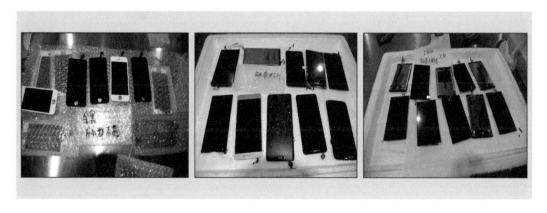

基本信息	查扣海关	中华人民共和国成都双流机场海关
	货物（或样品）名称	疑似废旧手机屏、手机、主板
	报关单号（或箱号、提单号等）	无（航班旅客行李携带入境）
	来源国（或产地）	西班牙、法国、荷兰、阿拉伯联合酋长国
	申报（或进口）数量	共七票货
	申报（或进口）日期	查扣日期自 2017 年 12 月 20 日至 2018 年 8 月 8 日
	鉴别日期	2018 年 9 月 11 日
	鉴别结论	海关查获的七票货物以废手机和废手机显示屏为主，也有线路板，均为生产中的残次品、检验不合格品，为我国禁止进口的固体废物

[案例 27]：废铅酸蓄电池（20170011HB）

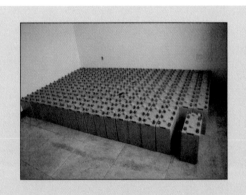

基本信息	查扣海关	中华人民共和国额济纳海关缉私分局
	货物（或样品）名称	涉案旧电瓶
	报关单号（或箱号、提单号等）	未申报（过境我国）
	来源国（或产地）	蒙古国
	申报（或进口）数量	4.92 t
	申报（或进口）日期	2016 年 9 月
	鉴别日期	2017 年 2 月 26 日
	鉴别结论	废铅酸蓄电池，属于禁止进口的固体废物

［案例28］：废铅酸蓄电池（20170077HB）

基本信息	查扣海关	中华人民共和国孟连海关
	货物（或样品）名称	废旧电池
	报关单号（或箱号、提单号等）	走私入境
	来源国（或产地）	缅甸
	申报（或进口）数量	8.62 t
	申报（或进口）日期	2017 年 8 月
	鉴别日期	2017 年 8 月 30 日
	鉴别结论	废铅酸蓄电池，属于禁止进口的固体废物

三、废纸案例

［案例29］：鉴别为不得进口的废纸（20170076HB）

基本信息	查扣海关	黄岛海关查验处
	货物（或样品）名称	废旧瓦楞纸箱
	报关单号（或箱号、提单号等）	报关单号为 425820171000101860
	来源国（或产地）	美国
	申报（或进口）数量	424.4 t
	申报（或进口）日期	2017 年 6 月 12 日
	鉴别日期	2017 年 9 月 4 日
	鉴别结论	主要为回收的瓦楞纸箱，夹杂物超标，有少量的塑料瓶、易拉罐、木条、泡沫、拖鞋、衣服、碎布、塑料衣架、铁制品、线路板、碎玻璃、水泥等，属于不得进口的废纸

［案例 30］：鉴别为城市垃圾的废纸（20120015HB）

基本信息	查扣海关	中华人民共和国张家港海关缉私分局
	货物（或样品）名称	废旧报纸
	报关单号（或箱号、提单号等）	报关单号为 230520111051034668
	来源国（或产地）	荷兰
	申报（或进口）数量	255.78 t
	申报（或进口）日期	2011 年 12 月 29 日
	鉴别日期	2012 年 3 月 5 日
	鉴别结论	货物散发难闻霉味，部分严重腐烂，可见各种塑料、复合包装，各种污渍的报纸、广告纸，各种塑料袋、塑料瓶、易拉罐，沾满污渍的尿不湿、卫生用品，木棍，丝袜，海绵，发箍，发夹，电池，纤维等杂物，属于禁止进口的城市垃圾

［案例 31］：鉴别为城市垃圾的废纸（20120026HB）

基本信息	查扣海关	中华人民共和国张家港海关缉私分局
	货物（或样品）名称	废纸
	报关单号（或箱号、提单号等）	报关单号为 230120111011023851/52/53/54 等
	来源国（或产地）	美国、荷兰
	申报（或进口）数量	19 票合计 2 658.71 t
	申报（或进口）日期	2011 年 10 月—2012 年 1 月
	鉴别日期	2012 年 3 月 23 日
	鉴别结论	货物脏污、混杂、腐烂、粘黏、散发霉味，主要有各种废碎纸、腐烂的纸、复合纸、锡箔纸，夹杂有塑料瓶、袋、膜，沾满污渍的棉絮、棉垫、衣服、枕头、鞋袜帽子，生锈的铁丝、铁块、金属管、金属罐，电线，木墩、木块、木片、木屑，橡胶管、橡胶垫、橡胶片，骨头，海绵，尼龙网，废电池，碎光盘，衣架，玩具，竹席，植物残枝等，属于禁止进口的城市垃圾

［案例 32］：鉴别为城市垃圾的废纸（20120016HB）

基本信息	查扣海关	中华人民共和国张家港海关缉私分局
	货物（或样品）名称	废旧报纸
	报关单号（或箱号、提单号等）	报关单号为 230520111051034667
	来源国（或产地）	荷兰
	申报（或进口）数量	507.1 t
	申报（或进口）日期	2011 年 12 月 29 日
	鉴别日期	2012 年 3 月 5 日
	鉴别结论	货物均表现出肮脏、杂乱的特征，散发霉味，部分货物严重腐烂，是来自家庭、商业、办公、餐饮等场所的以废纸或废塑料为主的回收混合物，属于禁止进口的城市垃圾

［案例 33］：鉴别为城市垃圾的废纸（20120078HB）

基本信息	查扣海关	中华人民共和国黄埔海关缉私局
	货物（或样品）名称	废杂纸
	报关单号（或箱号、提单号等）	报关单号为 521620121162010994
	来源国（或产地）	英国
	申报（或进口）数量	129.85 t
	申报（或进口）日期	2012 年 5 月 31 日
	鉴别日期	2012 年 7 月 19 日
	鉴别结论	货物均表现出脏污、混杂特征，发生不同程度的腐烂、霉变、粘黏。包括旧报纸、瓦楞箱板纸、办公纸等各种废纸；有各种塑料瓶、塑料袋、膜、泡沫、尼龙网、药瓶、碎光盘、衣架、输液管、易拉罐、橡胶片、发霉的鞋、脏衣服、袜子、木块、碎玻璃、电线、海绵、棉絮、织物、毛发、玩具、带锯齿的刀、纸尿裤、卫生巾等，属于禁止进口的城市垃圾

四、废橡胶和废塑料案例

[案例34]：废轮胎（20150137HB）

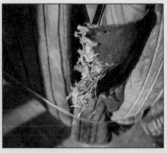

基本信息	查扣海关	中华人民共和国大窑湾海关缉私分局
	货物（或样品）名称	轮胎
	报关单号（或箱号、提单号等）	未报关
	来源国（或产地）	美国
	申报（或进口）数量	54.5 t
	申报（或进口）日期	2015 年上半年
	鉴别日期	2015 年 11 月 10 日
	鉴别结论	使用过的轮胎及轮胎胎面，属于禁止进口的固体废物

[案例35]：废橡胶（20170066HB）

基本信息	查扣海关	中华人民共和国义乌海关
	货物（或样品）名称	再生橡胶
	报关单号（或箱号、提单号等）	报关单号为 29232017123700 2134/2137/2002/2205
	来源国（或产地）	货物启运国分别是比利时、比利时、美国、德国
	申报（或进口）数量	294.3 t
	申报（或进口）日期	2017 年 5 月
	鉴别日期	2017 年 8 月 8 日
	鉴别结论	硫化和未硫化橡胶的边角料、残次品，属于禁止进口的固体废物

[案例 36]：鉴别为城市垃圾的废塑料（20120082HB）

基本信息	查扣海关	中华人民共和国大港海关筹备处
	货物（或样品）名称	废 PE（聚乙烯）捆膜
	报关单号（或箱号、提单号等）	报关单号为 42272012127702 3804
	来源国（或产地）	韩国
	申报（或进口）数量	254.58 t
	申报（或进口）日期	2012 年 6 月 15 日
	鉴别日期	2012 年 8 月 15 日
	鉴别结论	货物脏污、混杂，部分货物腐烂、散发霉味，是来自家庭、商业、办公、餐饮等场所的以废塑料为主的回收混合物，属于禁止进口的城市垃圾

[案例 37]：鉴别为禁止进口的废编织袋和塑料膜（20160025HB）

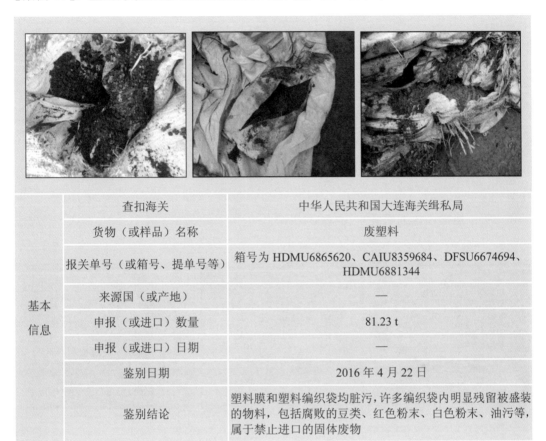

基本信息	查扣海关	中华人民共和国大连海关缉私局
	货物（或样品）名称	废塑料
	报关单号（或箱号、提单号等）	箱号为 HDMU6865620、CAIU8359684、DFSU6674694、HDMU6881344
	来源国（或产地）	—
	申报（或进口）数量	81.23 t
	申报（或进口）日期	—
	鉴别日期	2016 年 4 月 22 日
	鉴别结论	塑料膜和塑料编织袋均脏污，许多编织袋内明显残留被盛装的物料，包括腐败的豆类、红色粉末、白色粉末、油污等，属于禁止进口的固体废物

[案例 38]：废聚丙烯编织袋（20160009HB）

基本信息	查扣海关	中华人民共和国中山海关
	货物（或样品）名称	废聚丙烯（PP）混合物的下脚料和其他 PP 废碎料及下脚料
	报关单号（或箱号、提单号等）	报关单号为 572120151215037334
	来源地区（或产地）	中国香港
	申报（或进口）数量	51.44 t
	申报（或进口）日期	2015 年 5 月 5 日
	鉴别日期	2016 年 3 月 23 日
	鉴别结论	废聚丙烯编织袋，属于禁止进口的固体废物

［案例 39］：废聚丙烯编织袋（20160010HB）

基本信息	查扣海关	中华人民共和国中山海关
	货物（或样品）名称	其他 PP 废碎料及下脚料
	报关单号（或箱号、提单号等）	报关单号为 572120151215037336
	来源地区（或产地）	中国香港
	申报（或进口）数量	58.25 t
	申报（或进口）日期	2015 年 5 月 5 日
	鉴别日期	2016 年 3 月 23 日
	鉴别结论	废聚丙烯编织袋，属于禁止进口的固体废物

[案例 40]：废聚丙烯编织袋（20160011HB）

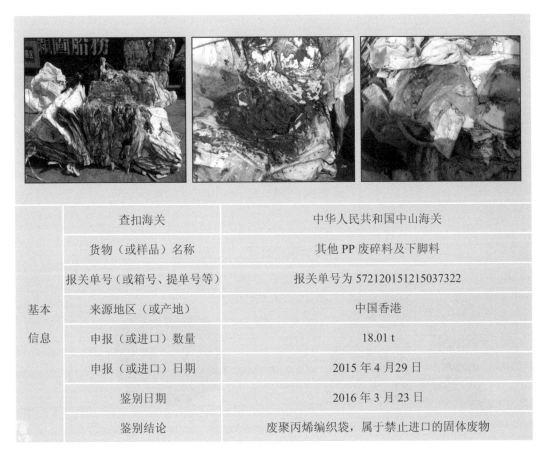

基本信息	查扣海关	中华人民共和国中山海关
	货物（或样品）名称	其他 PP 废碎料及下脚料
	报关单号（或箱号、提单号等）	报关单号为 572120151215037322
	来源地区（或产地）	中国香港
	申报（或进口）数量	18.01 t
	申报（或进口）日期	2015 年 4 月 29 日
	鉴别日期	2016 年 3 月 23 日
	鉴别结论	废聚丙烯编织袋，属于禁止进口的固体废物

[案例 41]：黑白相间的塑料膜（20150153HB）

基本信息	查扣海关	中华人民共和国太仓海关
	货物（或样品）名称	PE 废塑料
	报关单号（或箱号、提单号等）	报关单号为 230120151015033679
	来源国（或产地）	韩国
	申报（或进口）数量	71.04 t
	申报（或进口）日期	2015 年 11 月 25 日
	鉴别日期	2015 年 12 月 21 日
	鉴别结论	回收的废农用黑白相间塑料薄膜，并经过了简单破碎（撕碎）和洗涤处理，属于禁止进口的固体废物

［案例 42］：品质差的塑料颗粒（20170051HB）

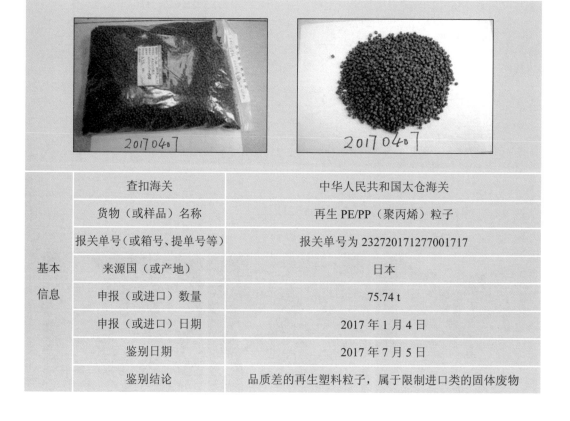

基本信息	查扣海关	中华人民共和国太仓海关
	货物（或样品）名称	再生 PE/PP（聚丙烯）粒子
	报关单号（或箱号、提单号等）	报关单号为 232720171277001717
	来源国（或产地）	日本
	申报（或进口）数量	75.74 t
	申报（或进口）日期	2017 年 1 月 4 日
	鉴别日期	2017 年 7 月 5 日
	鉴别结论	品质差的再生塑料粒子，属于限制进口类的固体废物

[案例 43]：废塑料杂料（20170065HB）

基本信息	查扣海关	中华人民共和国连云港海关查验科
	货物（或样品）名称	废聚丙烯（PP）杂色硬杂料/PE 杂色打捆膜及散膜
	报关单号（或箱号、提单号等）	报关单号为 230120171017015253
	来源国（或产地）	日本
	申报（或进口）数量	71.37 t
	申报（或进口）日期	2017 年 5 月 27 日
	鉴别日期	2017 年 8 月 8 日
	鉴别结论	货物种类混杂、明显脏污，主要为回收的塑料膜、聚丙烯吨袋，货物脏污严重并散发臭气，属于不得进口的废塑料

[案例 44]：废塑料混合物（20150098HB）

基本信息	查扣海关	中华人民共和国日照海关
	货物（或样品）名称	乙烯聚合物的废碎料及下脚料
	报关单号（或箱号、提单号等）	报关单号为42022015102718985
	来源国（或产地）	英国
	申报（或进口）数量	126.92 t
	申报（或进口）日期	2015 年 5 月 26 日
	鉴别日期	2015 年 8 月 4 日
	鉴别结论	货物含有大量层层包裹的塑料袋、膜、带，裹夹了腐烂、散发恶臭的食物残余物及其他非塑料杂物等，属于禁止进口的固体废物

五、液态废物案例

［案例 45］：使用过的废柴油（20160034HB）

基本信息	查扣海关	中华人民共和国天津新港海关缉私分局
	货物（或样品）名称	混合芳烃
	报关单号（或箱号、提单号等）	报关单号为02022014102370498
	来源国（或产地）	马来西亚
	申报（或进口）数量	601.8 t
	申报（或进口）日期	2014 年 9 月 10 日
	鉴别日期	2016 年 6 月 17 日
	鉴别结论	样品以烷烃有机物为主，是回收的使用过的柴油，不排除为回收的清洗机械设备、零部件后的柴油，属于禁止进口的固体废物

[案例 46]：光刻胶剥离液废液（20160020HB）

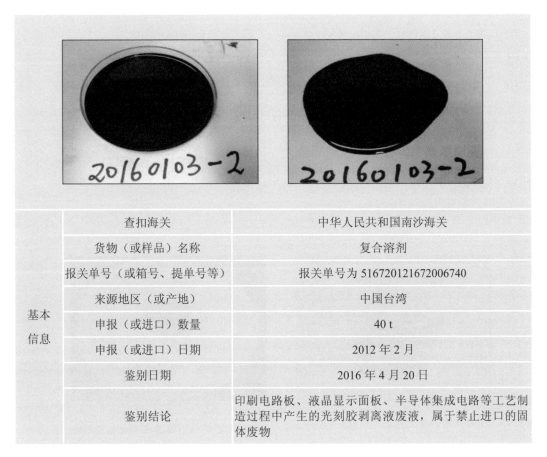

基本信息	查扣海关	中华人民共和国南沙海关
	货物（或样品）名称	复合溶剂
	报关单号（或箱号、提单号等）	报关单号为 516720121672006740
	来源地区（或产地）	中国台湾
	申报（或进口）数量	40 t
	申报（或进口）日期	2012 年 2 月
	鉴别日期	2016 年 4 月 20 日
	鉴别结论	印刷电路板、液晶显示面板、半导体集成电路等工艺制造过程中产生的光刻胶剥离液废液，属于禁止进口的固体废物

[案例 47]：粗甘油混合物（20170057HB）

基本信息	查扣海关	中华人民共和国连云港海关
	货物（或样品）名称	粗甘油
	报关单号（或箱号、提单号等）	报关单号为 230120171017011521
	来源国（或产地）	西班牙
	申报（或进口）数量	122.08 t
	申报（或进口）日期	2017 年 4 月 18 日
	鉴别日期	2017 年 7 月 7 日
	鉴别结论	含甘油的油脂工业副产物，属于禁止进口的固体废物

［案例 48］：废油混合物（20130226HB）

基本信息	查扣海关	中华人民共和国南通海关缉私分局
	货物（或样品）名称	稀释沥青
	报关单号（或箱号、提单号等）	提单号为 SNL3MLCX000634
	来源国（或产地）	澳大利亚
	申报（或进口）数量	—
	申报（或进口）日期	—
	鉴别日期	2013 年 10 月 11 日
	鉴别结论	样品为回收的废润滑油再精炼过程中产生的残余物，也不排除为废弃（或使用过的）重质润滑油掺入少量渣油或沥青等的混合物，属于禁止进口的固体废物

［案例49］：浓缩糖蜜发酵液（20110088HB）

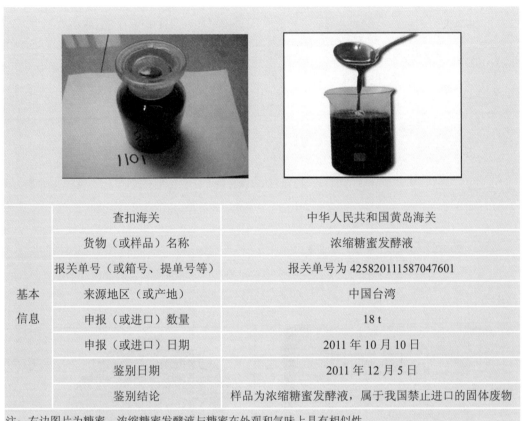

基本 信息	查扣海关	中华人民共和国黄岛海关
	货物（或样品）名称	浓缩糖蜜发酵液
	报关单号（或箱号、提单号等）	报关单号为425820111587047601
	来源地区（或产地）	中国台湾
	申报（或进口）数量	18 t
	申报（或进口）日期	2011 年 10 月 10 日
	鉴别日期	2011 年 12 月 5 日
	鉴别结论	样品为浓缩糖蜜发酵液，属于我国禁止进口的固体废物

注：右边图片为糖蜜，浓缩糖蜜发酵液与糖蜜在外观和气味上具有相似性。

［案例50］：非正常生产过程的原油和含水焦油等的混合物（20140044HB）

基本信息	查扣海关	中华人民共和国霞山海关
	货物（或样品）名称	蒸化棕榈油脂肪酸
	报关单号（或箱号、提单号等）	报关单号为 671120131113011063
	来源国（或产地）	印度尼西亚
	申报（或进口）数量	100 t
	申报（或进口）日期	2013 年 4 月 24 日
	鉴别日期	2014 年 2 月 27 日
	鉴别结论	样品不是正常的石油原油、油品、棕榈油脂肪酸产品，而是非正常过程的原油和含水焦油等的混合物，属于我国禁止进口的固体废物

六、放射性废物案例

[案例 51]：含放射性核素铀（^{238}U）的废物（20160064HB）

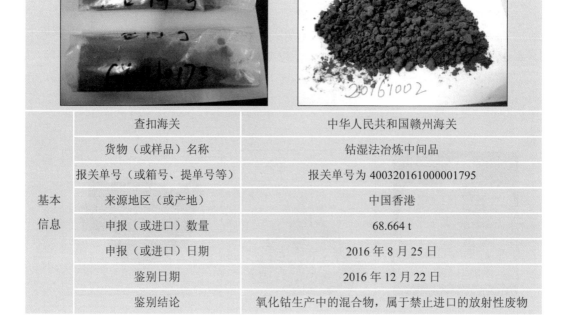

基本信息	查扣海关	中华人民共和国赣州海关
	货物（或样品）名称	钴湿法冶炼中间品
	报关单号（或箱号、提单号等）	报关单号为 400320161000001795
	来源地区（或产地）	中国香港
	申报（或进口）数量	68.664 t
	申报（或进口）日期	2016 年 8 月 25 日
	鉴别日期	2016 年 12 月 22 日
	鉴别结论	氧化钴生产中的混合物，属于禁止进口的放射性废物

[案例52]：含人工放射性核素铯（^{137}Cs）的废物（20170043HB）

基本信息	查扣海关	中华人民共和国武汉海关缉私局
	货物（或样品）名称	锌矿砂
	报关单号（或箱号、提单号等）	箱号为 TGHU7265971、MRKU2829843
	来源国（或产地）	孟加拉国
	申报（或进口）数量	50 t
	申报（或进口）日期	2017 年 2 月
	鉴别日期	2017 年 5 月 24 日
	鉴别结论	不是锌矿砂，是烟灰，属于禁止进口的放射性废物

七、其他非金属类废物案例

[案例53]：废粉末涂料（20170061HB）

基本信息	查扣海关	中华人民共和国扬州海关缉私分局
	货物（或样品）名称	粉体涂料
	报关单号（或箱号、提单号等）	走私货物
	来源国（或产地）	韩国、日本
	申报（或进口）数量	无申报信息（注：在利用工厂取样）
	申报（或进口）日期	无
	鉴别日期	2017 年 7 月 18 日
	鉴别结论	回收的废粉末涂料，属于禁止进口的固体废物

［案例 54］：皮革边角料（20170046HB）

基本信息	查扣海关	中华人民共和国海沧海关缉私分局
	货物（或样品）名称	粒面剖层非整张牛皮革
	报关单号（或箱号、提单号等）	报关单号为 370820171088007556
	来源国（或产地）	意大利、罗马尼亚
	申报（或进口）数量	20.5 t
	申报（或进口）日期	2017 年 3 月 7 日
	鉴别日期	2017 年 6 月 15 日
	鉴别结论	牛皮革边角碎料，属于禁止进口的固体废物

[案例 55]：动植物残余物及其发酵产物的肥料（20160001HB）

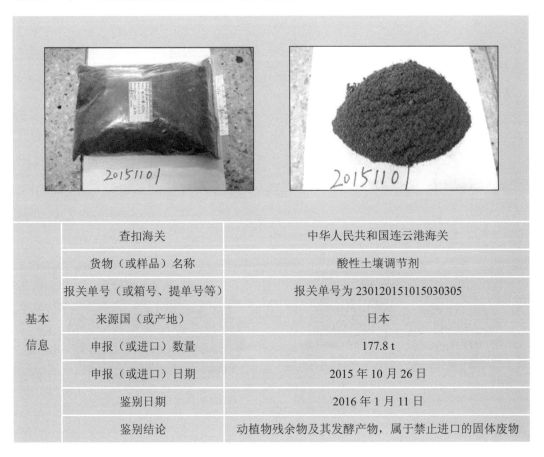

基本信息	查扣海关	中华人民共和国连云港海关
	货物（或样品）名称	酸性土壤调节剂
	报关单号（或箱号、提单号等）	报关单号为 23012015101 5030305
	来源国（或产地）	日本
	申报（或进口）数量	177.8 t
	申报（或进口）日期	2015 年 10 月 26 日
	鉴别日期	2016 年 1 月 11 日
	鉴别结论	动植物残余物及其发酵产物，属于禁止进口的固体废物

[案例 56]：电解铝残阳极（20170029HB）

基本信息	查扣海关	中华人民共和国温州海关
	货物（或样品）名称	人造石墨材料
	报关单号（或箱号、提单号等）	报关单号为 29032017103700094l
	来源国（或产地）	伊朗
	申报（或进口）数量	1 075.2 t
	申报（或进口）日期	2017 年 3 月 23 日
	鉴别日期	2017 年 4 月 18 日
	鉴别结论	电解铝用预焙阳极产品使用之后回收的阳极炭块残极（残阳极），属于禁止进口的固体废物

［案例 57］：土壤改良剂（20180058HB）

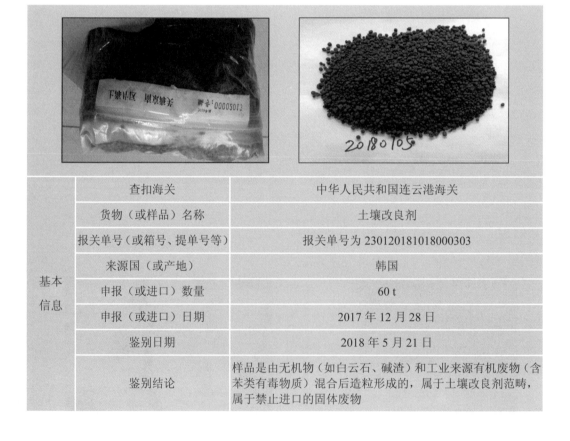

基本信息	查扣海关	中华人民共和国连云港海关
	货物（或样品）名称	土壤改良剂
	报关单号（或箱号、提单号等）	报关单号为 23012018l018000303
	来源国（或产地）	韩国
	申报（或进口）数量	60 t
	申报（或进口）日期	2017 年 12 月 28 日
	鉴别日期	2018 年 5 月 21 日
	鉴别结论	样品是由无机物（如白云石、碱渣）和工业来源有机废物（含苯类有毒物质）混合后造粒形成的，属于土壤改良剂范畴，属于禁止进口的固体废物

[案例 58]：回收插花泥（20180065HB）

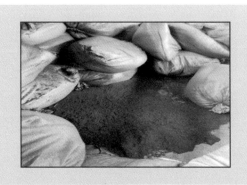

基本信息	查扣海关	中华人民共和国太平海关
	货物（或样品）名称	插花泥
	报关单号（或箱号、提单号等）	报关单号为 520120181018008782 和 520120181018011504
	来源国（或产地）	韩国、印度
	申报（或进口）数量	42.9 t、11.7 t
	申报（或进口）日期	两票货分别为 2018 年 2 月 10 日和 2018 年 3 月 5 日
	鉴别日期	2018 年 5 月 22 日
	鉴别结论	为回收的插花泥（在国外经过了压缩处理，在国内生产碳分子筛的工厂已进行了粉碎处理），属于禁止进口的固体废物

[案例 59]：轮胎裂解的废炭黑（20120084HB）

基本信息	查扣海关	中华人民共和国黄岛海关
	货物（或样品）名称	炭黑
	报关单号（或箱号、提单号等）	报关单号为 422720121277008378
	来源国（或产地）	马来西亚
	申报（或进口）数量	48.6 t
	申报（或进口）日期	2012 年 6 月 13 日
	鉴别日期	2012 年 7 月 16 日
	鉴别结论	鉴别样品是废橡胶轮胎裂解过程产生的炭渣（或粗炭黑），没有经过进一步改性处理或深加工处理，样品是"不符合质量标准或规范的产品"，属于禁止进口的固体废物

[案例 60]：棉花加工中（轧花）清理出的废棉（20140142HB）

基本信息	查扣海关	中华人民共和国黄岛海关
	货物（或样品）名称	未梳的棉花
	报关单号（或箱号、提单号等）	报关单号为 425820141587121865
	来源国（或产地）	巴基斯坦
	申报（或进口）数量	196.2 t
	申报（或进口）日期	2014 年 3 月 14 日
	鉴别日期	2014 年 6 月 9 日
	鉴别结论	样品为棉花加工过程中（轧花）清理出的副产物料，属于禁止进口的固体废物

[案例 61]：废地毯（20130239HB）

基本信息	查扣海关	中华人民共和国肇庆海关缉私分局
	货物（或样品）名称	废塑料
	报关单号（或箱号、提单号等）	提单号为 CKZQG130072
	来源地区（或产地）	中国香港
	申报（或进口）数量	94.96 t
	申报（或进口）日期	2013 年 1 月 15 日
	鉴别日期	2013 年 10 月 24 日
	鉴别结论	货物是回收的各种废弃地毯，属于禁止进口的固体废物

[案例 62]：咖啡渣（20180066HB）

基本信息	查扣海关	中华人民共和国连云港海关
	货物（或样品）名称	咖啡渣
	报关单号（或箱号、提单号等）	报关单号为230120181018006333
	来源地区（或产地）	中国台澎金马
	申报（或进口）数量	13.2 t
	申报（或进口）日期	2018 年 2 月 25 日
	鉴别日期	2018 年 5 月 25 日
	鉴别结论	样品为速溶咖啡生产中浸提过程中产生的咖啡渣副产物，鉴别样品属于固体废物

［案例 63］：棕榈壳（20140002HB）

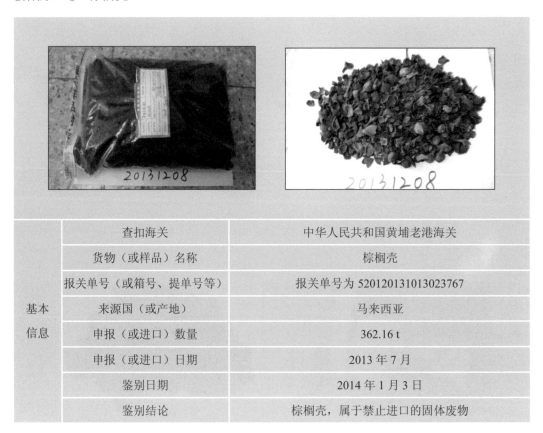

基本信息	查扣海关	中华人民共和国黄埔老港海关
	货物（或样品）名称	棕榈壳
	报关单号（或箱号、提单号等）	报关单号为520120131013023767
	来源国（或产地）	马来西亚
	申报（或进口）数量	362.16 t
	申报（或进口）日期	2013 年 7 月
	鉴别日期	2014 年 1 月 3 日
	鉴别结论	棕榈壳，属于禁止进口的固体废物

［案例 64］：废枕木（20170070HB）

基本信息	查扣海关	中华人民共和国芜湖海关
	货物（或样品）名称	铁道枕木
	报关单号（或箱号、提单号等）	报关单号为 330120171000005162
	来源国（或产地）	加拿大
	申报（或进口）数量	54.62 t
	申报（或进口）日期	2017 年 5 月
	鉴别日期	2017 年 8 月 22 日
	鉴别结论	回收更换的废枕木，属于禁止进口的固体废物

第二章 禁止洋垃圾入境的决策部署和社会响应

一、进口废物管理制度重大改革[①]

2017年4月，中央全面深化改革领导小组第34次会议审议通过了《关于禁止洋垃圾入境推进固体废物进口管理制度改革实施方案》（以下简称《改革实施方案》），这是党中央、国务院在新时期新形势下作出的一项重大决策，是保护生态环境安全和人民群众身体健康的一项重要制度改革。

1. 深刻领会禁止洋垃圾入境推进固体废物进口管理制度改革的重大意义

20世纪90年代以来，为缓解原料不足，我国开始从境外进口可用作原料的固体废物。同时，为加强管理、防范环境风险，逐步建立了较为完善的固体废物进口管理制度体系。各地区、各有关部门在打击洋垃圾走私、加强固体废物进口监管方面做了大量工作，取得了一定成效。但仍有一些地方重发展轻环保，对再生资源回收加工利用企业监管不力，放任洋垃圾入境非法加工利用，致使不法分子走私进口洋垃圾现象屡禁不止。同时，加工利用过程中违法违规问题突出，既严重污染环境，又对我国生态环境安全和人民群众健康构成威胁。禁止洋垃圾入境推进固体废物进口管理制度改革，事关我国生态文明建设大局，是建设美丽中国的需要，也顺应了人民群众对良好生态环境的新要求和新期待。禁止洋垃圾入境推进固体废物进口管理制度改革具有重大意义：

一是贯彻落实新发展理念的重要任务。贯彻落实新发展理念，特别是推动绿色发展，坚决摒弃损害甚至破坏生态环境的发展模式，坚决摒弃以牺牲生态环境换取一时一地经济增长的做法。加快推动固体废物进口管理制度改革，从源头上将洋垃圾拒于国门之外，坚持走生态优先、绿色发展之路，努力实现经济社会发展和生态环境保护协同共进。

二是改善环境质量的有效手段。当前，我国大气、水、土壤污染治理任务艰巨，环境质量改善难度前所未有。包括洋垃圾在内的许多进口固体废物质劣价低，以其为原料的再生资源加工利用企业不少为"散、乱、污"企业，污染治理能力低下，甚至没有污

[①] 本节内容来自2017年7月28日生态环境部李干杰部长在《人民日报》的撰文——《全面禁止洋垃圾入境》，个别地方有删减。

染治理设施，在加工利用中污染排放严重。禁止洋垃圾入境推进固体废物进口管理制度改革，能有效切断"散、乱、污"企业的原料供给，从根本上铲除洋垃圾藏身之地，对改善生态环境质量、维护国家生态环境安全具有重要作用。

三是保护人民群众身体健康的必然要求。洋垃圾携带的病毒、细菌等有毒有害物质可能直接感染从业人员，其加工利用所产生的环境污染也会损害当地人民群众身体健康。禁止进口环境危害大、群众反映强烈的固体废物，将有效防范环境污染风险，切实保护人民群众身体健康。

四是提升国内固体废物回收利用水平的反向抓手。我国已将资源循环利用产业列入战略性新兴行业，但目前国内固体废物回收体系建设，仍滞后于固体废物加工利用行业的发展需求。推进固体废物进口管理制度改革，大幅减少固体废物进口的品种与数量，可有效促进国内固体废物回收利用行业发展，淘汰落后和过剩产能，加快相关产业转型升级。

2．准确把握禁止洋垃圾入境推进固体废物进口管理制度改革的主要内容

《改革实施方案》突出体现创新、协调、绿色、开放、共享的发展理念，坚持以人民为中心的发展思想，坚持稳中求进的工作总基调，坚持标本兼治、分类施策的原则，对禁止洋垃圾入境、推进固体废物进口管理制度改革作出如下全面部署：

一是完善堵住洋垃圾入境的监管制度。分批分类调整进口固体废物管理目录，逐步有序减少固体废物进口种类和数量。2017年年底前，全面禁止进口环境危害大、群众反映强烈的固体废物；2019年年底前，逐步禁止进口国内资源可以替代的固体废物。进一步加严环境保护控制标准，提高固体废物进口门槛。完善法律法规和相关制度，限定进口固体废物口岸，取消贸易单位代理进口。加强政策引导，保障政策平稳过渡。

二是强化洋垃圾非法入境管控。持续严厉打击洋垃圾走私，开展强化监管严厉打击洋垃圾违法专项行动，重点打击走私、非法进口利用废塑料、废纸、生活垃圾、电子废物、废旧服装等固体废物的各类违法行为。加大全过程监管力度，从严审查、减量审批固体废物进口许可证，加强进口固体废物检验检疫和查验，严厉查处倒卖、非法加工利用进口固体废物以及其他环境污染违法行为。

三是建立堵住洋垃圾入境长效机制。落实企业主体责任，强化日常执法监管，加大违法犯罪行为查处力度；加强法制宣传培训，进一步提升企业守法意识；建立健全信息共享机制，开展联合惩戒。建立国际合作机制，适时发起区域性联合执法行动。推动贸易和加工模式转变，开拓新的再生资源渠道。

四是提升国内固体废物回收利用水平。加快国内固体废物回收利用体系建设，建立健全生产者责任延伸制，提高国内固体废物的回收利用率。完善再生资源回收利用基础设施，规范国内固体废物加工利用产业发展。加大科技研发力度，提升固体废物资源化

利用装备技术水平。积极引导公众参与垃圾分类，努力营造全社会共同支持、积极践行保护环境和节约资源的良好氛围。

3．坚决落实禁止洋垃圾入境推进固体废物进口管理制度改革的各项任务

禁止洋垃圾入境推进固体废物进口管理制度改革，是党中央、国务院作出的重大决策部署，是一项重要的政治任务。要切实提高政治站位，牢固树立"四个意识"，增强责任感和使命感，抓铁有痕、踏石留印，坚决把《改革实施方案》提出的各项任务抓实、抓好、抓出成效。

加强统筹协调。此次改革涉及面广、各地情况差异较大，要建立跨部门工作协调机制，密切配合，形成工作合力。明确"路线图""时间表"，加强跟踪督查，确保各项任务按照时间节点落地见效。

积极稳妥推进。根据环境风险、产业发展现状等因素，分行业、分种类制定禁止固体废物进口的时间表，分批分类调整进口管理目录，综合运用法律、经济、行政手段，大幅减少进口固体废物种类和数量。提前公开改革措施实施的时间节点，给予企业适当的过渡期和缓冲期。

强化组织保障。各部门按照职责分工，各司其职，认真抓好组织实施，把各项工作做深、做细、做实。各有关地方人民政府落实主体责任，切实做好固体废物集散地综合整治、产业转型发展、人员就业安置等各项保障工作。

禁止洋垃圾入境，推进固体废物进口管理制度改革，功在当代，利在千秋。

二、禁止洋垃圾入境是生态环境保护工作的一项重要任务

1．全面禁止洋垃圾入境

2018年6月16日，《中国环境报》刊登了中共中央、国务院《关于全面加强生态环境保护　坚决打好污染防治攻坚战的意见》，在该意见有关"扎实推进净土保卫战"的任务中，明确提出"强化固体废物污染防治工作。全面禁止洋垃圾入境，严厉打击走私，大幅减少固体废物进口种类和数量，力争2020年年底前基本实现固体废物零进口"。

2．禁止洋垃圾入境是2018年政府工作报告中的内容

2018年3月5日，李克强总理在第十三届全国人民代表大会第一次会议上所做的政府报告中明确指出：推进污染防治取得更大成效；加强固体废弃物和垃圾分类处置，严禁洋垃圾入境；建设天蓝、地绿、水清的美丽中国。在2018年3月17日十三届全国人大一次会议新闻中心举行的记者会上，生态环境部部长李干杰就"打好污染防治攻坚战"

相关问题回答中外记者提问时强调：限制和禁止固体废物的进口是中国政府贯彻落实新发展理念、着力改善生态环境质量、保障国家生态安全和人民群众健康的一个重大举措，同时也是中国政府享有的权利。

中国人民大学环境学院蓝虹教授解读李克强总理所做的政府工作报告时认为：政府工作报告专门提出禁止洋垃圾，表明中国政府对这项工作的高度重视。洋垃圾入境后加重了中国的大气污染、水污染和土壤污染，甚至危害到了相关从业人员的健康，成为环境污染重要的组成部分之一，因此，中国政府为了进一步加大环境污染治理力度，严格禁止洋垃圾的入境[①]。

中国环境科学研究院黄启飞研究员、聂志强副研究员就我国严禁洋垃圾入境的背景、重要性及主要举措等进行了分析解读[②]，指出进口废物是特定历史阶段的选择，进口废物对我国生态环境安全和人民群众健康造成严重影响，进口加工利用环节环境污染不容忽视，发达国家向发展中国家转移、倾倒、处置固体废物是突出的国际环境问题，我国洋垃圾走私屡禁不止，形势严峻。政府工作报告中严禁洋垃圾入境的要求是生态文明建设的重要举措，需要有效的科技助力进行推动。一是加强固体废物鉴别技术研究，建立完善固体废物属性鉴别程序、重点类别废物的鉴别规范、固体废物鉴别技术规程等，支撑建立鉴别技术体系，为打击洋垃圾入境构建屏障；二是进一步摸清进口废物加工利用企业污染现状，明确进口固体废物中夹杂物的污染特性，掌握进口废物加工利用过程的污染排放负荷；三是强化部门间大数据互通共享，建立进口废物智能管理技术体系；四是加强再生资源分类回收体系建设，加强固体废物无害化资源化利用技术研发，建立完善资源化过程污染控制相关标准规范。

3. 将禁止洋垃圾入境提上日程

李干杰部长在 2018 年 2 月 2 日召开的全国环境保护工作会议上的讲话中强调坚决落实《改革实施方案》。在总结过去五年的重点工作时，将禁止洋垃圾入境列为取得显著成效的五项重大任务之一。生态环境部会同发展改革委、工业和信息化部、商务部、海关总署、质检总局等部门制定并提请国务院办公厅印发《改革实施方案》。会同商务部、发展改革委、海关总署、质检总局调整进口废物管理目录，修订印发进口固体废物环境保护控制标准等文件。依法依规撤销或注销涉及 960 家企业的 500 万 t 进口许可证。开展打击进口废物加工利用行业环境违法行为的专项行动，各地对 1 057 家违法企业实施处罚，占总数的 59%，形成极大震慑。联合发展改革委、工业和信息化部、商务部、工商总局等部门开展固体废物集散地专项整治行动，各省（区、市）关停取缔不合法的废塑料等再生利用企业 8 800 余家。2017 年上半年进口废物"量价齐升"不利局面全面

---

① 五大亮点解读政府工作报告中的环保. 中国经济导报，http：//www.ceh.com.cn. 2018-03-29。
② 政府工作报告解读：严禁洋垃圾入境. 北极星环保网，https：//www.huanbao.bjx.com.cn. 2018-03-23。

扭转，实现限制类固体废物全年进口量同比下降 11.8%。在打好环境污染防治攻坚战的总体考虑中提出扎实推进净土行动，强化固体废物污染防治，加快调整进口固体废物管理目录，尽早实现固体废物基本零进口，严厉打击洋垃圾走私。

在 2018 年工作安排中强调严格环境执法监管，落实《改革实施方案》，做好第二批、第三批《禁止进口固体废物目录》调整，强化进口废物监管，坚决禁止洋垃圾入境。

4．全国人大代表关注进口废物管理

（1）对十二届全国人大五次会议第 7625 号建议的答复[①]

2017 年 8 月 1 日，环境保护部在对十二届全国人大五次会议第 7625 号高广生代表提出的"关于有效落实《固体废物污染环境防治法》的建议"进行答复时表示：环境保护部将会同有关部门深化进口管理制度改革，一是大幅减少固体废物进口种类及数量，分批分类调整《进口固体废物管理目录》，分行业、分种类制定禁止固体废物进口的时间表；二是坚决禁止洋垃圾入境，将打击洋垃圾走私作为重中之重，严厉查处走私危险废物、电子废物等违法行为；三是全面整治固体废物集散地，组织开展全国废物堆放处置利用集散地专项整治行动，将整治情况列为中央环保督察事项。

（2）对十二届全国人大五次会议第 6114 号建议的答复[②]

2017 年 7 月 29 日，环境保护部在对十二届全国人大五次会议第 6114 号李建华等 14 位代表提出的"关于加大废纸原料进口，实现绿色生态发展的建议"进行答复时表示：我国每年进口废纸的数量约为 2 800 万 t，约占全国进口固体废物总量的 60%，在特定的发展阶段，进口废纸对缓解我国国内资源不足起到了积极作用。但与此同时，受利益驱动，不法分子走私进口洋垃圾现象屡禁不止，混杂有毒有害物质的洋垃圾随进口废纸夹带入境现象时有发生，占用有限环境容量，对我国生态环境安全和人民群众健康构成威胁。我国应采取措施鼓励国内废纸分拣、分类，提高废纸质量，促进废纸高效利用，实现绿色生态发展。下一步，环境保护部将配合商务部等相关部门，加快国内废纸回收利用体系建设，建立健全生产者责任延伸制，推进城乡生活垃圾分类，提高国内废纸的回收利用率，逐步取代进口废纸，实现绿色生态发展。

（3）对十二届全国人大五次会议第 4159 号建议的答复[③]

2017 年 7 月 29 日，环境保护部在对十二届全国人大五次会议第 4159 号姚鹃代表提出的"关于将糖蜜从《禁止进口固体废物目录》调回《限制进口类可用作原料的固体废物目录》的建议"进行答复时表示：从我国实际情况看，糖蜜进口需求量较小，加工利用污染治理难度大。我国是蔗糖的主产国，两广地区产生大量糖蜜，北方地区还有甜菜

---

① 对十二届全国人大五次会议第 7625 号建议的答复. http://www.zhb.gov.cn.2018-01-03。
② 对十二届全国人大五次会议第 6114 号建议的答复. http://www.mep.gov.cn.2017-09-28。
③ 对十二届全国人大五次会议第 4159 号建议的答复. http://www.mep.gov.cn.2017-09-27。

糖蜜，近几年糖蜜进口量较少。糖蜜在下游和加工过程中将产生大量废水，无法以无害化方式进行利用。当前，我国大气、水、土壤环境面临的压力巨大，污染治理和环境质量改善的任务艰巨，难度前所未有。根据《固体废物进口管理办法》，禁止进口尚无适用国家环境保护控制标准或者相关的技术规范等强制性要求的固体废物。糖蜜没有相应的环境保护控制标准或相关技术规范，且也没有相关标准或技术规范立项。为落实《中共中央　国务院关于加快推进生态文明建设的意见》和《生态文明体制改革总体方案》，推进国内固体废物无害化、资源化利用，保护生态环境安全和人民群众身体健康，环境保护部等五部门于 2017 年 1 月 9 日联合发布公告，将"1703100000 甘蔗糖蜜"和"1703900000 其他糖蜜"由《限制进口类可用作原料的固体废物目录》调入《禁止进口固体废物目录》。

三、相关学者对禁止洋垃圾入境的观点

1. 坚决不让洋垃圾进国门

2018 年 6 月 25 日，《中国环境监察》刊登了贺震撰写的"坚决不让洋垃圾进国门"一文。文章强调，2018 年召开的全国生态环境保护大会对禁止洋垃圾入境发出最强音，打赢污染防治攻坚战必须下决心把洋垃圾堵在国门之外。随着公众环境意识的提高，抵制洋垃圾的呼声也越来越高，禁止洋垃圾入境势在必行。该文重点阐述了禁止洋垃圾入境的重要意义。

（1）禁止洋垃圾入境是我国生态文明建设的标志性举措。习近平总书记亲自主持召开中央深化改革领导小组第三十四次会议审议通过《关于禁止洋垃圾入境推进固体废物进口管理制度改革实施方案》，多次作出重要指示、批示。在全国生态环境保护大会上，习近平总书记再次强调了这个问题。李克强总理在《2018 年政府工作报告》中对严禁洋垃圾入境提出明确要求。

（2）禁止洋垃圾入境有利于供给侧结构性改革。当前，无论是通过国内生产，还是通过境外采购，各类原料都可以得到充分供应。而且，现阶段我国钢铁、建材、玻璃、电子产品、纺织品、塑料制品、纸制品等，在全球均占据很高市场份额，都存在不同程度的产能过剩现象。而以洋垃圾和进口固体废物支撑的产能中，相当一部分属于过剩产能和落后产能，属于供给侧结构性改革中"去产能"需要淘汰的产能。

（3）禁止洋垃圾入境有利于我国实现全球价值链升级。固体废物原料受品质及回收成本限制，其只能用于生产相对低端的产品，大量低端产品的存在拉低了以优质原料生产的高端产品价格，扰乱了市场秩序，不符合新时代高质量发展的转型升级要求。要实现高质量发展，必须全面禁止洋垃圾入境，严控固体废物进口，逼迫量大质次、薄利多

销的低端再生产品退出历史舞台，推进我国企业向全球价值链高端攀升。

（4）禁止洋垃圾入境有利于打赢污染防治攻坚战。以洋垃圾和进口固体废物为原料的生产企业具有典型的"散、乱、污"特点，加工利用过程中极易对当地环境造成污染，加剧区域环境质量恶化，影响人民群众健康和社会和谐稳定，对区域环境的负面影响抵消了其回收资源带来的正面效益，有悖于绿色发展的新发展理念。调查表明，洋垃圾入境换来的利益是透支未来和环境取得的，与高质量发展和美丽中国建设格格不入。禁止洋垃圾入境，切断"散、乱、污"企业的原料供给，刻不容缓。

（5）禁止洋垃圾入境必须严惩重处洋垃圾走私。禁止洋垃圾入境，中央有要求，群众有呼声，现实有需要。必须以铁的决心、铁的手段，严惩重处洋垃圾走私。2018年海关总署以打击洋垃圾走私为重点，连续开展专项行动，全力惩治走私废物违法犯罪行为。公安、进出口检验检疫、环保、交通运输等部门应与海关形成强大合力，持续保持高压严打态势，依法严惩违法者，不断压缩走私犯罪空间，坚决拒洋垃圾于国门之外，切实维护国家生态环境安全和人民群众身体健康。

2. 进口洋垃圾带来危害并且不利于相关产业转型升级[①]

2018年6月，清华大学环境学院蒋建国教授接受《民生周刊》记者采访时提出，洋垃圾广义上是指从国外进口的固体废物，主要包括废动植物产品、废纺织原料、塑料废碎料及下脚料、矿渣、矿灰及残渣等；也包括以走私、夹带等方式进口国家禁止进口的固体废物，或未经许可擅自进口属于限制进口的固体废物。他认为，国家有关部门不断调整进口废物目录，表明禁止洋垃圾入境是一个动态调整的问题，每一次调整都是综合衡量我国经济发展情况、技术水平及监管能力等的结果。同时他分析了洋垃圾屡禁不止的主要原因：一是利用洋垃圾有利可图；二是对洋垃圾的鉴别难，洋垃圾和再生资源的区分范围不确定；三是地方政府协同管理和监督较弱。蒋建国教授详细分析了洋垃圾带来的危害，强调最为严重的是对生态环境的破坏和人类健康的危害，认为我国自身的巨大垃圾产生量已经给安全处理消纳带来极高难度，洋垃圾的进入更是雪上加霜，例如，有的洋垃圾还会携带放射性污染物质，不易察觉，无害化处理难度更高；洋垃圾再加工利用产业主要依靠人工分拣、手工拆解，其携带的病毒、细菌等有毒有害物质会直接感染从业人员；另外，洋垃圾的再利用主要是针对低端产品，不利于我国的产业结构调整及产业转型升级，并带来二次污染。蒋建国教授还认为：发达国家的垃圾分类方法及循环经济等理念虽然先进，但是对分类后回收废物的资源化很大程度上是依靠污染转移至发展中国家实现的，我国2018年起禁止进口洋垃圾，这会促使发达国家自行完成垃圾处理，在成本及技术方面都是很大挑战。同时蒋建国教授也提到禁止洋垃圾进口会对我国典型的资源需求型行业产生较大影响，如造

---

① 进口洋垃圾不利转型升级.民生周刊，http://www.msweekly.com.2018-06-18。

纸行业等，但他也认为这是行业寻求新的发展模式的契机，能够提升我国废弃资源的回收利用效率，促进我国再生资源循环行业的健康发展。

3. 禁止洋垃圾入境有利于国内废物行业的发展[①]

2017年8月26日，《人民日报》记者采访了清华大学环境学院刘建国教授和北京再生资源和旧货回收行业协会刘权副会长。

刘建国教授表示固体废物与一次原料相比，最大的特点就是成分复杂，多数情况下含有不能利用的杂质，因此也给故意夹带甚至以进口原料固体废物为招牌、变相走私大量洋垃圾带来一定便利。进口固体废物鉴别本身是一项专业性较强的工作，我国进口固体废物鉴别体系尚不完善，鉴别机构较少，能力有限。刘建国教授认为因夹带或走私固体废物甚至洋垃圾能赚取高额利润，海关和检验检疫机构的监管也不可能做到全面覆盖和精准识别，故意夹带和造假走私很难杜绝。

"进口固体废物对我国环境的影响，要以发展的眼光加以客观分析。短缺经济时代，环境容量较大的时代，原生资源替代的正面环境效益是主要的；但是，到了过剩经济时代、经济全球化时代、环境容量较小的时代，污染环境的负面效益就变成了主要的。"刘建国告诉记者，环境监管较为软弱、劳动力价格低廉，导致这个行业"散、乱、污"企业盛行，以污染环境为代价牟取暴利。

刘建国教授认为，近年来随着环境监管力度的不断加大，许多进口废物加工的生产状况有所好转，但是依然没有从根本上改变"散、乱、污"的局面。禁止进口洋垃圾，也是供给侧结构性改革的内容，即从原料品质控制、产业水平提升上淘汰落后产能、过剩产能和低端业态。而"散、乱、污"就是典型的落后产能、过剩产能和低端业态。刘建国教授强调国内某些行业不能依靠进口废物过日子，禁止洋垃圾入境短期之内对以进口废物为主要原料的再生资源加工利用行业，将产生一定冲击，大量"散、乱、污"企业将面临淘汰关停命运，但从长远看，对相关行业是一个重大机遇，有助于产业集聚度、技术水平、管理水平、环保标准和产品质量的提升。

刘权副会长认为：国家严管进口废物、严打洋垃圾的行动，给国内再生资源行业的发展提供了重要机遇，国内在废物分拣方面比国外更精细，只要有足够支持，资源的自给并不是难事。

4. 我国从来都是不允许进口洋垃圾[②]

2018年1月14日《科技日报》记者采访了同济大学环境与可持续发展学院杜欢政教授，他认为：从资源禀赋看，中国缺石油、有色金属和钢铁等，固体废物进口在一定

---

① 我国将逐步全面停止进口固体废物. 人民日报，2017-08-26。
② 中国对洋垃圾说"不"，欧美蒙圈了. 科技日报，2018-01-15。

程度上弥补了缺口，禁令不能"一刀切"。进口固体废物并非就是洋垃圾，洋垃圾是指严重危害环境且价值不大，未经许可擅自进口的固体废物；进口固体废物指可变废为宝，妥善处理不会给环境增添太大负担的废物。他还说，我国从来都不允许进口洋垃圾，"进口固体废物是考虑其资源、环境两大属性。我国之所以对之下禁令主要是考虑对环境的影响，14亿人的健康问题。"对于进口固体废物的管理，他提出以下观点：一是应该建立系统的评价标准，根据进口固体废物的不同品种、处理技术、环境影响等进行综合评价，将变废为宝与新材料制造区分开来；二是建立科学、规范的进口和处理体系，例如，让一些规范的、规模化的塑料生产大企业，直接负责废塑料等进口；三是要以环境保护为衡量标准，考虑其经济性，具体评价进口固体废物的政策。

四、我国禁止洋垃圾进口后国外的反响

1. 洋垃圾进口禁令让美国垃圾出口商措手不及[①]

2017年7月，中国政府宣布为了解决国内污染问题，2018年1月起开始禁止从国外进口24种固体废物，在同年3月23日于日内瓦举行的世界贸易组织货物贸易委员会会议上，美方代表要求中国取消这一禁令。"我们要求中国立即停止实施并修改这些措施……中国对可回收商品的进口限制导致全球废料供应链从根本上中断，让它们无法有效地再利用，走向废弃。"一名与会的贸易官员援引这名美国代表的话说。

目前美国约有2/3的废品在其境内处理，剩下的1/3则出口到全球150个国家或地区，其中中国是美国最大的废品出口地，占了大约40%的份额。因此，中国的洋垃圾进口禁令令美国垃圾出口商措手不及。

美国西海岸的许多州从2018年1月开始就面临废品堆积问题，俄勒冈州一个废料回收商接受《纽约时报》采访时称，从2018年年初开始，他的库存已经"失控"。

2018年3月26日，中国外交部新闻发言人在记者会上对上周美方的所谓关切做出回应时强调：禁止洋垃圾入境、推进固体废物进口管理制度改革，是中国政府贯彻落实新发展理念、着力改善生态环境质量、保障国家生态安全和人民群众健康的一个重大举措，也是中国政府根据国际法所享有的权利，得到了广大中国人民的坚决支持。

该发言人指出，《控制危险废物越境转移及其处置巴塞尔公约》（以下简称《巴塞尔公约》）已经充分确认，各个国家有权禁止外国危险废物和其他废物进入本国领土。该公约规定各国有义务就近减量和处理各自的危险废物和其他废物。

---

① 中国洋垃圾禁令三个月后美国垃圾成山.https：//finance.ifeng.com.2018-03-29。

2. 洋垃圾禁令再升级，很多国家坐不住了①

自 2017 年 7 月我国正式通知世界贸易组织（WTO），表示 2017 年年底开始将不再接收部分进口固体废物之后，商务部再次追加禁令，自 2018 年年底起将禁止另外 16 种废物进口。作为世界最大的垃圾进口国家，洋垃圾的贸易摩擦开始走上台前。

美国媒体称，近 10 年来，美国一直在往中国运送废品。当中国停止接收相当数量的这些废品后，这个做法颠覆了整个行业，根据北京正点国际投资咨询有限公司发布的《2017 年全年美国进出口及中美贸易报告》，作为世界上最大的垃圾进口国，2017 年中国向美国进口贱金属及其制品共计 683.52 亿美元，占据美国总出口额的约 4.5%。中国作为美国废料最主要的输往地之一，此次对这些废料加征 25% 的关税势必影响美国废料出口到中国市场，从而提升美国国内处理废料的成本。北京大学国家发展研究院副院长余淼杰曾呼吁拒绝从美国进口废铜烂铁等洋垃圾，他表示打击洋垃圾确实是一个利国利民的大好事，既能化解过剩产能，又能减少污染，更是反制美国的一项有效措施。

2016 年，日本 85% 的出口废旧塑料和 70% 的出口废旧纸张都流向了中国。中国自 2017 年年底停止进口废塑料，对日本造成了很大影响。废塑料出口商濒临破产，佳能等企业也被迫寻找废塑料新买家。2017 年 7 月 19 日《日本经济新闻》刊登题为《废塑料滞留日本》的报道称，中国 2017 年 7 月向 WTO 通知了中国停止进口部分塑料和纸等的消息，自 2018 年实际停止进口。中国 2016 年进口约 730 万 t 废塑料，相当于全世界废塑料出口量的一半以上。包括经由香港在内，中国从日本进口的废塑料约为 130 万 t，占日本废塑料出口量的 80% 以上。中国禁止进口废塑料使国外相当多的废塑料失去了归宿。

此外，法国和澳大利亚的垃圾回收公司也深陷危机。据法媒报道称，即使是经过分类的垃圾中国也不再进口，这相当于切断了法国垃圾回收公司真正的财源。澳大利亚方面的媒体也表示，因为这一纸禁令澳大利亚对中国的贸易出口将直接损失 35 亿元人民币。

"中国以往作为废塑料接收国令人心存感激。"德国《南德意志报》曾在一篇报道中如是评价。而如今，中国禁收洋垃圾，不仅将改善本国的生态环境，也将推动垃圾出口国尽快立法，促使垃圾就地回收，这或许正是中国的洋垃圾禁令对于世界的环保意义之所在。

3. 洋垃圾进口禁令让英国无措：不能焚烧，又没能力处理②

（1）英国一半塑料废物出口受影响

新年伊始，英国各大媒体集体发声，英国马上就要面临塑料废物的堆积问题。引发

---

① 洋垃圾禁令再升级，很多国家坐不住了. 中国日报，2018-08-04。
② 孙梦文. 洋垃圾进口禁令让英国无措. 澎湃新闻网，2018-01-03。

英国舆论的关键是中国对进口废物的禁令。2016 年英国向中国出口了 26.4 万 t 塑料废物，超过英国塑料废物出口总量的 1/3。

根据绿色和平组织的报告，英国在低成本回收处理垃圾以满足其环境目标方面依赖中国，自 2012 年以来，英国向中国内地和中国香港地区出口了 270 万 t 塑料废物。

据英国废物处理行业估计，英国目前出口到中国供回收利用的塑料废物中，将有一半因为不符合中国的新标准而受到禁令影响。

英国《金融时报》2017 年 12 月援引绿色和平组织（Green Peace）的一份报告称：涉及的塑料废物每季度将在 7 万～8 万 t，其他市场无法接收这么多的废物，英国境内的储存能力将出现严重问题。

英国回收协会（UK Recycling Association）首席执行官西蒙·埃林（Simon Ellin）对 BBC（英国广播公司）表示：中国的进口禁令对我们而言是巨大的打击，我们国内根本就没有这个市场。

"中国的变化应该给英国政府敲响警钟，提醒他们通过制定清晰、可持续并使行业政策和环境政策相契合的远大目标，让这块有价值的业务回流本国。"瑞德说。

（2）对策一：将废物出口转向越南、印度

英国回收协会称，根据目前情况来看，英国还无法处理大部分垃圾。BBC 称，其他亚洲国家也能接收一部分塑料废物，但很有限，还有很多废料无处可去。

《金融时报》援引绿色和平组织的研究报告称，英国回收废物的另外两个重要出口地是越南和印度，越南 2016 年从英国进口 3.2 万 t 塑料废物，与印度同期的进口量相当。

绿色联盟（Green Alliance）的高级政策顾问利比·皮克（Libby Peake）称："越南和印度这些市场将很快饱和，长期而言，这些国家同样不会希望承接低质量的废物。"

（3）对策二：焚烧及填埋

利比·皮克表示，今后这些废物可能需要在英国国内"填埋、焚烧或堆放"。但是英国回收协会首席执行官西蒙·埃林称，他想不出办法如何在短期内解决这个问题。

英国有关塑料回收机构称，中国的进口禁令将导致塑料废物在英国的库存堆积，以及向垃圾焚烧和填埋方向发展。对此，BBC 指出，任何焚烧塑料废物的行动都会遭到环保团体的强烈抵制。

来自绿色和平组织的路易丝·艾奇（Louise Edge）表示，焚烧是错误的选择，这是一种高碳排放和不可再生的方式，还将带来有毒化学物质和重金属污染。如果你建造了焚烧炉，它将在未来 20 年内加剧一次性使用塑料市场的形成，而这正是我们现在需要减少的。

同时，英国地方政府协会（Local Government Association）的彼得·弗莱明（Peter Fleming）也对 BBC 表示：显然焚烧将发挥一定的作用，但并不是英国所有地区都有垃圾焚烧炉。弗莱明说在短期内这是一个挑战，从长远看，我们需要一个更明智的垃圾处理策略。

（4）对策三：减少塑料的使用等

绿色和平组织的路易丝·艾奇将矛头对准了英国政府："政府不断推延决策，推卸责任，搞得我们一团糟。"

据 BBC 报道，英国环境大臣迈克尔·高夫（Michael Gove）承认他对这个问题确实有点后知后觉。高夫告诉 BBC，他的长期目标是减少经济结构中的塑料制品使用量，减少塑料的类别，简化地方当局法规来使人们更加容易判断什么是可回收的和不可回收的，从而提高回收率。高夫也表示，英国须停止向海外输送垃圾。

此外，对一次性使用塑料制品征税、根据回收废料难易程度采用浮动税率、改变垃圾分类方法以达到中国的垃圾分级新要求等举措，也成为英国方面正在讨论或是已经实行的方法。英国可以选择自己熟悉的产品和市场，重建一些因中国的禁令而失去的产能。

4. 禁废令引发全球固体废弃物循环利用行业多骨牌效应[①]

由于一直以来欧美国家对中国出口市场的依赖，部分地区并没有建立起完善的垃圾回收处理系统，当中国出台禁废令之后，顿时无所适从，垃圾堆积如山。

（1）美国。美国是中国最大的固体废物出口国，2016 年美国向中国出口了价值 56 亿美元的废旧金属制品、19 亿美元的废纸（共计 1 320 万 t）和 4.95 亿美元的废塑料（142 万 t）。由于中国禁止洋垃圾进境，美国的固体废物行业受到巨大打击。例如，俄勒冈州曾是全美在环保领域中的佼佼者，该州在环保领域取得的成就与他们把 90% 的垃圾出口到中国有关。中国实施严格的禁废令后，当地媒体悲观地报道说："用不了多久，我们的州长要和人民一起在垃圾的海洋里遨游了。"

（2）加拿大。自从中国禁废令生效以来，哈利法克斯市市民总感觉无所适从，因为有超过 300 t 的塑料垃圾已经围在自己身边几个月了，以往那些回收垃圾的家伙们在街头已经看不见了，据说他们现在都垂头丧气地无所事事，因为他们主要的对接老板——中国突然间不要这些垃圾了。在上一个财政年度，新斯科舍省首府哈利法克斯市废旧物品回收行业的收入为 216 多万美元，其中有七成以上来自向中国出售废旧物资所得。而今，这些本来可以卖钱的垃圾不仅赚不到一分钱了，而且不得不付钱去处理。新斯科舍省禁止往垃圾填埋场运送塑料垃圾，而如果将这些塑料垃圾运到其他省，除了运费不算，每倾倒 1 t 垃圾的价格为 100～125 加拿大元。

（3）英国。根据英国环境部门的数据，英国每年产生的包装塑料垃圾（包括塑料瓶、食品薄膜包装等，不包括非包装材料的塑料）有 220 万 t，其中大约 50 万 t 会运往中国。

---

① 靖福志. 禁废令引发全球固体废弃物循环利用行业多骨牌效应. 中国轮胎资源综合利用，2018（2）：12-16.

从 2012 年起，这个人口只有 6 000 多万的国家向中国出口了 207 万 t 的废塑料，占英国总塑料出口的 2/3。尽管其他制造业国家如马来西亚和越南也接收回收的塑料，但它们的容量与失去的中国市场不可同日而语。中国的垃圾禁令对英国来说需要更长的时间过渡准备，毕竟已经依赖中国太久了，以往英国国内没有能力消化这些垃圾。在失去中国市场后，英国废物出口价格一直下降，而本国垃圾处理费用不断上升。在这一升一降间，垃圾处理税费增加将直接转移到英国公民身上。

（4）德国。2016 年德国有 150 万 t 废塑料被运往中国内地和香港，占德国废塑料总量的一半还多。虽然包装垃圾不断增加，但留下的塑料垃圾进入了黄色垃圾桶和回收站，被分类并在最好的情况下被回收，最后运往中国，德国垃圾分拣站每 2 t 垃圾中就有 1 t 被运往中国。现在中国的禁令让德国的这套体系陷入困境，中国日益依靠自身循环经济不想再进口塑料垃圾，德国很快将面临回收材料过剩。

（5）法国。相关报道称，法国目前根本没有足够的垃圾存放能力，数年来垃圾存量在不断增长。随着垃圾供给的增长，可再生利用的塑料垃圾市场已然崩溃。如同欧洲其他国家一样，以往法国的废塑料被运往中国内地和香港处理。

（6）澳大利亚。据澳大利亚媒体报道，中国禁废令生效后，澳大利亚有 61.9 万 t 可回收垃圾的出口受到影响，约合 26.8 亿元人民币。中国希望推动国内循环经济的发展，而这对澳大利亚来说也是发展本国循环经济的机会，尽管中国的禁令会给一些行业带来压力，但同时也会为另一些行业创造机遇。

（7）新西兰。据新西兰环境部披露的数据，该国 2017 年向中国出口的垃圾总重量达到 5 万 t，总价值达 9 000 万元人民币。面对无路可去的垃圾，新西兰垃圾回收部门只得另想办法。可是对于国土狭窄的新西兰来说，国内难以利用，国外接收也不好找。

从世界各国的反应来看，虽有着各种"诉苦"的声音，但还是付出了很多行动，采取了对策。

5. 越南也要禁废了[①]

自中国禁止进口洋垃圾以来，越南新港盖梅国际港码头（Tan Cang-Cai Mep International Terminal，TCIT）与凯莱港（Tan Cang-Cat Lai Terminal，Cat Lai）几乎被洋垃圾淹没，导致港区拥堵。基于此，越南决定自 2018 年 6 月中旬开始暂停进口废旧塑料，同时限制废纸进口。据统计，2018 年第 1 季度，美国贸易商向越南出口了约 15.7 万 t 废纸，同比 2017 年增长了 203.51%。为了防止洋垃圾入境，越南开始对废纸和废塑料进行 100% 的检查。

---

① 资料来源：越南也要禁废了! 2018 年 6 月 15 日起限制废塑料、废纸进口. 再生资源与循环经济，2018（11）：46。

第三章　主要进口废物种类利用状况和

环境影响分析[①]

从 1995 年开始，我国允许少数种类可用作原料的固体废物进口，2000 年进口量为 1 400 多万 t，到 2007 年进口量超过 4 000 万 t，2009 年达到最高的 5 676 万 t，之后进口数量回落，2016 年进口了 4 695 万 t。2016 年进口废物中废纸约占 57%、废塑料占 17%、废五金占 11%、氧化皮占 5.2%、废钢铁占 1%、废铝占 3.8%、废铜占 2%。固体废物进口和利用过程会有环境污染或存在污染风险，本章将对我国以往主要进口废物种类利用情况和环境影响进行简要分析。

一、进口废纸的环境影响分析

1. 废纸进口和国内产生概况

（1）废纸进口概况

2007—2016 年，我国进口废纸数量呈上升趋势，2011 年之后年进口量保持在约 2 800 万 t，进口企业数量逐渐减少，见图 3-1。废纸进口量约占进口废物总量的 50%，最高年超过 60%。进口废纸的海关商品种类有四种，分别是 4707100000 回收（废碎）的未漂白牛皮、瓦楞纸或纸板，4707200000 回收（废碎）的漂白化学木浆制的纸和纸板（未经本体染色），4707300000 回收（废碎）的机械木浆制的纸或纸板（废报纸、杂志及类似印刷品），4707900090 其他回收纸或纸板（包括未分选的废碎品）。2012—2017 年 4707100000 进口总量约占进口废纸总量的 57%，4707200000 进口总量约占进口废纸总量的 3%；4707300000 和 4707900090 进口总量均约占进口废纸总量的 20%，四种废纸进口趋势见图 3-2。

---

① 本章内容主要摘自以中国环境科学研究院为主完成的进口废物环境影响评估相关报告。

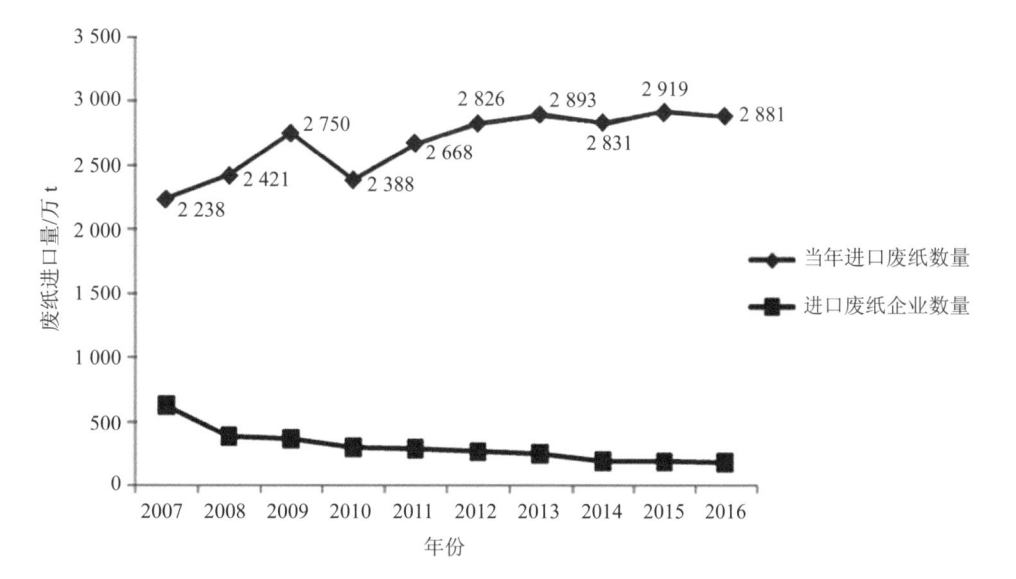

图 3-1　2007—2016 年进口废纸趋势

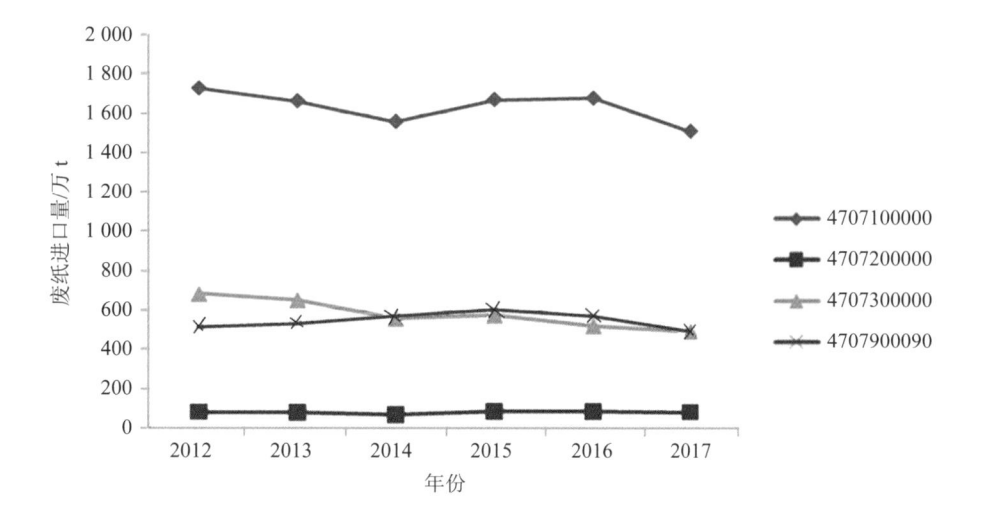

图 3-2　2012—2017 年四种废纸的进口趋势

2012—2017 年，进口废纸来源国按重量排名前五的国家为美国、英国、日本、加拿大、荷兰，来自这五个国家废纸的年平均值分别为 1 294 万 t、353 万 t、335 万 t、150 万 t、150 万 t，五个国家废纸进口量趋势见图 3-3。

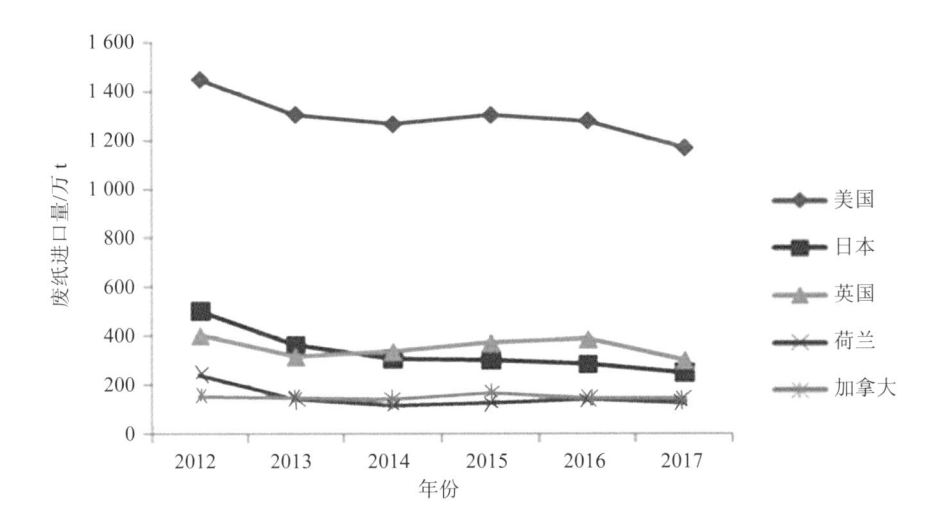

图 3-3　进口废纸前五名国家的进口量趋势

（2）国内废纸主要来源及产生情况

按产生来源可将废纸分为商业废纸、生活废纸、工业废纸三大类，其中商业废纸是来自购物中心、车站、农贸市场、餐饮店、超市等商业设施和场所的废纸；生活废纸包括居民家庭的各种旧报纸、废旧书刊、包装纸箱等，也包括机关、工商企事业单位等办公场所产生的废旧公文资料、废旧书刊和报纸及各种包装纸箱、纸盒等，还有学校的旧报纸和学生书本纸；工业废纸是纸加工厂产生的废纸，如印刷厂、装订工厂、切纸厂、纸盒和纸箱生产厂等单位生产中产生的废纸。

根据中国造纸协会编写的《中国造纸工业 2016 年度报告》，2016 年全国纸及纸板生产企业约 2 800 家，纸及纸板生产量 10 855 万 t，比上年增长 1.35%；消费量 10 419 万 t，比上年增长 0.65%，人均年消费量为 75.33 kg（13.83 亿人）。2015—2016 年，纸及纸板生产和消费情况见表 3-1。2007—2016 年，纸及纸板生产量年均增长 4.43%，消费量年均增长 4.05%，具体生产和消费情况见图 3-4。

根据《2016 年中国回收纸行业发展报告》，2006—2016 年我国废纸回收量逐年增长，2006 年废纸回收量为 2 260 万 t，2014 年为 4 984 万 t，2015 年为 4 820 万 t，2016 年为 5 182 万 t，达到废纸回收量历史高值，同比增长 7.5%。根据中国再生资源回收利用协会废纸分会提供的数据，2016 年国内废纸回收率约为 69%。2006—2016 年国内废纸回收情况见图 3-5。

表 3-1 2015—2016 年纸及纸板生产和消费情况 单位：万 t

品种	生产量			消费量		
	2015 年	2016 年	同比/%	2015 年	2016 年	同比/%
总量	10 710	10 855	1.35	10 352	10 419	0.65
①新闻纸	295	260	−11.86	299	265	−11.37
②未涂布印刷书写纸	1 745	1 770	1.43	1 680	1 689	0.54
③涂布印刷纸	770	755	−1.95	642	609	−5.14
其中：铜版纸	680	665	−2.21	596	565	-5.2
④生活用纸	885	920	3.95	817	854	4.53
⑤包装用纸	665	675	1.5	681	689	1.17
⑥白板纸	1 400	1 405	0.36	1 299	1 265	-2.62
其中：涂布白板纸	1 340	1 345	0.37	1 238	1 205	-2.67
⑦箱纸板	2 245	2 305	2.67	2 297	2 364	2.92
⑧瓦楞原纸	2 225	2 270	2.02	2 228	2 271	1.93
⑨特种纸及纸板	265	280	5.66	217	225	3.69
⑩其他纸及纸板	215	215	0	192	188	−2.08

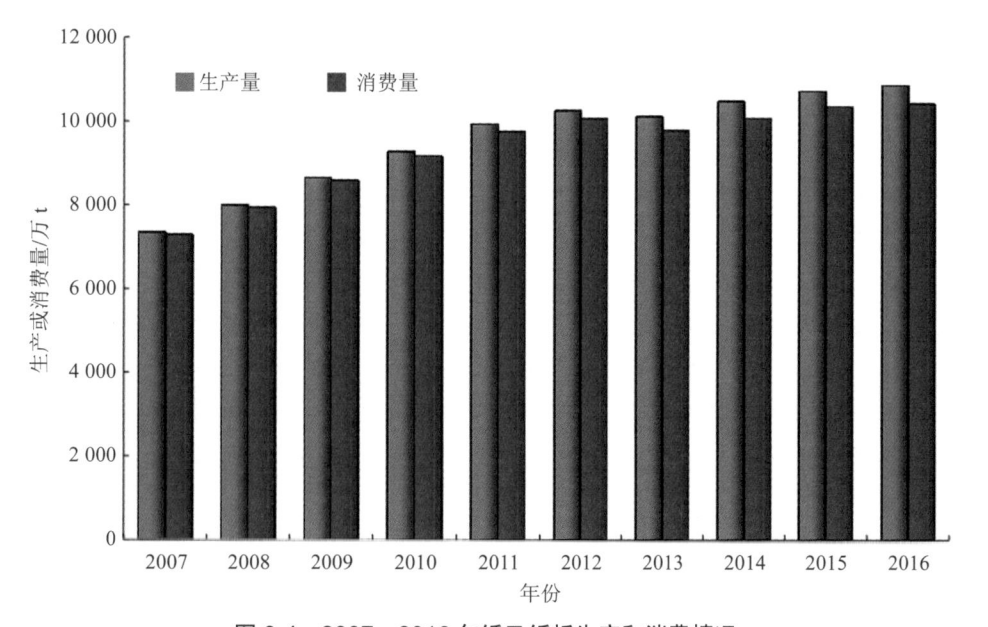

图 3-4 2007—2016 年纸及纸板生产和消费情况

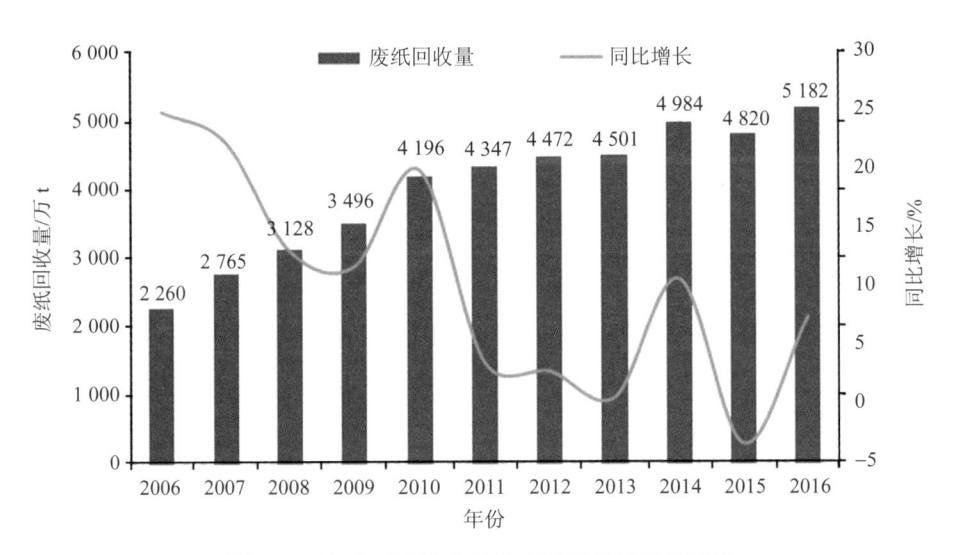

图 3-5　2006—2016 年国内废纸回收量增长情况

2．废纸回收利用情况

废纸回收利用产业链可分为三个环节：回收、加工和利用。废纸回收是指从居民、商场超市、机关事业单位、写字楼、工厂等场所将可循环利用的废纸分类集中的过程；废纸加工则是对回收来的废纸进行机械化分选、切割、破碎、除杂等预处理，为造纸及其他废纸利用行业提供原料的过程，是废纸从废弃物成为工业原料的关键环节；废纸利用是指将废纸作为原料进行生产再造产品的过程，见图 3-6。

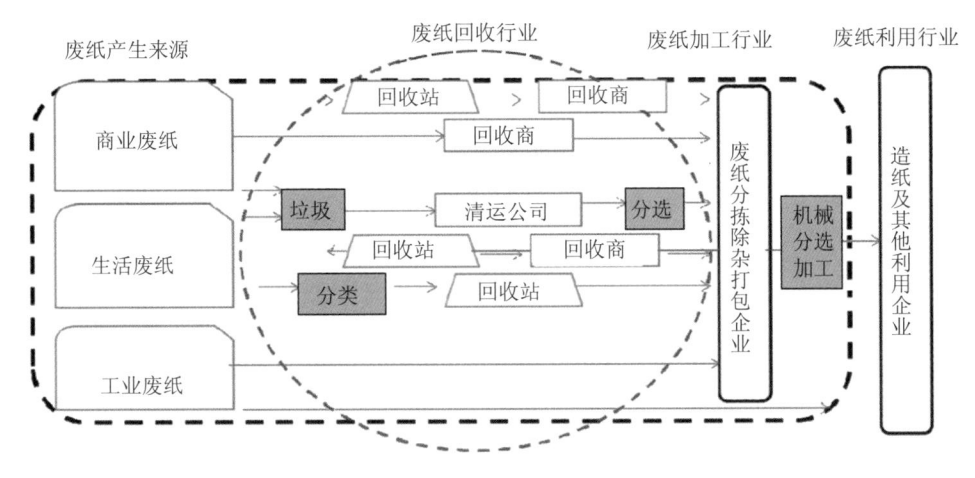

图 3-6　废纸回收产业链结构示意图

（1）国内废纸回收主要过程和存在的问题

回收渠道主要有个体收集废纸、废旧物资回收公司收集废纸、造纸厂和纸制品加工厂收集的废纸，废纸分选以人工为主。消费者将产生的废纸直接或者通过拾荒者间接卖给个体收购点；个体收购点再将所收购的废纸销售给规模相对较大的回收站，部分废纸回收站具有分拣和打包的设施，直接分拣打包后销售给造纸厂；无分拣和打包设施的废纸回收站将废纸送往就近的分拣打包站，由分拣打包站销售给规模化的废纸回收企业或造纸厂。规模化的废纸回收企业通过直销模式或代理商模式将废纸销售给造纸厂；有的回收企业本身也从事纸的生产，部分废纸留作自用。

目前，国内已经出现专业化、规模化运作的废纸回收企业，这些企业在一定区域范围内设立了废纸回收网点和打包中心，从事废纸的回收、分拣、打包和销售的业务，这些企业的回收量约占我国废纸回收总量的20%。

由于废纸回收行业门槛低，从业进入者专业水平及环保意识良莠不齐，大部分企业是经营规模只有几百吨的小微打包厂，多分布在城郊接合部、远郊区或农村，进行作坊式生产。与此相反，我国造纸企业主要分布在东部12个省，产业集中度达到70%。

（2）国外进口和国内产生废纸所含夹杂物情况

根据进口废纸鉴别案例分析，进口废纸所含夹杂物大致有三类情况：一是夹杂物含量严重超标，比例可达到5%～10%甚至更高，这类货物表观上非常脏污、混杂、废碎；二是货物干净、相对规整，夹杂物种类较少，但其含量也不符合我国环控标准要求，很多夹杂物属于废纸收集过程中故意混入或掺杂进入，或者是分拣不细所致；三是纸制品生产中的边角废料、回收的经过分拣分类的废纸，这类废纸干净，夹杂物种类及其含量均较少（参见第一章鉴别案例29～案例33）。

国内废纸在再生利用制浆之前，由于夹杂的金属、木屑、砂石、塑料膜、塑料皮、绳索、泡沫塑料、热熔性树脂、订书钉等非纸成分很多，先要对其进行分选，将不可利用的夹杂物挑拣出来。

（3）废纸回收利用方式及污染物产生

依据《造纸行业废纸制浆及造纸工艺污染防治可行技术指南（试行）》，废纸制浆由碎浆、筛选及净化、洗涤和浓缩、漂白四部分组成，会产生废水、废气和固体废物，图3-7是典型脱墨制浆的生产工艺流程及产污环节的示意图。

①废水产生情况

废纸制浆产生的废水主要来自废纸的碎浆、疏解，废纸浆的洗涤、筛选、净化、脱墨及漂白过程。通常无脱墨工艺的废纸浆比有脱墨工艺的废纸浆的废水排放量及有机物浓度均低很多。废水中含有的污染物主要包括：a）总固体悬浮物：包括细小纤维、粉状纤维、矿物填料、无机填料、涂料、油墨微粒及微量的胶体和塑料等；b）可生物降解有机污染物（BOD_5）：主要由纤维素或半纤维素的降解物或淀粉等碳水化合物构成；

c）化学需氧量（COD$_{Cr}$）：由木素的衍生物及一些有机物组分（如蛋白质、胶黏剂、涂布胶黏剂等）形成；d）影响废水色度的污染物：由油墨、染料、木素的衍生物，以及一些有机物组分（包括蛋白质、胶黏剂、涂布胶黏剂）等组成；e）可吸附的有机卤化物（AOX）：采用氯漂白的造纸漂白废水中会含有可吸附的有机卤化物。

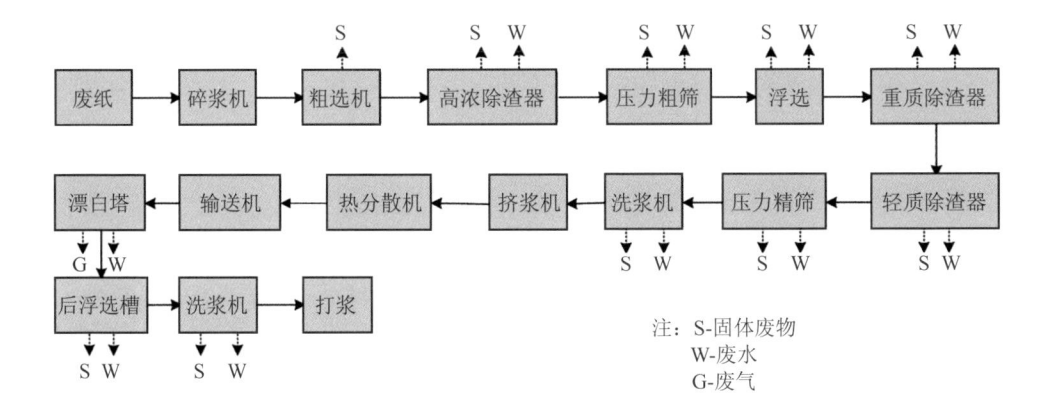

图 3-7　脱墨制浆生产工艺流程及产污环节

制浆造纸废水主要来自制浆车间浆料制备及造纸车间生产。用先进的造纸工艺提高水循环利用率可以减少废水排放；制浆以废纸为原料，则无原木蒸煮制浆工序的黑液和漂白废水。废水中含有木素、纤维素、填料等有机物，主要污染因子为 pH、SS、COD$_{Cr}$、BOD$_5$、挥发酚、硫化物、色度等。

酸碱废水来源于热电站化学水处理车间，主要污染因子为 pH、COD$_{Cr}$ 等，采用中和预处理。热电站反渗透（RO）系统反冲洗水主要污染因子为 SS、盐分等。锅炉冷凝器循环冷却水排污来源于冷却水过滤器反冲洗水，主要污染因子为 SS。废纸运输码头冲洗废水为码头地面冲洗废水，主要污染因子为 SS、COD$_{Cr}$、石油类等，采用沉淀预处理。生活污水包括办公区/宿舍区生活污水和食堂污水，主要污染因子为 pH、色度、SS、COD$_{Cr}$、BOD$_5$、氨氮、TP、动植物油、阴离子表面活性剂等，食堂污水经隔油预处理后与办公区/宿舍区生活污水一起进入化粪池处理。表 3-2 为某造纸厂制浆造纸废水产生情况。

②废气产生情况

生产废气主要为锅炉燃煤所产生的燃烧废气，烟气中的主要成分有烟尘、SO$_2$ 和氮氧化物（NO$_x$）等。厂区无组织排放废气主要来源于污水处理站和制浆造纸车间，污染因子主要为硫化氢（H$_2$S）等臭气。

表 3-2　制浆造纸废水产生情况

序号	项目	单位	牛皮箱板纸及瓦楞纸	涂布白板纸
1	纸产量	t/d	—	—
2	吨产品废水排放量	m³/t	15.1	19.5
3	吨产品最高允许排水量	m³/t	60	60
4	废水排放量	m³/d	43 170	16 810
5	废水 COD_{Cr} 产生质量浓度	mg/L	3 500	3 000
6	废水 COD_{Cr} 排放质量浓度	mg/L	80	80
7	吨产品 COD_{Cr} 产生量	kg/t	52.8	58.5
8	吨产品 COD_{Cr} 排放量	kg/t	1.2	1.6
9	废水 BOD_5 产生质量浓度	mg/L	1 300	1 100
10	废水 BOD_5 排放质量浓度	mg/L	20	20
11	吨产品 BOD_5 产生量	kg/t	19.6	21.5
12	吨产品 BOD_5 排放量	kg/t	0.3	0.4
13	废水 SS 质量浓度	mg/L	2 500	2 000
14	废水 SS 排放质量浓度	mg/L	40	40
15	吨产品 SS 产生量	kg/t	37.8	39.0
16	吨产品 SS 排放量	kg/t	0.6	0.8

③固体废物产生情况

各类废物产生的基本情况见表 3-3。

废渣有纸渣和尾渣之分。纸渣是从制浆车间筛选机收集的未疏解的废纸及纸纤维等，回收可用于制造低档包装纸。尾渣则是从制浆车间的除砂器收集下来的铁丝、金属杂质和塑料片等，分选后予以综合利用。而污水处理站产生的污泥主要为生物处理的剩余污泥及含纤维等的滤浆，由于电站采用循环流化床锅炉，这些污泥可掺入煤中在锅炉内燃烧；热电站运行过程中还会产生粉煤灰和炉渣。

此外，在该造纸厂另外一条生产涂布白板纸的生产线上还会产生脱墨渣，每天 0.6 t，含水 45%。脱墨渣来自脱墨废水板框压滤机，无机物主要来自纸中的填料、涂料及油墨粒子，成分为白土、碳酸钙、滑石粉等；有机物主要是细小纤维、短纤维、粗渣、油墨中的有机物，如黏合剂等。脱墨渣应按照危险废物进行管理及无害化处置。

表 3-3　固体废物的产生情况　　　　　　　　　　　　单位：t/d

名称	纸渣（含水 70%）	尾渣（含水 70%）	污泥（含水 60%）	粉煤灰	炉渣
PM1	140	50	64	87	58
PM2	107	37	48	73	49
PM3	107	37	48	73	49
PM4	30	90	80	94	63
PM5	107	37	50	73	49
合计	491	251	290	400	268
固体废物来源	生产车间	生产车间	污水处理站	热电站	热电站
处置方法	出售循环利用	捡选再用	掺煤焚烧	筑路、水泥、回填	筑路、回填

3. 进口废纸污染物处理处置存在的环境污染风险分析

（1）废水

①总固体悬浮物的危害

悬浮物是指悬浮在水中的固形物质，包含泥砂、矿尘、灰渣、纤维细料、油类以及其他有机残渣等，可分为沉降的悬浮物（指在量筒中 1～2 h 内可以沉降的部分）和不沉降的悬浮物两种，又称为总悬浮固形物。制浆造纸厂排放废水中的悬浮物主要是纤维及其细末，纤维质悬浮物夹杂着不同比例的无机盐灰分，排入水体后，在接收水体逐渐沉淀并形成"纤维滩"，日久天长则发生发酵作用，增加废水的需氧量。纤维质悬浮物不仅由于消耗水中溶解氧而影响水生生物的生存，而且沉积于水底后，可能覆盖鱼类产卵地而造成鱼类减产。它还会积留在鱼鳃中导致鱼类呼吸困难而死亡。因此，造纸厂必须控制悬浮物的排放。

②可生物降解的有机污染物的危害

溶于制浆和漂白过程的相当数量的木材组分容易生化降解，其中包括分子量较小的半纤维素、甲醇、乙酸、甲酸、糖类等。这些物质在水体中被微生物氧化，从而消耗水中溶解氧。因此，废水中含有过多的可生化降解物质将危害水体中生物生存。

③化学需氧量污染物（COD_{Cr}）的危害

制浆造纸厂排水中的难生化降解化合物主要来源于纤维原料中所含的木素和大分子化合物。浆厂难生化降解的物质通常带颜色，从而影响光线对水体的照射。另外，难生化降解物质还影响饮水水质，有生命的机体吸收难生化降解物质后，可造成生命机体的生物变异。

④毒性物质的危害

浆厂排放的污染物中有许多毒性物质，其毒性危害已被广泛研究，结果证明硫酸盐浆厂的黑液和污冷凝水含有对鱼类特别有毒的组分，漂白车间的氯化段和碱抽提段的废液通常也含有较多有毒物质。黑液的毒性主要是由松香酸和不饱和脂肪酸造成的；污冷凝水中对鱼类有毒的物质是 H_2S、甲基硫、甲硫醚；漂白氯化段含有大量毒性物质；碱抽提段的毒性物质有一氯及二氯脱氢松香酸、三氯及四氯愈创木酚以及 9,10-环氧硬脂酸等。

⑤改变 pH 的危害

制浆废水可明显改变接收水体的 pH，pH 高于 9 或低于 5 将影响生物生命并增加废水的毒性。漂白废水的 pH 变化非常大，可低于 2 或高于 12，某些酸法浆厂的废水 pH 可低于 1.2。例如，pH 在 3.0～3.5 时，任何鱼类都无法存活；又如，pH 在 3.5～4.0 时，对蛙鳟类致死；pH 在 10.5～11.0 时，对蛙鳟类迅速致死；pH 在 11.0～11.5 时，对所有鱼类都迅速致死。

⑥降低水体透光性能

制浆废水中所含残余木素带色。在可见光区域，木素吸收光波，降低了光线对水中的投射，从而降低了可用于光合作用的光线。其他的悬浮物也会部分吸收和消散进入水中的光线。对于接收水体中的初级生产者来说，制浆造纸厂废水造成的最明显效应是吸光物质使光合区深度减少，从而导致浮游植物的减少。两者又将导致整个生态系统平衡的不良改变，如浮游动物种类和数量的减少以及鱼类产量的减少。

（2）废气

制浆造纸工业向空气排放的污染物主要有硫化物、NO_x、氯化合物、无机粉尘、有机粉尘。硫化物主要有两种类型：一类是恶臭气体，如 H_2S、甲基硫、二甲基硫、二甲基二硫，主要来自硫酸盐法制浆及碱回收过程；另一类是 SO_2，主要来自酸性亚硫酸盐法制浆过程，但也不同程度地来自中性亚硫酸盐法和重亚硫酸盐法。氯化合物的排放量较小，主要是 Cl_2 和 ClO_2。氯化合物的排放是"扩散型"，是从储槽、洗涤机、地沟等扩散出来的。NO_x 既可在燃烧过程中由空气中的氮和氧反应生成，也可由燃料中的氮与空气中的氧化合生成。无机粉尘主要来自回收锅炉、燃料（油或煤）锅炉和石灰窑炉，此类粉尘主要是硫酸盐和碳酸盐。有机粉尘主要来自备料车间，如原木的干法剥皮、蔗渣的干法除髓、草类原料的加工和净化过程。制浆造纸工业向大气排放的主要污染物及其环境影响如下。

①硫氧化合物（SO_x）

SO_x 主要是指 SO_2 和 SO_3。SO_2 是无色、有刺激性气味的气体，主要刺激黏膜，引起呼吸道疾病。但它很少单独存在于大气中，往往与飘尘结合在一起，进入人体的肺部，引起各种疾病。

大气中 SO_2 的质量分数在 5 mg/kg 以下时氧化生成 SO_3 的量很少。若为 5～30 mg/kg 时，被飘尘吸附后，在强烈阳光下被氧化成 SO_3，其转化率每小时可达 0.1%～0.2%。SO_3 与大气中的水蒸气结合形成硫酸雾，其毒性比 SO_2 大 10 多倍。SO_2 在 0.05～0.2 mg/kg 时能使植物的光合作用受到抑制，含量高时将导致枝叶坏死或脱落。

②氮氧化物（NO_x）

NO_x 种类很多，它是 NO、NO_2、NO_3、N_2O、N_2O_4、N_2O_5 等的总称。造成空气污染的 NO_x 主要是 NO 和 NO_2，主要是燃料的燃烧产生 NO_x，例如，造纸厂碱回收的黑液燃烧过程会产生 NO_x。

燃烧产生的 NO_x 主要是 NO，占 NO_x 总量的 90%～95%，只有很少一部分被氧化为 NO_2。燃料燃烧产生的 NO_x 可分为温度型和燃料型。温度型 NO_x 是空气中的氮和氧在高温下化合生成的。燃料型 NO_x 是燃料中的含氮化合物［如吡啶（C_5H_5N）、氨基化合物等］，在燃烧中氧化生成的。

NO 对人体健康的影响，当浓度较低时尚不清楚；浓度较高时，其毒性很大，很容易与动物中的血色素结合，造成血液缺氧而引起中枢神经麻痹。NO_2 对呼吸器官黏膜有强刺激作用，可引起支气管炎和肺气肿。NO_x 的更大危害体现在一定的条件下它参与形成光化学烟雾的光化学反应，破坏保护地球人类生存环境的大气臭氧层。

③硫化氢（H_2S）

硫化氢是硫酸盐浆厂排污气体中毒害最大的污染气体，其毒性可与氰化氢（HCN）相当或更高，它除引起局部刺激性作用外，还会危害呼吸器官，引起血液中毒现象。

④甲硫醇

甲硫醇具有恶臭味，一般有催眠作用，高浓度时会麻痹中枢神经，人体吸入较多的甲硫醇后，由于与身体组织中的重金属有极强的亲合性，能使生命所必需的微量元素失去活性而排泄，因而非常危险；甲硫醇能被皮肤吸收，长期接触则致癌；甲硫醇还能使蛋白质发生变质。

⑤粉尘和烟尘

粉尘随着人的呼吸首先进入鼻腔，在此处约有 80% 被纤毛分离下来，而后经气管和支气管又有 10% 左右被分泌黏液阻留住。最后大约有 10% 或沉积肺泡内，或被吸收到血液及淋巴液内，日积月累形成"尘肺"。细粉尘还会引起鼻炎、呼吸道病症等其他病症。

烟尘除了直接危害人体健康外，间接影响也不容忽视。空气中的烟尘浓度增大，会使人的视野模糊、能见度降低。由于视程缩短，行驶中的运输工具驶航视野会受阻，造成事故增加。日照量的减少还会影响植物生长和气候异常，损失不可估量。

（3）废渣

进口废纸中不能作为造纸原料被回收利用的主要是指各类夹杂物，其中的铁丝等物质经分拣收集后卖给物资回收公司，而分拣出来的塑料碎片、尼龙、树脂等均进行填埋处理。制浆造纸工业排放的废渣除煤渣外，主要还有绿泥、白灰渣、矿渣、制浆筛渣、树皮、草灰等。这些废物不但量大侵占土地，还会污染地表水和地下水等。

（4）具有环境污染风险的进口废纸案例

[案例65]：废纸中夹杂覆有塑料薄膜层的废纸板边角料

2008年3月，浙江某公司申报进口一批来自荷兰的254.6 t废纸，经开箱、掏箱检验检疫，发现该货物夹带部分覆有塑料薄膜层的废纸板边角料。分拣称重后，夹杂物的平均夹带量约为6.4%，超过《进口可用作原料的固体废物环境保护控制标准—废纸或纸板》（GB 16487.4—2005）应小于1.5%的限值规定。该批货物被检验检疫机构判定为不合格废纸。

[案例66]：进口废纸中检出大量废塑料药瓶碎片

2008年5月，青岛某公司申报进口一批来自美国的18.331 t废纸，经开箱、掏箱检验检疫，发现该批废纸呈碎片状，并夹带废塑料药瓶碎片，还有列入《禁止进口废物目录》中的废药物、废针头等医疗废物，随机分拣夹杂物含量达到7.5%，远超过GB 16487.4—2005的规定，移交海关作退运处理。

[案例67]：加拿大进口的一批废纸夹杂物超标

2008年9月，深圳某公司申报进口一批321.26 t废纸。经检验检疫人员对其中13个集装箱货物进行开箱、掏箱、拆包检验，发现了大量的玻璃碎片、木块、塑料袋、塑料薄膜、废计算器、油布、玻璃酒瓶、果汁瓶、矿泉水瓶、洗洁精瓶、牛奶瓶、洗发精瓶、机油瓶、衣架、油管、玩具、海绵碎块、废光碟、罐头铁罐、旧衣服等各种生活废物。夹杂物含量为3.5%，超过GB 16487.4—2005规定的1.5%，移交海关退运出境。

[案例68]：荷兰进口废纸集装箱中检出红火蚁（检疫不合格案例）

2008年7月，广州某公司申报进口一批495.429 t废纸，经现场查验在集装箱内发现多只昆虫活体，虫样鉴定为红火蚁，检验检疫机构对该批废纸实施熏蒸除害处理，有效地防止了疫情扩散。

[案例69]：进口废纸中检出夹带物严重超标

2008年6月，珠海某公司申报进口一批22.98 t废纸，经开箱、掏箱查验，货物中夹带有未经清洗的废塑料瓶、易拉罐、废塑胶手套、使用过的纸尿片（其中有粪便）、废计算器、废塑料花盆等杂物。随机分拣两个集装箱货物的夹杂物，含量已达17.67%，远超过GB 16487.4—2005规定的其他夹杂物不应超过进口废纸重量的1.5%的要求，且使用过的纸尿片等属于《禁止进口货物目录》（第三批），综合判定该批货物检验不合格。

从上述典型案例可以看出，进口废纸的问题主要集中在夹杂物超标上。

二、进口废塑料的环境影响分析

1. 废塑料产生和回收利用情况

（1）废塑料产生量

全球塑料产生量从 2004 年的 2.25 亿 t 增加到 2015 年的 3.22 亿 t。我国自 2010 年以来，一直是世界第一大塑料制品国，合成树脂年消费量接近 1 亿 t，2015 年塑料产量为 7 691 万 t。我国在家电、建材、包装、日用品等规模化生产行业中，再生废塑料的使用量约占塑料总使用量的 40%；在以中小企业为主的很多塑料制品行业，黑色塑料部件使用再生料的比例接近 90%。

近年来，工业发达国家城市固体废物（MSW）中废塑料重量占比逐年增长，有的国家已超过 10%，废塑料体积占比则达到约 30%。塑料在包装材料中的使用比例不断提升，包装材料有一次性使用后快速废弃的特点，使得塑料以更快的速度进入回收再生环节。在全球范围 MSW 的总量中，有 1/3～1/2 为包装废物，如美国包装废物占 29.3%，非包装废物占 70.7%，其中废塑料分别占 4.1% 和 5.5%；日本包装废物约占 40%；欧盟各国占 40%～70%；我国占 30%～40%。据不完全统计，目前世界塑料包装废物每年高达 5 000 万 t 以上。

我国废塑料来源可分为国内回收和境外进口两部分，国内回收量每年为 1 200 万～2 000 万 t，进口废塑料每年为 700 万～900 万 t，2005—2016 年废塑料进口量见图 3-8，其中 2007 年进口 619 万 t、2008 年 707 万 t、2009 年 732.6 万 t、2010 年 800.9 万 t、2011 年 838.4 万 t、2012 年 887.8 万 t、2013 年 788.2 万 t。

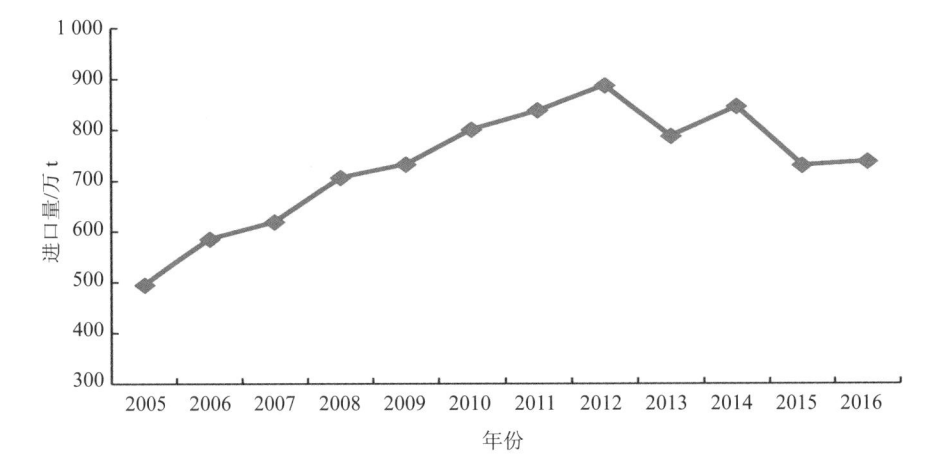

图 3-8　2005—2016 年废塑料实际进口量

我国进口废塑料来源地很广泛，有中国香港、中国台澎金马关税区、日本、美国、德国、西班牙、马来西亚、菲律宾、韩国、比利时、法国、澳大利亚、加拿大、新西兰、荷兰、英国、意大利、泰国、中国澳门、捷克、墨西哥、埃及、保加利亚、卢森堡、印度尼西亚、阿根廷、也门、伊朗、葡萄牙、巴基斯坦、波兰、阿拉伯联合酋长国、罗马尼亚、秘鲁、喀麦隆、乌克兰、奥地利、印度、新加坡等地，其中从中国香港、中国台澎金马关税区、日本、美国、德国、加拿大、澳大利亚 7 个来源地进口的废塑料占总进口量的大部分。

（2）废塑料回收状况

从我国部分城市的统计数据看，废塑料一般占到城市生活垃圾重量的 10%～20%，其中北京为 13.1%、上海为 13.8%、深圳为 21.7%、成都为 14.9%。有关废塑料协会根据我国塑料制品的消费量测算废塑料产生量每年约为 4 000 万 t，2010—2014 年我国废塑料估算产量见表 3-4。我国国内废塑料的回收再生利用率为 20%～25%，与欧洲废塑料再生利用率基本相当。

表 3-4　2010—2014 年我国废塑料产量测算表　　　　　　单位：万 t

年份	消费量	再生量	废弃量
2010	4 693	1 200	—
2011	5 229.5	1 350	2 871
2012	5 467	1 600	3 413
2013	6 188.7	1 366	3 292
2014	7 387.8	2 000	4 028

废塑料回收利用方法主要有机械物理回收、能量回收、化学回收三种。我国废塑料主要是通过机械物理方法回收再利用，即经回收、分类、清洗净化、粉碎或造粒处理后，作为初级原料循环使用。目前国内关于废塑料再生数量的统计，都是针对通过机械物理法回收再利用的废塑料量。能量回收主要是利用废塑料制成固体燃料，通过燃烧发电或产热回收能量。化学回收主要是通过在一定温度和压力下裂解为小分子的方法将废塑料还原为初始原料，再用于其他化工产品生产的原材料。

由于废塑料行业产业聚集度大幅提高，我国规模企业多配套建设了废水处理设施。东部沿海地区企业产能规模快速增长，PET（聚对苯二甲酸类塑料）再生瓶片类企业和涉及破碎清洗分选工序的企业年产能普遍超过 3 万 t，规模企业的年产能突破了 5 万 t；不涉及产生废水的再生造粒类企业的年产能普遍超过了 0.5 万 t，规模企业的年产能突破了 2 万 t。中西部地区的企业产能也稳步提升，PET 再生瓶片类企业和涉及破碎清洗分选工序企业的年产能普遍接近 2 万 t；不涉及产生废水的再生造粒类企业的年产能普遍超过了 0.2 万 t。

东部地区企业基本都从事进口废塑料再生加工业务，而中西部地区企业则主要从事国内废塑料再生加工业务，前者企业规模普遍高于后者企业规模，见表 3-5。

表 3-5 废塑料综合利用企业产能与作业场地面积统计

企业类型	PET 再生瓶片企业		破碎清洗分选企业		再生造粒企业	
指标	年产能/t	场地面积/m^2	年产能/t	场地面积/m^2	年产能/t	场地面积/m^2
东部地区企业	50 000	4 000	50 000	5 000	20 000	4 000
	30 000	2 500	30 000	4 000	15 000	3 000
	20 000	2 500	20 000	2 500	5 000～8 000	2 500
中西部地区企业	10 000	2 500	10 000	2 500	5 000	2 500
		2 000		2 000	2 000～3 000	2 000

（3）废塑料回收利用行业发展趋势

"十二五"期间，我国塑料制品产量从 2010 年的约 4 400 万 t 稳步增长为 2015 年的约 7 000 万 t。但废塑料回收数量，包括国内回收与国外进口两部分都基本保持稳定并略有下降。2012 年国内回收废塑料约 1 600 万 t，国外进口废塑料约 880 万 t，达到了最高值。2013 年以来废塑料国内回收与国外进口数量均开始下降。这种情况固然是由于受到国际经济形势变化与石油价格下跌的影响，但同时也标志着行业从"十一五"期间开始的为期 10 年的快速发展期已结束。

2. 进口废塑料环境污染风险

以往进口废塑料未清洗情况较为普遍，且常夹带有生活垃圾、工业废物、被包装物、未充分清洗脏污物等，不符合《进口可用作原料的固体废物环境保护控制标准—废塑料》（GB 16487.12—2005）的要求。环境污染风险主要体现在以下三个方面：

一是伪报成废塑料等名称的垃圾，或通过在废塑料中夹藏、夹带、伪装货物等方式进口垃圾。货物常以废塑料为主，但废塑料本身由于未经分类而表现出混杂或废碎的特征，可包含各种用途和来源的废塑料。

二是进口的废塑料中含有大量的一般夹杂物和禁止进口的废物。货物中明显含有较多的、种类繁杂的废物，如各种废碎纸、复合包装、光盘磁带、电池、键盘鼠标、编织袋、废渔网、废缆绳、金属管或棒或盖、金属容器、易拉罐、金属块、电线电缆、牙刷、牙膏皮、橡胶制品、衣架、纤维织物、文具、一次性餐饮具、一次性卫生用品、洗浴用品、腐烂食物、药盒、植物枝叶、木头木片、玻璃、渣土等。

三是货物脏污。进口前废塑料本身由于未经清洗或未清洗干净而表现出明显脏污的特征，如潮湿发霉、明显可见盛装物的剩余物、沾染油污、沾染泥土、黏结成团、散发恶臭、含有明显尘土等。

3. 回收加工利用潜在风险

（1）废塑料主要环境污染风险

废塑料回收过程中对环境的影响体现在以下方面：

废塑料回收、再生处理过程中会产生固体废物，多为回收再生后的废塑料残渣，也会有一些其他污染物。

一是废塑料在分离和清洗处理过程中会产生工业废水，具有量大、污染重、成分复杂的特点。废液污染物主要有 COD、BOD_5、重金属（Pb、Hg、Ag、Au、Cr、Ni 等）、其他有机和无机污染物（酚类、酯类、油类，氟化物、氰化物、氯化物、磷酸盐等），不同工艺流程污染物有所不同。

二是废塑料回收过程中会产生工业噪声，主要是破碎机、分选机等各种机械设备振动、摩擦、撞击产生。

三是废塑料回收加工过程会产生少量挥发性物质与粉尘，如低分子量的塑料单体产生的气味。一般采取高空排放或者在密闭、半密闭环境中加工即可解决此问题。此外，在回收制冷设备中的发泡材料时产生的制冷剂、发泡剂（CFC、HCFC）等会破坏大气臭氧层。

（2）人体健康危害风险

人体健康影响主要包括噪声、粉尘颗粒、致癌毒性、感官毒性等潜在健康影响。机械噪声既影响人的听力也会导致人的心情烦闷，粉尘颗粒会对呼吸系统造成损伤。

（3）未被充分回收导致的污染风险

不可回收废塑料的处理方式主要是填埋和能量回收，其中填埋处理应尽量避免。废塑料的能量回收就是通过热分解或焚烧处理废塑料，从而实现能量回收与利用。

（4）残留物及其处理处置的污染风险

溶剂类：此类清洗介质是靠自身的溶解作用及分散力来去除污垢的，常用的种类有石油裂化油（如汽油、柴油、煤油等）以及有机溶剂（如醇类、酮类和醚类等），这类介质适合清洗有机类的油污、油脂，如润滑油（机油）等矿物油。但大部分有机溶剂易于挥发而造成空气污染，部分有机溶剂对人体有害，许多有机溶剂易燃易爆，安全性比较差。

水基清洗液：水基清洗液主要是通过加入其中的表面活性剂、乳化剂、渗透剂等对被清污垢的吸附、润湿、乳化、分散和增溶而实现对污垢的去除。但是表面活性剂会残留在清洁后的工件表面，清除难度大，也会随废水排出造成环境污染。

化学溶液：化学溶液是通过本身与被清洗对象的化学反应力实现污垢的去除。常见种类包括酸、碱水溶液以及各类氧化还原剂，其中酸主要用于去除锈垢，碱主要用于可皂化油污垢的清洗，漆层也可以用化学溶液来去除；但是化学溶液也具有腐蚀作用，而且会有溶液残留需要二次清洗，产生酸雾、酸性或碱性废水等污染物。

固体颗粒：在废塑料清洗中常用的固体颗粒有谷物壳、塑料颗粒以及干冰颗粒等。这些颗粒由于硬度较低，在使用过程中会破碎而形成粉尘，对人体和环境有害。

混合介质：混合介质是由两种及两种以上的清洗介质混合而成的，可以克服单个介质的缺陷，例如，湿喷丸采用水和固体颗粒混合，不但可以增强水射流清洗时的冲击力，还可以杜绝固体颗粒产生的粉尘；又如在超声波清洗液中加入适量固体颗粒也可以增强超声波的清洗效果。混合介质使用后便成为废物，对环境造成污染。

其他固体废物：废塑料回收过程中产生的固体废物主要有不能破碎分选的固体杂物碎屑、清洗后水池中的沉积残渣、焚烧后产生的灰烬等，通常只能填埋处理。

4. 发展建议

禁止废塑料进口是我国的发展大势，今后首先应重视国内废塑料的回收利用，完善国内再生资源回收体系，强化垃圾分类制度，引导公众共同参与，提高废塑料回收利用量和品质，实现国内回收废塑料替代进口废塑料的目标；再有就是创新进口模式，通过进口再生塑料初级加工原材料，实现废塑料缺口的替代贸易。

三、进口废钢铁的环境影响分析

1. 我国废钢铁进口和消费情况

2014 年以来我国进口废钢铁量明显减少，2017 年为 232 万 t，进口废钢占比较低且逐年下降，2014 年以来小于 3%。2007—2017 年我国进口废钢铁情况见表 3-6 和图 3-9。

表 3-6　2007—2017 年进口废钢铁数量

年份	2007	2008	2009	2010	2011	2012	2013	2014	2015	2016	2017
进口量/万 t	339	359	1 369	585	677	497	446	256	233	216	232
占全国消耗量比例/%	4.95	4.99	16.47	6.75	7.44	5.92	5.2	2.9	2.7	2.4	2.1

表 3-7 是我国 2013—2016 年进口废钢铁情况，主要来自日本，其次来自美国、澳大利亚、韩国和德国。尤其 2015 年和 2016 年来自这五国的废钢铁数量占我国当年进口

废钢铁的 92% 以上，其中日本就占到了 83% 以上；来自我国香港的废钢铁占比逐年下降，从 2013 年的 4.51% 下降到 2016 年的 0.83%；来自我国台湾的废钢铁每年均小于 1 万 t。

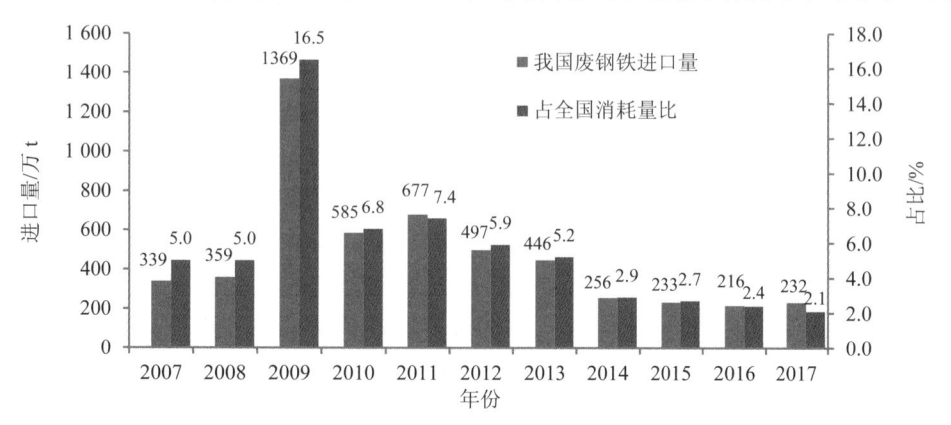

图 3-9 2007—2017 年我国进口废钢铁趋势

表 3-7 2013—2016 年我国废钢铁进口情况

年份	2013		2014		2015		2016	
进口总量/万 t	446		256		233		216	
来源	进口量/万 t	占比/%	进口量/万 t	占比/%	进口量/万 t	占比/%	进口量/万 t	占比/%
日本	261	58.52	213.8	83.51	194.7	83.56	186.6	86.39
美国	118	26.45	12.2	4.76	8.1	3.48	4.7	2.18
韩国	—	—	—	—	8.1	3.48	8	3.7
澳大利亚	16.6	3.72	2.8	1.09	3.8	1.64	2	0.92
德国	0.6	0.13	0.95	0.37	1.4	0.6	0.5	0.23
俄罗斯	1.7	0.38	0.1	0.04	0.1	0.04	—	—
加拿大	2.6	0.58	0.7	0.27	0.1	0.04	0.1	0.05
朝鲜	0.1	0.02	—	—	0.2	0.08	—	—
哈萨克斯坦	3.9	0.87	—	—	—	—	—	—
吉尔吉斯斯坦	0.09	0.02	—	—	—	—	—	—
中国香港	20.1	4.51	4.9	1.91	2.7	1.16	1.8	0.83
中国台湾	0.7	0.17	0.99	0.39	0.9	0.39	0.9	0.42

2017 年我国进口废钢铁中"7204490090 未列名的钢铁废碎料"达到了 223.1 万 t，占进口废钢铁的 96.2%；其中来自日本、美国、澳大利亚及欧盟 28 国的废钢铁分别占该品目废钢铁的 81.28%、9.81%、1.55% 及 1.04%。

2011—2015 年世界主要国家废钢铁消耗情况见表 3-8，我国废钢铁消耗量稍低于欧盟 28 国的消耗量之和，稍低于美国和日本消耗量之和，稍高于韩国、土耳其、俄罗斯三国消耗量之和，我国废钢铁消耗量约占世界废钢铁消耗量的 1/4。

表 3-8 2011—2015 年世界主要国家废钢铁消耗情况 单位：10^6 t

年份	2011	2012	2013	2014	2015
中国	91	84	85.7	87.5	83.3
欧盟 28 国	100.1	94.2	90.3	91.6	91.1
美国	63	63	59	62	56.5
日本	37.2	35.5	36.7	36.9	33.6
美国+日本	100.2	98.5	95.7	98.9	90.1
韩国	30.8	32.6	32.7	32.6	29.9
土耳其	30.8	32.4	31.4	28.2	26.1
俄罗斯	21	20.1	19.4	19.3	17.3
韩国+土耳其+俄罗斯	82.6	85.1	83.5	80.1	73.3

2011—2015 年世界主要国家和地区废钢铁进口情况见表 3-9，我国（中国内地）进口废钢铁总量逐年下降，占世界进口废钢铁的份额从 2011 年的 11.23% 下降到 2015 年的 5.16%。

表 3-9 2011—2015 年世界主要国家和地区废钢铁进口情况 单位：万 t

年份	2011	2012	2013	2014	2015
土耳其	2 146	2 241.5	1 972.5	1 906.8	1 625.1
印度	617.5	818	563.6	569.9	671
韩国	862.8	1 012.6	926	800.2	575.8
美国	400.3	371.1	388.2	421.5	351.3
欧盟 28 国	371.4	320.3	319.1	314.2	283.2

年份	2011	2012	2013	2014	2015
中国台湾	532.8	495.5	445.3	427.2	337.3
中国内地	676.7	497.4	446.5	256.4	232.8
加拿大	191.1	234.3	174.6	152	151.6
墨西哥	73.3	94.6	86.4	91.5	148.3
白俄罗斯	156.1	135.6	123.9	125.3	138.2
合计	6 028	6 220.9	5 446	5 065	4 514.6
中国内地占进口总量比例/%	11.23	8	8.2	5.07	5.16

2．我国废钢铁消耗组成及回收利用情况

（1）我国废钢铁消耗组成

我国废钢铁消耗量从 2007 年的 6 850 万 t 增加到 2017 年的 11 030 万 t，消耗量以国内废钢资源为主，进口废钢铁只是少量补充，见表 3-10。

表 3-10　2007—2017 年国内废钢铁消耗组成　　　　　　　　单位：万 t

年份	2007	2008	2009	2010	2011	2012	2013	2014	2015	2016	2017
进口量	339	359	1369	585	677	497	446	256	233	216	232
全国消耗量	6 850	7 200	8 310	8 670	9 100	8 400	8 570	8 830	8 330	9 010	11 030
进口量占比/%	4.95	4.99	16.47	6.75	7.44	5.92	5.2	2.9	2.8	2.4	2.1

（2）废钢铁配送中心和准入条件

废钢铁回收行业主要是进行人工分拣和分类，其加工以物理加工、冷加工为主，通过剪切、破碎将废钢铁的外形尺寸加工成钢厂可直接入炉的炼钢炉料，去除其中夹杂的非钢杂质。废钢配送中心应配备打包设备、剪切设备、装卸设备、废钢破碎设备、抓钢机、防辐射监测设备、计量网络监控系统、红外线防盗监控系统等。

2016 年 12 月 29 日，工业和信息化部公布了修订的《废钢铁加工行业准入条件》（工信部公告 2016 年第 74 号），明确了废钢铁加工配送企业规模、工艺和装备的要求，例如，新建普碳废钢铁加工配送企业年废钢铁加工能力必须在 15 万 t 以上，厂区面积不小于 3 万 m²，作业场地硬化面积不小于 1.5 万 m²；废钢铁不得销售给生产建筑用钢的工频炉、中频炉企业，以及使用 30 t 及以下电炉（高合金电炉除外）等落后生产设备的企业等。废钢铁加工配送企业的能源消耗、资源综合利用以及环境保护要求如下：加工 1 t 废钢铁的综合电耗应低于 30 kW·h，新水消耗应低于 0.2 t；对加工废钢铁过程中产生的各种杂物应有相应的回收、处理措施，避免二次污染；应严格执行环境影响评价、环境保护"三同时"和排污许可证等制度要求；废钢铁加工配送企业应有雨水、生产废水、生活污水的收集和循环利用系统，废水经无害化处理后达标排放，或者排入城市污水集中处理系统进行处理；应有废油回收储存设备和相关处理措施，应有突发环境事件或污染事件应急设施和处理预案，消防设施应达到国家相关要求。图 3-10～图 3-15 是以往对国内某进口废钢加工配送企业现场调研拍摄的图片。

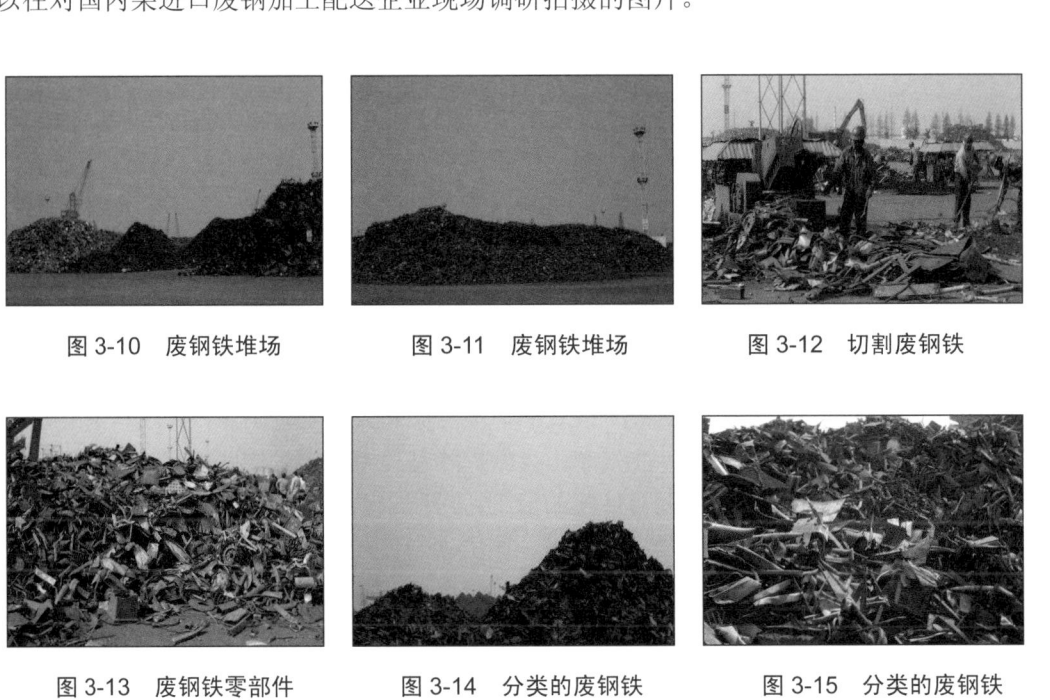

图 3-10 废钢铁堆场　　　　图 3-11 废钢铁堆场　　　　图 3-12 切割废钢铁

图 3-13 废钢铁零部件　　　图 3-14 分类的废钢铁　　　图 3-15 分类的废钢铁

（3）我国废钢铁消耗比

2017 年，我国粗钢产量达到 8.317 亿 t，废钢铁消耗量达 1.48 亿 t，总量不低，但吨钢消耗废钢平均值仍较低。"十二五"期间，我国废钢消耗比为 10%～11%，2017 年清除"地条钢"以后，废钢比达到 17.8%，我国炼钢的废钢铁利用水平与美国等发达国家仍有很大差距，美国废钢比约为 70%，欧盟约为 50%，世界平均水平在 30% 以上。我国废钢铁利用比例低的主要原因不是处理和利用能力不足，而是钢铁行业产能基数太大，结构不合理，以消耗铁矿石的冶炼长流程为主。2007—2017 年我国粗钢产量与废钢消耗比见表 3-11。

表 3-11　2007—2017 年我国粗钢产量和废钢消耗情况　　　　单位：万 t

年份	2007	2008	2009	2010	2011	2012	2013	2014	2015	2016	2017
粗钢产量	49 490	50 031	56 784	62 665	68 327	73 104	82 200	82 270	80 383	80 837	83 173
废钢消耗量	6 850	7 380	8 370	8 810	9 340	8 520	8 570	8 830	8 330	9 010	14 791
废钢比/%	13.8	14.8	14.7	14.1	13.7	11.7	10.4	10.7	10.4	11.1	17.8

3．废钢铁加工处理过程（预处理过程）中的二次污染及其防治

进入 21 世纪，钢铁企业自产废钢铁结构发生了很大变化，超大型的铁砣、钢砣、废钢锭大幅减少，社会废钢铁产量增加、轻薄废钢比例增加，加大了社会废钢的复杂程度和加工处理难度，废钢铁加工产生的二次污染如下：废钢铁拆解、分选、加工过程中产生的粉尘和噪声污染；废钢原料中所夹杂的废有色金属、橡胶、塑料、海绵、纤维、木块、树脂、渣土等非钢铁物质处理不当造成的环境污染；废钢铁中所残留的有毒有害液体及对被浸蚀的器皿、管道清洗排出的清洗剂、污水的污染；废钢铁中所混入的废炮弹、武器、易燃易爆物和密封容器所隐藏的安全隐患；混入废钢铁中的放射性超标的物质，或受放射性物质污染的废钢铁所造成的环境污染和人身安全隐患；露天料场受污染的雨水对地下水和周边的污染；废汽车、废船拆解过程中所产生的残留汽油、机油、氟利昂、蓄电池等发生泄漏、渗漏对环境的污染；对废钢铁表面或夹层中的油污、沥青、塑料、橡胶树脂、纤维等可燃物进行烘烤、燃烧处理过程中所产生的二噁英气体污染；渣钢进行破碎研磨处理过程中所产生的扬尘、噪声，特别是水磨处理产生的废水对周边环境的污染等。表 3-12 是废钢铁预处理中的主要污染环节。

废钢铁回收、加工企业二次污染防治措施如下：

一是加强原料预处理加工中的污染治理。无论是人工分选还是机器分选，都要把废钢铁中的夹杂物分选出来，将可利用的再生废物分类加工成再生原料分别供给专业生产厂家利用，如塑料、橡胶、有色金属等；不可再生利用的残余物、渣土等可焚烧处理或集中填埋处置。在加工过程中对扬尘和噪声的控制，主要取决于设备的先进程度和采取的降尘降噪措施，如采用正规厂家制造的防噪声设施、喷淋减少粉尘等。

二是减少入炉废钢铁中的有害物质。采购部门应尽可能直接采购合格的废钢铁原料，减少其中带有的有害物质量，如不得混有密封容器、易燃物、爆炸物、有毒物，不得混有放射性物质，尽力去除残存于废钢铁中的 C、S、P、Al、Sn、As、Zn、Cu、Pb 等有害元素，清除废钢铁中的泥砂、炉渣、耐火材料、水泥、尘土等杂物。

表 3-12　废钢铁预处理主要污染环节

污染类型	产污环节
空气污染	氧割产生的烟尘自由排放，废弃汽车、废船拆解过程中的残留汽油、氟利昂挥发，对黏附在废钢铁表面或夹层中的油污、沥青、塑料、橡胶树脂、纤维等可燃物进行烘烤、燃烧处理过程中产生的二噁英排放，废钢铁拆解、分选、加工及对渣钢进行净化研磨处理所产生的扬尘
水污染	露天料场雨污径流及对地下水的污染，拆解过程中所产生的残留汽油、机油、废弃蓄电池对水体的污染，水磨处理排放的废水，清洗废钢铁中残留的有毒有害液体排放的污水，废电脑、家电在拆解加工处理中产生的污水
土壤污染	露天料场雨污对周边土壤的污染，废车船拆解过程中产生的残留机油、汽油、废弃蓄电池对土壤的污染，水磨处理产生的废水对土壤的污染，清洗废钢铁中残留的有毒有害液体排放废水的土壤污染
固体废物	废钢铁原料中夹杂的废有色金属、橡胶、塑料、海绵、纤维、木块、树脂、渣土等废物，废电脑、家电在拆解加工处理过程中产生的电子垃圾
噪声	爆破废钢铁、落锤加工的强烈震动，废钢铁分选、拆解、加工等的噪声，渣钢研磨处理过程中的噪声
安全风险	爆破废钢铁产生的冲击波，落锤、切割加工造成的飞溅物，易燃易爆物密封容器，废钢铁混入的废弃武器弹药；放射性超标的物质或受放射性物污染的废钢铁

三是采用成套先进的废钢铁加工流程和设备，加工成直接进入转炉或电炉的炼钢炉料，确保废钢铁符合一定的规格要求。根据以往经验，利用进口钢铁再生资源具有一定的优势。

4. 进口废钢铁回收利用过程及其残留物、夹杂物处理处置造成的污染风险

（1）进口废钢铁环境保护控制要求

2017 年新修订的《进口可用作原料的固体废物环境保护控制标准—废钢铁》（GB 16487.6—2017）仍将重点放在预防放射性污染、危险废物、一般夹杂物的污染控制上。

第一，进口废钢铁的放射性污染控制要求为：废钢铁中未混有放射性废物；废钢铁（含包装物）的外照射贯穿辐射剂量率不超过进口口岸所在地正常天然辐射本底值 +$0.25\mu Gy/h$；废钢铁的表面 α、β 放射性污染水平为：表面任何部分的 $300\ cm^2$ 的最大检测水平的平均值 α 不超过 $0.04Bq/cm^2$，β 不超过 $0.4\ Bq/cm^2$；废钢铁中放射性核素比活度应低于一定的限值（略）。

第二，废钢铁中未混有废弃炸弹、炮弹等爆炸性武器弹药。

第三，废钢铁中应严格限制下列夹杂物的混入，总重量不应超过进口废钢铁重量的0.01%：密闭容器；《国家危险废物名录》中的废物；依据《危险废物鉴别标准》（GB 5085.1～GB 5085.6）进行鉴别，凡具有腐蚀性、毒性、易燃性、反应性等一种或一种以上危险特性的其他危险废物。

第四，废钢铁中应限制其他夹杂物（包括木废料、废纸、废玻璃、废塑料、废橡胶、废织物、粒径不大于2 mm的粉状物、剥离铁锈等废物）的混入，总重量不应超过进口废钢铁重量的0.5%，其中夹杂和沾染的粒径不大于2 mm的粉状物（除尘灰、尘泥、污泥、金属氧化物等）的总重量不应超过进口废钢铁总重量的0.1%。

（2）进口废钢铁预处理过程对环境造成的主要污染及其处理

进口废钢铁虽然来源于境外，但其理化特征特性与国内废钢铁无根本不同，废钢铁预处理的基本目的是要形成炼钢炼铁的炉料，首先要对废钢铁收集过程中夹杂的非钢铁物质、危害性物质进行清理；然后要对不同钢铁类型进行分类、切割和破碎，对轻薄料还要压制成高密度的块料，在这些过程中会产生少量污染物。例如，清理会产生粉尘、铁锈混合物、非金属物质、有色金属废物、油污、密闭物、噪声污染等；破碎会产生粉尘和噪声污染；清洗会产生油污、泥沙、铁锈混合物等；轻薄料的压制、压块会产生噪声污染等；去油污作业中的预热烘烤会产生烟气等。

要避免和减少废钢铁预处理造成的环境污染就必须遵循各种作业的技术规范和管理要求，对产生的不可利用废物应妥善收集、贮存并交由有处理资质的企业进行无害化处理，对预处理中产生的其他资源分门别类进行无害化利用，对产生的爆炸性武器弹药必须由专业机构和专业人员进行安全处理。

放射性污染是人们感官难以察觉的，除了口岸放射性检验把关外，废钢铁进口利用企业也应采取相应的防范措施，重点应针对原产地为哈萨克斯坦、俄罗斯、乌克兰等前苏联国家和地区的进口废钢铁。

［案例70］：含油污废金属（金属剥皮）

2013年10月，珲春海关缉私分局查扣了一批废钢铁，需要对样品进行固体废物属性鉴别。样品为0.5～3 cm宽的金属薄长条，具有很强的磁性，有白色、蓝色等不同颜色，所有金属条都有规范的横向波皱，而且都有一层非常黏手难洗的油污，沾染了少量尘泥和纤维等（样品外观见第一章［案例1］中的图片）。根据样品外观特征和实验分析，判断样品是从油封电缆中剥离出的金属保护层，其中金属主要为铁合金，含量为93.5%，油是来自油封电缆中起绝缘和阻燃作用的硅油，含量大约为4%。鉴别判断样品为含油的金属废物，属于我国禁止进口的固体废物。

（3）进口废钢铁冶炼过程中的主要污染及其处理

以上海某公司2011年申请利用进口的废钢铁为例，说明如下：

进口废钢铁（包括不锈钢）主要作为炼钢的冷原料，利用转炉炼钢工艺先将各种废钢铁按照设定比例加入转炉，再倒入从炼铁工艺生产并经预处理过的热铁水，吹氧脱除 C、P、S 等杂质；最后根据钢水成分要求加入合金，钢水经连续铸造成钢坯，再轧制成相应钢材，如热轧板、冷轧板、钢管等。

炼钢工艺过程产生的烟尘经炼钢的氧气转炉煤气回收法（OG 法）、钢包精炼炉（LF 法）等除尘装置处理，回收煤气、粉尘、污泥等，污泥进入烧结工序炼铁，炼钢钢渣等经破碎分选出渣钢回炉炼钢或作为建材原料；冷却水经除油、沉淀后循环使用。该公司各主体事业部对产生的各类废气、废水、废渣、噪声污染物的防治措施见表 3-13。

表 3-13　钢铁冶炼主要污染及其防治措施

生产工序	主要污染及其防治措施
1 原料场	废气：原料堆场配套喷洒系统；配套防风抑尘网；原料场转运站各产尘点配套有布袋除尘器
	噪声：皮带机采取密闭方式，堆取料机设置减振措施；除尘风机设有消声器
	固体废物：除尘灰返回料场利用
2 炼焦	废气：备煤工段各产尘点配套有布袋除尘器；焦炉加煤和出焦烟气配套有除尘站；碳化室加热采用净化后的混合煤气；焦炉煤气采取脱硫措施使煤气中的 H_2S 含量降到 200 mg/m^3
	废水：酚氰废水送集团公司的化工厂进行处理并循环利用，采用 A/O 生物脱氮处理工艺
	噪声：煤粉碎机、除尘风机、鼓风机等设置在建筑物内，并设置单独基础或减振措施；除尘风机、鼓风机、干熄焦锅炉蒸汽放散口设有消声器
	固体废物：除尘灰、焦粉作为燃料供烧结利用；焦油渣、沥青渣送备煤系统配入炼焦煤中炼焦；酚氰废水处理污泥脱水后回烧结利用
	其他：焦炉配有干熄焦装置
3 烧结	废气：对烧结机的烧结配料、机头、机尾、成品筛分及整粒系统产生的烟尘、粉尘均配有电除尘器或布袋除尘器；对熔剂、燃料系统产生的粉尘配有布袋除尘器；对烧结机的烟气配有电除尘器和石灰石-石膏法脱硫装置
	废水：工艺设备的冷却水经冷却塔冷却后循环利用
	噪声：对破碎、筛分、水泵等机械设备采取减振措施；主抽风机置于室内，风机外壳敷设隔声材料；在主抽风机、冷却风机、点火助燃风机、除尘风机出口安装消声器
	固体废物：各除尘灰全部作为烧结配料返回配料系统
	其他：环冷机热风并入烧结机头抽风系统和余热锅炉利用

生产工序	主要污染及其防治措施
4 高炉	废气：上料系统含尘废气、高炉出铁场烟气、喷煤制粉系统等工序配套有布袋除尘器，高炉煤气采用干法布袋除尘；净化后的高炉煤气除热风炉自用外，其余进入全厂煤气管网供其他用户利用
	废水：冲渣废水冷却后循环利用；工艺设备间接冷却水经冷却塔冷却后循环利用
	噪声：鼓风机布置在室内，风机进出口设消声器，风机机壳外部做隔声包扎；在高炉冷风放风阀、高炉炉顶均压放散装置、减压阀组等处设消声器；煤气余压发电透平压缩机设隔声罩；煤粉制备系统球磨机置于建筑物内；各类泵设置在泵房内
	固体废物：高炉渣作建材原料外销，各除尘灰送烧结配料
	其他：集团公司内配套有年生产 200 万 t 干渣微粉生产线
5 炼钢系统	废气：鱼雷罐车烟气配套有布袋除尘器；铁水预处理烟气配套有布袋除尘器；转炉煤气采用 OG 法和 LT 法除尘净化后进入煤气柜；转炉二次烟气和 LF 炉烟气均配套有布袋除尘器；转炉辅料上料系统含尘废气配套有布袋除尘器；电炉烟气（采用四孔排烟+屋顶罩等方式捕集）、氩氧精炼炉（AOD 炉）烟气、上料含尘废气配套有布袋除尘器
	废水：转炉烟气洗涤水经沉淀池处理后循环使用；连铸喷淋冷却冲洗水采取除油、沉淀、冷却后循环使用
	噪声：各类风机机壳包裹隔声材料，设消声器，基础设减振等；转炉汽化冷却装置的汽包等设消声器；转炉、电炉、AOD 炉、LF 精炼炉、煤气加压机和各类泵等分别设置在建筑物内
	固体废物：钢渣（含不锈钢渣）经回收废钢铁后，尾渣作建材原料；转炉污泥送烧结作原料利用；各除尘灰及氧化皮均送烧结配料利用
	其他：公司配套有年生产 150 万 t 钢渣处理生产线
6 轧钢系统	废气：各轧钢加热炉均采用混合煤气或天然气清洁能源；精轧烟气配套有除尘器；冷轧酸雾采用水洗塔处理
	废水：各轧钢冲洗水均采用旋流井、除油、沉淀、过滤等工艺处理后循环利用；冷轧酸性废水经中和处理后进入污水管网回收利用或排放
	噪声：各类风机设置消声器、厂房隔声等；轧线设备采用厂房隔声；各类泵等均设置在建筑物内；加热炉汽化冷却装置的汽包等排气放散均设消声器
	固体废物：氧化皮、污泥送烧结配料；轧钢废料及切头送炼钢利用；冷轧废乳化液采用除油、过滤等处理后循环利用；冷轧废酸经处理后循环利用；废润滑油、液压油、含铬污泥等危险废物送有资质经营单位处理

生产工序		主要污染及其防治措施
7 锻压		废气：加热炉均采用天然气清洁能源；钢坯修磨、抛丸废气配套布袋除尘器
		废水：锻压水经油水分离器除油后送污水处理厂处理；设备冷却水循环利用
		噪声：锻压机均设置在建筑物内，有减振措施
		固体废物：氧化皮、研磨屑、除尘灰均送烧结配料；废油等危险废物送有资质经营单位处理
8 公辅设施	石灰	废气：回转窑窑尾烟气配套有余热锅炉和布袋除尘器；套筒竖窑烟气配套布袋除尘器；上料系统产生的含尘废气配套有布袋除尘器
		噪声：各风机等采用建筑物隔声、加消声器、设备基础减振等
		固体废物：除尘灰返回烧结工序利用
	热电	废气：锅炉尽量采用混合煤气清洁能源；锅炉烟气配套石灰石-石膏法脱硫装置
		废水：设备冷却水经冷却塔处理后循环利用
		噪声：锅炉蒸汽放散均设消声器等；汽轮机与发电机组均设置在厂房内或加装隔声室
		固体废物：锅炉灰渣作建材原料利用
	煤气柜	废水：煤气冷凝水定期抽送至焦化酚氰废水处理站集中处理
	制氧分厂	废水：设备冷却水经冷却塔处理后循环利用
		噪声：各类压缩机均设置在建筑物内，设置隔声罩，气体排放散口设消声器

（4）进口废钢铁环保不合格的具体表现

尽管国家制定了严格的环境保护控制标准和监管措施，但口岸仍发现环保不合格废钢铁进口。

①放射性超标和含有爆炸物

进口废金属突出问题之一是放射性超标和含有爆炸物。早在 1996 年，我国检验检疫部门在天津口岸就曾经查处过一起进口美国放射性超标废钢铁的事件。从 2000 年开始，进口废物放射性污染问题越来越突出，不仅是俄罗斯、哈萨克斯坦，还包括从一些发达国家进口的废钢铁都查出过放射性超标。2001 年，质检部门在阿拉山口口岸检查了224 万 t 废物，发现不合格废物达 515 批，其中 280 批都属于放射性超标，还有 97 批货物含有爆炸物；在满洲里口岸，也发现 80 多批放射性超标货物和 185 批含爆炸物货物，爆炸物包括炮弹、炸弹、坦克炮炮弹、反坦克地雷等。到 2001 年 5 月，满洲里口岸查获 3 618 枚炸弹，其中有 400 多枚是由检验机构查出，3 000 多枚是当地的边防部门进行巡查时在无人地带发现的，这批炸弹在 2001 年 8 月已经由满洲里市政府请当地边防部门进行销毁。在新疆口岸还查获 5 940 枚各种各样的炸弹。曾经在江苏还发生过一起进口废金属中的炸弹炸飞高炉盖事件，造成直接经济损失 20 多万元。

2001 年 11 月 9 日，阿拉山口口岸检验机构查出一批由哈萨克斯坦进口的废钢铁，放射性超过国家环控标准 150 倍；同年 12 月 4 日又检查出一批放射性超标 1 600～2 000 倍的废钢铁，在距货物车皮还有 2 m 的时候检测仪器就报警。

根据 2009 年 3 月国家质检总局编写的有关进口废物检验报告，2008 年进口废钢铁环保不合格 37 批次，占进口废钢检验批次的 0.35%，高于所有进口废物检验不合格批次 0.15% 的平均比例。2008 年进口金属和合金废料检验不合格情况见表 3-14。

表 3-14　2008 年进口金属和合金废料（废钢铁、废有色金属等）检验不合格情况

序号	不合格原因	批次	比例/%
1	夹杂爆炸性物质	21	32.8
2	放射性超标	17	26.6
3	夹杂禁止类的废旧机电产品	1	1.6
4	一般夹杂物超标	9	14.1
5	夹杂严控夹杂物（密闭容器、危险废物）	8	12.5
6	品名不符	7	10.9
7	其他	1	1.6
	合计	64	100

根据国家质检总局编写的《中国进口可用作原料的固体废物检验检疫状况（2012 年度）》，2012 年金属和合金废料进口检验有 26 批次不合格货物，占所有进口废物不合格总批次（260）的 10%。在所有不合格废物批次中，放射性超标 34 批次，占不合格总批次（260）的 13.08%；夹杂爆炸性物质 10 批次，占不合格总批次（260）的 3.85%。

根据国家质检总局编写的《中国进口可用作原料的固体废物检验检疫状况（2013 年度）》，2013 年金属和合金废料进口检验有 67 批次不合格货物，占所有进口废物不合格总批次（442）的 15.16%。在所有不合格废物批次中，放射性超标 32 批次，占不合格总批次（442）的 7.24%；夹杂禁有物 60 批次，占不合格总批次（442）的 13.57%。

②进口废钢铁中夹杂的其他废物

进口废钢铁中除了前述放射性污染和爆炸性物质夹带风险，夹杂一般废物、危险废

物或前述禁止类物品仍不可避免，进口废钢铁仍具有一定的环境污染风险。

[案例71]：以废钢铁为主的混合废物

2017 年 12 月，某海关缉私局查扣了一批以废钢铁为主的走私进口货物，货物在货舱底堆积不均匀，两侧堆放货物类型基本一致，为不同长度、不同直径、不同规格的使用过的钢管、钢筋、铁条、铁块等；船底中部堆放货物含有各种生活用电器设备破损件，如废台灯、破损的微波炉、脏污破损的显示屏、钢筋、铁条、铁块，还有食品罐头盒、不锈钢盆、用过的油漆桶、破损的消防栓和液化气罐、脏污的制冷剂罐、各种塑料碎块、脏污的塑料瓶/塑料管、衣架、手机外壳等，这些物品与泥土、脏污的塑料膜、木棍、木块等混杂在一起。从船侧壁压载水舱掏出了不同长度、不同规格、不同形状且脏污生锈的工字钢、钢筋、钢管等钢材。在船尾生活区走廊堆放有回收拆解的废铜、废铝、沾有油污的风扇、各种电线等，这些物料装在塑料编织袋中。货物各部分组成见表 3-15。综合判断鉴别货物是以废钢铁为主的混合废物，其中混杂的泥土、使用过的生活用品、废塑料、废木料、废橡胶、其他碎屑等所占比例约为 33%。

表 3-15　货物各部分组成

组成	废钢铁	其他废金属	其他混杂物	总量
重量/kg	34 170	520	17 200	51 890
占货物总量的比例/%	65.85	1	33.15	100

[案例72]：含多种有色金属且含铁物相复杂的废料

2010 年 8 月，某海关查扣了一批申报为废钢的货物，需要对样品进行固体废物属性鉴别。两个样品表面不规则，凹凸不平，有的似气孔，表面有红褐色铁锈和氧化物粉末，也有不均匀的其他颜色；两个样品坚硬，用重锤可敲碎，断面有的呈细砂粒晶体状，有的部分明显具有熔融状，切割后内部呈银白色金属光泽，可见不均匀气孔；两个样品的铁含量不但差异明显，而且同一样品铁的分布也不均匀，铁的物相结构多样，有 Fe、FeS、Fe_2O_3 以及合金相；两个样品均含有显著量的 Cu、Zn、Pb、S、As 等有害杂质；样品不是钢，不是生铁，不满足《废钢铁》（GB 4223—2004）标准中的要求；最后判断两个样品是有色金属（如 Cu、Zn）冶炼产生的某种中间产物再经过不完全熔炼后的物料，属于我国禁止进口的固体废物。

（5）进口废钢铁中不可被回收夹杂物、残留物及其处理处置风险

进口环保不合格的废钢铁环境污染风险主要来自不可回收的夹杂物、处理中的残余物造成的污染风险，以及这些污染物再处理中的二次污染风险。

①放射性污染及其处置造成的环境污染风险

没有专门检测设备和专业人员很难发现放射性污染，一旦受到放射性污染的废钢铁进境，其后果非常严重：一是对口岸接触这类废钢铁的人员造成危害；二是对堆放存放场所以及其他物品造成污染；三是如果废钢铁流入冶炼工厂或社会其他地方，则会造成放射性污染范围的扩散。要消除这些危害需付出很大的代价。我国政府主管部门历来高度重视放射性污染的预防控制，例如，早在 2001 年国家质检总局就提出从 2001 年 10 月 1 日起凡是从陆运口岸进口的废物原料必须凭出口国的官方证明接受报检，如果货物没有对方国家所出具的该批货物符合中国的放射性标准和不含有爆炸物的证明，当地的检验检疫机构不接受报检；并且陆运的口岸所有进口的废金属必须实行落地检验，先把货物卸到当地检验检疫机构指定的场地，检验合格以后才可以换装。目前各口岸都配备了通道式放射性探测设备以及便携式放射性检测设备，可以起到有效防止放射性废钢铁进口的作用。

②夹带爆炸性武器弹药及其处置造成的环境污染风险

虽然我国进口废物环控标准规定进口废物中严禁混有废弃炸弹、炮弹等爆炸性武器弹药，但口岸仍偶尔会发现夹杂这类废物的现象。遇有这类废物必须进行安全评估，采取正确稳妥的处理措施，例如，经评估有较大爆炸性风险时，必须由专业拆弹人员进行安全引爆处理。

对于利用进口废钢铁的企业应建立进口废钢铁混有爆炸性物质的二次风险防范措施，严防由爆炸物爆炸引起的生命、财产和环境危害。

③夹带危险废物及其处置造成的环境污染风险

预防危险废物进口是我国法规的鲜明要求，也是履行《控制危险废物越境转移及其处置巴塞尔公约》的义务和职责所在，已成为进口废物监管的重要内容。2017 年 12 月 29 日新修订发布的《进口可用作原料的固体废物环境保护控制标准—废钢铁》（GB 16487.6—2017）中，将进口废钢铁混有或夹带的危险废物控制限值定为不超过进口废物总量的 0.01%，进口废钢铁夹带危险废物的风险来自以下几方面：一是废钢铁收集过程中混入一些盛装危险废物或危险化学品的包装容器，并且没有清理清洗干净；二是收集的一些沾染危险废物和含有害重金属的废钢铁；三是混有一些蓄电池、线路板、含多氯联苯的绝缘油、有色金属冶炼烟尘和污泥、化工渣和污泥等危险废物的废钢铁。对进口废钢铁中分拣出的危险组分必须妥善处理处置，随意倾倒、转移、堆混危险废物无疑会造成环境污染扩散。

④夹带一般废物及其处置造成的环境污染风险

进口废钢铁夹杂物是废钢铁产生、收集、分类、切割、贮存和管理过程中造成的，如拆解金属设备、部件过程中残留的非金属废物，废钢铁堆存放置过程中沾染的杂物、粉尘、氧化粉尘、泥土等，废钢铁容器和包装物中的残余废物，废钢铁收集过程中人为投加掺混的杂物等。由于废钢铁来源多、形态多，不可避免或多或少有些夹杂物。进口废钢铁必须要符合 GB 16487.6—2017 的要求，其中一般夹杂物规定不超过 0.5%，其目的就是减少环境污染风险，促使废钢铁在境外进行预分拣处理。

废钢铁处理处置过程的环境污染还有一个方面也不容忽视，即废钢铁堆存场所和处理设施的粉尘污染、废水排放和固体废物收集处理。粉碎设备应有粉尘收集和处理设施，装卸场地有洒水降尘措施；废钢铁分拆、切割等产生粉尘的工艺使用有效降尘设施；颗粒物和废气达标排放。生产场地有雨水、污水、油污收集系统，能够收集雨水、废油、场地生产废水，排水通畅，雨后无积水。有专用的固体废物收集贮存设施。

（6）进口废钢铁炼钢排放污染物的估算

根据国家环保局编制的《工业污染物产生和排放系数手册》中有关钢铁行业产品产污和排污系数估算进口废钢铁炼钢产生的污染物排放，做如下假设：a）以 2017 年进口 232 万 t 废钢铁为基数；b）废钢铁转换成钢产品时铁的总损耗为 8%，那么，生产的钢约为 213 万 t；c）我国电炉炼钢整体率只有 10%，但以废钢而言，电炉炼钢的比例显然要高于这一数值，假定废钢采用转炉炼钢、电炉炼钢方式分别占 65% 和 35%。那么，仅进口废钢铁炼钢环节，估算进口废钢铁炼钢排放的烟尘量为 1 630~4 420 t，产生的钢渣量为 24.1 万~41.7 万 t，见表 3-16。加上炼铁、炼焦、连铸、石灰等环节，其产污和排污量还要大得多，显然废气污染和钢渣环境污染治理的压力增加。

表 3-16　2017 年进口废钢铁炼钢环节产物和排污估算表

产品名称	污染物名称	产污系数/（kg/t 钢）	排污系数/（kg/t 钢）	排污量估算/t
转炉钢	烟尘	35~57	0.1~0.5	138.45~692.25
	悬浮物	20~40	0.02~0.30	27.69~415.35
	钢渣	120~140	120~140	166 140~193 830
电炉钢	烟尘	10~17	2~5	1 491~3 727.5
	钢渣	100~130	100~300	74 550~223 650

5．小结

我国是废钢铁消耗量大国，占世界废钢消耗比例达到 1/4，但废钢铁主要来自国内。吨钢消耗废钢比从 2013 年的 10.4% 上升到 2017 年的 17.8%，但仍远低于欧美发达国家，主要原因是我国钢铁行业产能基数大，以消耗铁矿石的冶炼长流程为主。我国进口废钢铁从 2009 年的 1 369 万 t 下降到 2017 年的 232 万 t，2017 年利用进口废钢铁仅占全国废钢铁消耗量的 2.1%，其中来自日本的占到 50% 以上。

废钢铁从分拣分类到炼钢所有环节中都产生大量的污染物，包括废水、废气、废渣、粉尘、噪声、热污染、油污染、二噁英类等，分拣分类是保证获得优质废钢资源的前提。我国炼钢行业多采用转炉炼钢和电炉炼钢，电炉炼钢最适合消耗废钢。以往各口岸常发现一些进口废钢铁不符合我国环境保护要求的现象，进口废钢铁显然存在一定的环境污染风险。

四、进口废铜和废铝的环境影响分析

1. 废铜和废铝进口情况

（1）废铜

我国进口废铜（海关商品编码 74040000 铜废碎料）量从 2007 年的 558.48 万 t 下降到 2017 年的 355.76 万 t，年进口量相比减少了 200 余万 t，见表 3-17。

表 3-17　2007—2017 年废铜进口量　　　　　　　单位：万 t

年份	2007	2008	2009	2010	2011	2012	2013	2014	2015	2016	2017
进口量	558.48	557.64	399.82	436.43	468.73	485.95	437.27	387.49	365.85	334.79	355.76

注：进口铜废碎料中还包括属于海关编码 7404000010 项下以回收铜为主的废五金、废电机和电线。

2013—2017 年我国共进口废铜 1 881.16 万 t，其中来自美国的进口量列第一，为 330.86 万 t，占比平均达到 17.59%；其次是中国香港 225.66 万 t，占 12.0%；澳大利亚为 165.7 万 t，占 8.81%；日本为 123.63 万 t，占 6.57%；加拿大为 32.53 万 t，占 1.73%。

（2）废铝

我国废铝（海关商品编码 76020000）进口量从 2007 年的 209.05 万 t 增加到 2010 年的 285.35 万 t，然后再下降到 2017 年的 202.37 万 t，见表 3-18 和图 3-16。

表 3-18　　2007—2017 年废铝进口量　　　　　　单位：万 t

年份	2007	2008	2009	2010	2011	2012	2013	2014	2015	2016	2017
进口量	209.05	215.5	247.72	285.35	268.57	259.29	250.45	230.61	208.7	191.74	202.37

2013—2017 年我国进口废铝共计 1 083.87 万 t，其中美国是第一大来源地，进口量占比年平均达到 31.56%，中国香港占比达到 17.66%，澳大利亚和欧盟分别达到 13.81% 和 10.97%，加拿大为 1.47%，见表 3-19。

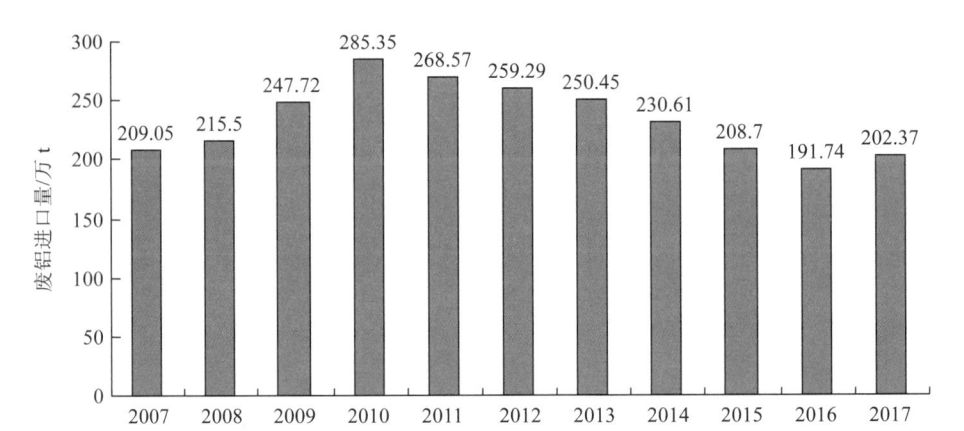

图 3-16 2007—2017 年我国进口废铝趋势

表 3-19 2013—2017 年进口废铝来源情况 单位：万 t

年份	进口总量	美国		欧盟		加拿大		澳大利亚		中国香港	
		数量	占比/%	数量	占比/%	数量	占比/%	数量	占比/%	数量	占比/%
2013	250.45	82.25	32.84	22.66	9.05	5.91	2.36	24.97	9.97	44.31	17.69
2014	230.61	76.91	33.35	20.58	8.92	5.25	2.28	33.49	14.52	41.04	17.79
2015	208.7	64.07	30.7	26.77	12.83	—	—	32.96	15.79	33.34	15.98
2016	191.74	56.95	29.7	21.24	11.08	—	—	31.68	17.43	36.5	19.04
2017	202.37	61.85	30.56	27.61	13.64	4.79	2.38	26.67	13.18	36.24	17.91
合计	1 083.87	342.03	31.56	118.86	10.97	15.95	1.47	149.77	13.81	191.43	17.66

（3）我国废铜和废铝进口量分别占世界废铜和废铝产量或消费量的比例

2010—2015 年，世界废铜产量从 295.7 万 t 上升到 408.9 万 t，而我国废铜进口量占世界铜消费量的比例则从 22.58%下降到 15.88%；再生铝产量从 1 004.5 万 t 上升到 1 140.0 万 t，废铝进口量占世界再生铝产量的比例从 28.41%下降到 18.31%，见表 3-20。

表 3-20 2010—2015 年全球铜和铝有色金属生产和消费情况 单位：万 t

金属		2010 年	2011 年	2012 年	2013 年	2014 年	2015 年
世界	精铜产量	1 917.6	1 925.8	2 044.3	2 104.3	2 248	2 288.3
	精铜消费量	1 933.2	1 947.2	2 054.8	2 138.7	2 288.6	2 303.5
	废铜产量	295.7	333.5	326.1	332.8	453.6	408.9

金属		2010 年	2011 年	2012 年	2013 年	2014 年	2015 年
我国	废铜进口量	436.43	468.73	485.95	437.27	387.49	365.85
	占世界铜消费量的比例/%	22.58	24.07	23.65	20.45	16.9	15.88
世界	原铝产量	4 191.1	4 469.7	4 617	5 111.2	5 310.9	5 736.1
	原铝消费量	4 017.3	4 238.6	4 529.8	5 059.4	5 310	5 712.1
	再生铝产量	1 004.5	1 192.8	923.5	1 122.2	1 168.1	1 140
我国	废铝进口量	285.35	268.57	259.29	250.45	230.61	208.7
	占世界再生铝产量的比例/%	28.41	22.52	28.1	22.32	19.74	18.31

2. 我国废铜、废铝产生和回收利用情况

（1）我国废铜、废铝产生情况

2007—2017 年，我国废铜、废铝的产生量逐步增长，分别从 2007 年的 60 万 t 和 106 万 t 增长到 2017 年的 200 万 t 和 500 万 t，见表 3-21 和图 3-17。

表 3-21　2007—2017 年国内废铜和废铝产生量　　　　　　　单位：万 t

年份	2007	2008	2009	2010	2011	2012	2013	2014	2015	2016	2017
废铜	60	51	88	99	101	105	113	143	158	179	200
废铝	106	86	100	170	220	270	330	360	410	443	500

注：数据来自有色金属工业协会再生金属分会。

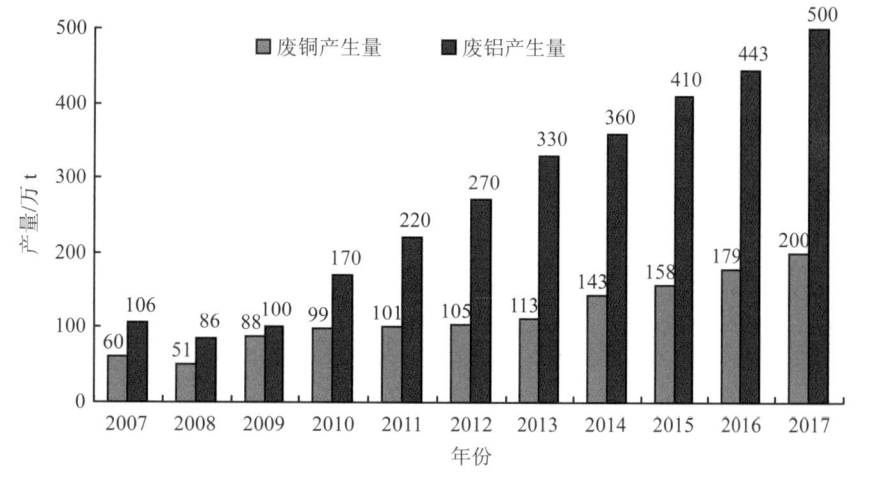

图 3-17　2007—2017 年我国废铜和废铝产生量趋势

2016 年，我国 10 种常用有色金属产量为 5 283.2 万 t，再生有色金属工业主要品种（Cu、Al、Pb、Zn）总产量约为 1 245 万 t（国内回收量约为 937 万 t），其中再生铜产量 300 万 t（国内回收再生铜 179 万 t，占 59.7%），同比下降 1.6%；再生铝产量 630 万 t（国内回收再生铝约为 443 万 t，占 70.3%）。废铜主要来自电力、电子电器、建筑、交通业，废铝主要来自建筑、电子电器、交通、包装、机械制造等行业。

（2）废铜回收利用情况

①再生铜冶炼的行业要求

我国铜冶炼工艺流程多，总体可分为火法冶炼和湿法冶炼两大类，火法炼铜约占 80%。例如，云南铜业公司采用艾萨炉熔炼、转炉吹炼、回转阳极炉精炼、大极板电解精炼工艺；甘肃金川公司设置两个系列，除熔炼采用闪速炉熔炼和合成炉熔炼（闪速炉与电炉贫化炉合并设计）外，其他工艺同云南铜业；白银公司采用具有自主知识产权的白银炉熔炼，属先进熔池熔炼。

根据《铜冶炼行业规范条件（2014）》（工信部公告　2014 年第 29 号），新建和改造利用铜精矿和含铜二次资源的铜冶炼企业，冶炼能力须在每年 10 万 t 及以上；现有利用含铜二次资源为原料的铜冶炼企业生产规模每年不得低于 5 万 t。铜冶炼企业须具备完备的产品质量管理体系，阴极铜必须符合《阴极铜》（GB/T 467—2010）标准，其他产品质量须符合国家或行业相应标准。新建和改造利用各种含铜二次资源的铜冶炼项目，须采用先进的节能环保、清洁生产工艺和设备。预处理环节应采用导线剥皮机、铜米机等自动化程度高的机械法破碎分选设备，对特殊绝缘层及漆包线等除漆需要焚烧的，必须采用烟气治理设施完善的环保型焚烧炉。禁止采用化学法以及无烟气治理设施的焚烧工艺和装备。冶炼工艺须采用 NGL 炉、旋转顶吹炉、精炼摇炉、倾动式精炼炉、100 t 以上改进型阳极炉（反射炉）以及其他生产效率高、能耗低、资源综合利用效果好、环保达标的先进生产工艺及装备，同时应配套具备二噁英防控能力的设施。禁止使用直接燃煤的反射炉熔炼含铜二次资源。全面淘汰无烟气治理措施的冶炼工艺及设备。该规范条件对再生铜冶炼能源消耗及资源综合利用方面的环境保护要求如下：

a）能源消耗。新建利用含铜二次资源的铜冶炼企业阴极铜精炼工艺综合能耗每吨在 360 kg 标准煤及以下，其中阳极铜工艺综合能耗每吨在 290 kg 标准煤及以下。现有利用含铜二次资源的铜冶炼企业阴极铜精炼工艺综合能耗每吨在 430 kg 标准煤及以下，其中阳极铜工艺综合能耗每吨在 360 kg 标准煤及以下。

b）资源综合利用。新建含铜二次资源冶炼企业的水循环利用率应达到 95%以上，现有含铜二次资源冶炼企业的水循环利用率应达到 90%以上。鼓励铜冶炼企业建设伴生稀贵金属综合回收利用装置。

c）环境保护。铜冶炼企业必须遵守环境保护相关法律、法规和政策，所有新建、改造铜冶炼项目必须严格执行环境影响评价制度，落实各项环境保护措施，项目未经环境保护部门验收不得正式投产。企业要按规定办理《排污许可证》后，方可进行生产和销售等经营活动，持证排污，达标排放。企业应有健全的企业环境管理机构，制定有效的企业环境管理制度。铜冶炼企业要做到污染物处理工艺技术可行、治理设施齐备、运行维护记录齐全、与主体生产设施同步运行、各项铜冶炼污染物排放符合《铜、镍、钴工业污染物排放标准》（GB 25467—2010）、企业污染物排放总量不超过环境保护部门核定的总量控制指标。新建及改造项目要同步建设配套在线污染物监测设施并与当地环境保护部门联网。铜冶炼企业最终弃渣必须进行无害化处理。

②废铜分类及回收的主要工艺和设备

废铜按其产生的阶段不同，可以分为工业生产过程中产生的一次废铜、加工过程中产生的新废铜、消费者使用后产生的旧废铜三类。

一次废铜，如不合规格的阳极、阴极和坯料以及阳极废品。这些废料通常是将其返回上一步工序，不合规格的铜通常重新返回转炉或阳极炉进行电（解）精炼，有缺陷的坯料则进行重熔和重铸。一次废铜很少进入废铜市场，产生企业自己用。

新废铜，是指新的边角料或工厂内部产生的废铜。这种废铜是在加工过程中产生的，它与一次废铜的主要区别在于其在合金化或加覆盖物过程中可能已被掺杂。处理新废铜的方法取决于其化学成分和它与其他材料的结合程度，最简单的方法是内部回收，这是铸造过程中较普遍的做法，仅需重熔和重新浇铸。直接回收利用有利于维持所添加的合金元素（如 Zn、Sn）、降低去除合金元素的成本。如果金属铜在熔炉里进行重新处理，则必须要去除合金元素。对于废铜管和没有涂层的铜线也用类似的处理方法。

旧废铜，是指废弃的、用过的或企业外部产生的废铜。它来自已经达到其使用期限的产品，比较难处理。处理旧废铜面临的挑战包括：含铜量低，旧废铜通常与其他材料混合在一起并且必须将其从这些废料中分离出来；由于回收材料来源杂，处理起来较为困难；旧废铜分散在各个地方，可能脏污，而不像原始矿石或新废铜那样集中于某一特定地点。相比较而言，从废电线电缆中回收的废铜利用率较高，而从废弃电器和汽车中回收的旧废铜回收利用率就要低得多。

按废铜中含铜量的不同，又可以把废铜分为：

1 类废铜。废铜最低含铜量为 99%，最小直径或厚度为 1.6 mm。1 类废铜包括电缆线、重废料和铜米。

2 类废铜。废料最低含铜量为 96%，包括电线电缆、重废料、铜米、电机绕线等。

轻铜（light copper）。这种废料最低的含铜量为 92%，其组成以纯铜为主，纯铜表面被油漆或涂层覆盖或被严重氧化，其中通常包含少量的铜合金。

精炼黄铜制品废料。包括各种成分的混合合金废铜，最低含铜量达 61.3%。

其他含铜废料。包括含铜量很低、经济价值很低的原料，如浮渣、污泥、炉渣、返料、粉料和其他一些废料等。

废铜还可分为紫杂铜、青杂铜和黄杂铜，还有铜灰、铜渣等，经过分拣、分选等预处理的铜废料才能再进一步利用。方法主要分为两类：新废料多采用直接利用法，即将废料直接熔炼成铜合金或紫精铜；旧废料多采用间接利用法，即将废料经火法熔炼成粗铜，然后再电解精炼成电解铜。间接利用法较复杂，按照废料所需回收的组分采用一段法、两段法、三段法三种流程；主要工艺设备有鼓风炉（竖炉）、转炉、反射炉和电炉等。

③废铜循环利用和处置能力

据行业协会统计数据，目前我国再生铜总产能约为 680 万 t/a，其中产能超过 10 万 t/a 的企业有 22 家，总产能约为 420 万 t，约占全国总产能的 61.8%；年产能在 5 万～10 万 t 的企业 18 家，总产能约为 113 万 t；年产能在 5 万 t 以下的企业 142 家，总产能约为 51 万 t。2007—2017 年，我国废铜加工制成品的总量约 2 830 万 t。

④再生铜冶炼流程中产生的主要污染物

湿法炼铜会产生废液和废水处理污泥，火法炼铜会产生相应的铜渣、烟尘、淤泥，都需要进行无害化利用或处置，包括以下四方面：

预处理过程产生的废物。废铜回收预处理会产生可利用和不可利用杂物，需要按材料或废物的不同类别分别加以利用和处置，如废钢铁、废塑料和其他废有色金属和泥土等，可利用的物质作为原料销售给其他利用企业，分选出的不可利用废物交给垃圾场进行处理。

熔炼产生的废渣。再生铜熔炼过程会产生铜渣，铜渣可以采用环保竖炉（鼓风炉）处理，产出的粗铜返回再生铜熔炼炉再利用；机械加工过程会产生废铜屑，其可以作为再生铜的生产原料。

电解产生的废液。电解过程产生的含酸电解废液可以通过"净化—蒸发—浓缩—结晶"工艺用于生产硫酸盐（以 $CuSO_4$、$NiSO_4$ 为主）。

废气可分为含颗粒物废气和含气态污染物废气两大类。两类废气中包含的污染物有 SO_2、TSP、硫酸雾、Cr、Cd、Sn、Sb 和二噁英类，必须要进行污染物排放的综合治理。

再生铜企业对外排放的污水主要是生活污水和场地冲洗水，典型污染物有悬浮物、石油类、COD、NH_4-N、Pb、Cu、Zn、As、Ni 和 Cd 等。

例如，2012 年我国再生铜行业主要（特征）污染物排放总量 SO_2 为 2 558 t、颗粒物 1 238 t、硫酸雾 123 t 和 COD 85.2 t。除此之外，根据行业调查和研究结果，再生铜冶炼行业向空气排放的二噁英为 137.5 gTEQ，飞灰和残渣中排放的二噁英为 825 g TEQ，合计排放二噁英类为 962.5 gTEQ。

⑤我国废铜回收行业发展趋势

根据《有色金属工业发展规划（2016—2020 年》，到 2020 年再生铜占铜原料供应量比重将达到 27%。

2015 年国内回收的废铜首次超过了进口废铜量（金属量），2016 年和 2017 年国内回收的废铜分别达到 179 万 t 和 200 万 t。虽然目前面临经济下行压力，但我国再生铜产量在不断增加，"十三五"期间，随着铜矿山资源日益紧张和铜消费量的增加，国内外废铜需求增加，该行业仍具有较大的市场空间。未来几年随着铜产品报废高峰期的到来以及城镇化建设速度的加快、电网改建等，废杂铜产生量将会大幅增加，从而为再生铜工业的发展提供资源支持。今后我国废铜回收行业应以国内资源和国内市场为主。

（3）废铝回收利用

①再生铝冶炼的行业要求

根据《铝行业规范条件》（工信部公告 2013 年第 36 号），利用高铝粉煤灰资源生产氧化铝项目必须接近粉煤灰产地，建设规模应达到年生产能力 50 万 t 及以上，高铝粉煤灰资源保障服务年限不得低于 30 年；新建再生铝项目，年生产规模应在 10 万 t 及以上；现有再生铝企业的生产规模每年不小于 5 万 t。再生铝项目必须按照规模化、环保型的发展模式建设，必须采用双室炉、带蓄热式燃烧系统的满足废烟气热量回收利用、提高金属回收率等的先进熔炼炉型，并配套建设铝灰渣综合回收及二噁英防控能力的设备设施。禁止利用直接燃煤反射炉和 4 t 以下其他反射炉生产再生铝，禁止采用坩埚炉熔炼再生铝合金。现有再生铝生产系统，应采取有效措施去除原料中的含氯物质及切削油等有机物。再生铝冶炼的资源和能源消耗、综合利用及污染物排放要求如下：

a）能源消耗。再生铝生产系统，必须有节能措施，新建及改造再生铝项目综合能耗每吨铝应低于 130 kg 标准煤，现有再生铝企业综合能耗每吨铝应低于 150 kg 标准煤。

b）资源消耗及综合利用。新建、改扩建废铝再生利用项目中铝的总回收率为 95% 以上，现有废铝再生利用企业铝的回收率为 91% 以上。废铝再生利用企业应配备热灰处理设备，如热渣压制机、炒灰机、回转式热灰处理设备等，综合回收铝灰渣，最终废弃铝灰渣中铝含量 3% 以下。废水循环利用率 98% 以上。

c）环境保护。再生铝企业污染物排放要符合国家《铝工业污染物排放标准》（GB 25465—2010）排放要求，符合总量控制指标，废水深度处理后循环利用，减少排放。

②废铝回收的主要工艺和设备

废铝生产工艺与原生铝完全不同，废铝通常都不回到原生铝冶炼厂去处理，而是单独建造再生铝厂；再生铝基本工艺是熔化过程，废铝经过重熔精炼，然后经铸造、压铸、轧制，以铝合金形成产出；熔炼设备有竖炉、回转炉、电炉等。废铝回收工艺流程见图 3-18。

③我国废铝循环利用和处置能力

我国是世界上废铝回收率最高的国家，珠三角地区主要规模再生铝企业 10 余家，区域年产能超过 200 万 t；江浙沪地区主要规模再生铝企业超过 15 家，区域年产能约 200 万 t；

环渤海地区主要规模再生铝企业接近 10 家，年产能约 100 万 t。2017 年我国再生铝产量达
690 万 t。2007—2017 年我国由废铝加工制成的再生铝合金锭总产量为 5 190 万 t。

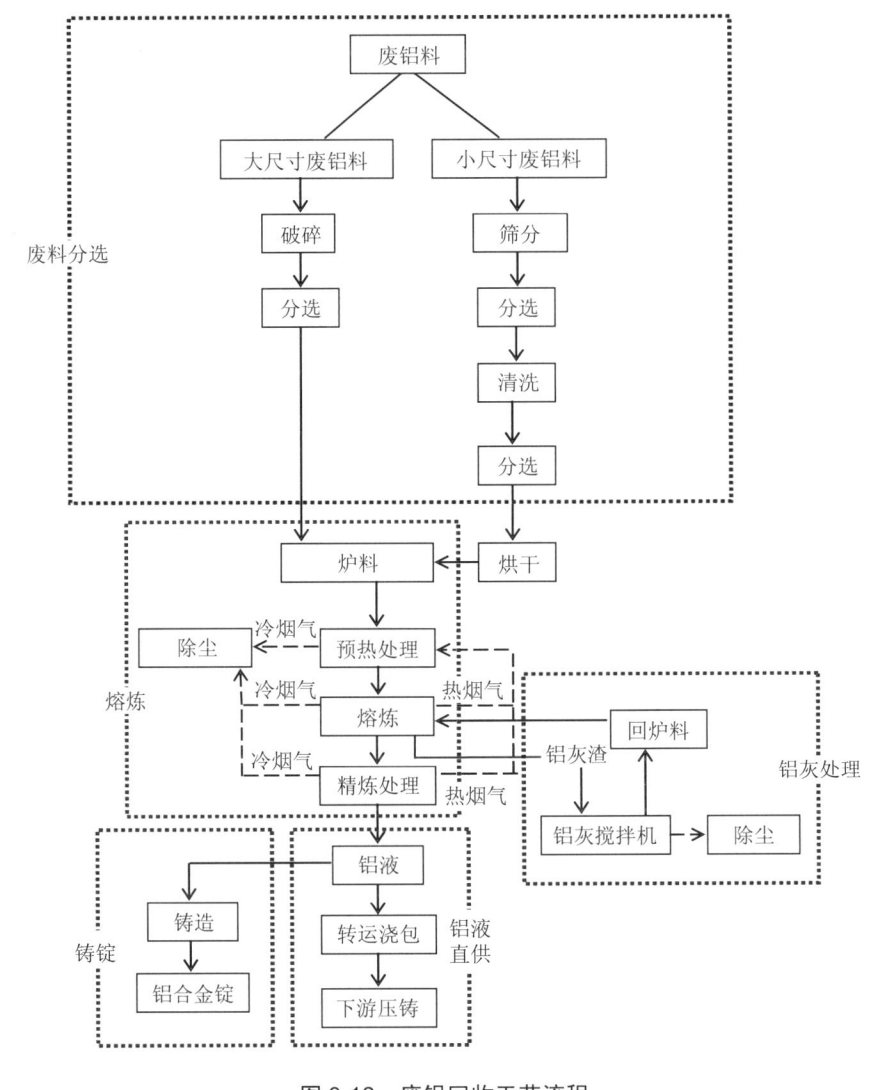

图 3-18　废铝回收工艺流程

④再生铝生产过程的主要污染来源

a）预处理过程产生的废物。废铝原料分为不同的档次，高档次的废铝为纯净的废
铝，基本不含夹杂物，如废汽车轮毂、废铝合金门窗、废铝线等，此部分废铝不用预处
理即可直接进行熔炼。而低档次的废铝夹杂非铝金属、废塑料、油污、泥土等，因此要
经过预处理。通过预处理，得到较纯净的废铝，而产生的废塑料、废钢铁、其他废有色

金属等可以销售给其他工业部门作为原料，分出的垃圾进行填埋处理。

b）燃料的污染。国内绝大多数企业采用火焰式熔炼炉熔炼再生铝，采用的燃料主要是煤炭、柴油、重油、天然气和煤气等。燃料在燃烧过程中产生大量烟尘和气体污染物，是再生铝行业对环境影响较大的原因之一。由于煤炭价格低廉，目前一些小型企业还采用直接燃烧煤炭，如若煤炭不能完全燃烧，烟气中会含有大量的 CO 气体，同时会产生大量的烟尘。

c）夹杂物燃烧产生的污染。废杂铝中可以燃烧的夹杂物有塑料、橡胶、树脂、油污、油漆等，这些夹杂物在熔炼过程中如果不完全燃烧，除产生大量烟尘外，还会产生大量的气体污染物，甚至有严重异味。

d）熔炼过程中产生的烟气。这是再生铝工业的主要污染源，其中包括颗粒状污染物，主要成分是金属氧化物和非金属，如 Al_2O_3、CaO、K_2O、C 粒等；气体污染物，主要成分是 SO_2、氟化物、氯化物和二噁英类等。

e）添加剂的污染。为了获得高质量的铝合金，企业在熔炼过程中，一般都会加入各种溶剂、精炼剂等，目前一些添加剂仍以氯化物、氟化物为主。固体溶剂和精炼剂熔融之后，都会与融体中的杂质进行反应，产生浮渣和烟气。产生的有毒有害气体包括氟化物、氯化物等。

f）铝灰或炒铝灰对环境的影响。再生铝生产过程中会产生大量的浮渣，称为铝灰。铝灰的主要成分是金属铝，氧化铝，铁、硅、镁的氧化物和钾、钠、钙、镁等的氯化物。铝灰中金属铝含量较高，一般中小企业都采用大锅炒灰的方法回收其中的铝，在整个炒灰过程中会产生大量的烟尘，主要污染物为颗粒状污染物。刚出炉的铝灰含铝高达 65%～85%，其产生量约占熔融铝的 15%，按照 2017 年我国 690 万 t 再生铝产量估算，2017 年大约有 103 万 t 铝灰需要进行处理处置，即进一步利用和无害化处理，这是再生铝行业需要解决的一大难题，是否按照危险废物管理关系到行业和企业生存发展。铝灰应最大限度地进行综合利用，其方式一是进一步提取金属铝，二是作为炼钢辅料，三是做建材和化工原料。

g）废水。再生铝行业产生的工业废水主要是预处理废水和冷却水。较大规模的企业已基本能够做到生产废水循环利用，所以企业排放的只是生活污水、场地冲洗水、与原料接触的雨水、少量的生产废水等。

⑤我国废铝回收行业发展趋势

根据《有色金属工业发展规划（2016—2020 年）》，到 2020 年再生铝占铝原料供应量的比重要达到 20%。

2016 年我国再生铝供应量 630 万 t，其中国内再生铝资源为 443 万 t，约占再生铝供应的 70.3%，所占比重比 2010 年提高 23%。由于铝制品行业快速发展及金属铝储量的长期积累，我国将迎来铝材报废高峰时期，依赖原料进口拉动产业发展的格局已经改变，已经进入主要以回收国内报废铝材料实现稳步增长的时期。但与此同时，我国废铝回收体系不健全，缺乏相应的市场规范，废铝混杂现象严重，从国外进口优质再生铝资源仍是一种好的选择。

3．进口废铜回收利用过程及其残留物、夹杂物处理处置造成的污染风险

（1）进口废铜夹杂物控制及其要求

从 2018 年 3 月 1 日起，进口废铜执行新的《进口可用作原料的固体废物环境保护控制标准—废有色金属》（GB 16487.7—2017），一般夹杂物限值要求为 1.0%，且对含有的氧化物、粉末物质也要进行必要的限制。

（2）进口废铜预处理过程对环境造成的主要污染及其处理

目前，文献资料上介绍废铜预处理通常与废电线电缆、废五金电器和废电机等含铜废料相联系，由于后三者将在本章第 5 节论述，这里不做介绍。进口废铜不可能 100% 干净，美国废料回收产业协会（ISRI）废有色金属分类指南的铜废料中 1 类废料铜含量是 99%；GB 16487.7—2017 规定：夹杂物不超过进口废物总重量的 1%，按此夹杂物含量和 2017 年进口 355.76 万 t 铜废碎料估算，2017 年我国进口废铜中夹杂物总量达到 3.557 6 万 t。如果考虑不属于标准中夹杂物定义范畴的非铜组分，实际预处理中产生的非铜废物要比这个数高。进口废铜预处理以手工分拣处理为主。

（3）进口废铜冶炼过程的主要污染物及其处理

由于废铜来源混杂，必须进行冶炼才能生产出合格粗铜和精铜。图 3-19 是铜或含铜废料综合利用（冶炼）的原则流程，从鼓风炉熔炼、转炉吹炼生产粗铜，到阳极炉火法精炼得到阳极铜，然后电解获得高品质电解铜，整个冶炼流程各环节都会产生污染物。

我国铜冶炼工艺技术和设备比较多，大中小、高中低各档次的设备都有，目前我国还没有对进口废铜冶炼产污量和排污量的专门统计数据。根据国家环保局编制的《工业污染物产生和排放系数手册》中有关粗铜生产的产污和排污系数，进一步估算出进口废铜生产粗铜的污染物排放，并设定如下前提：①以《中国再生资源行业发展报告（2016—2017）》行业统计资料为基础，2016 年我国再生铜产量 300 万 t，其中国内回收再生铜 179 万 t，那么进口再生铜量为 121 万 t；②由于我国再生铜以火法回收为主，假定进口废铜中质量非常好的部分占 25%，可以直接熔炼成精炼铜，不需要经过粗铜冶炼环节，其余 75% 是通过火法冶炼工艺生产的粗铜，那么通过进口废铜生产的粗铜约 90.75 万 t，以电炉、反射炉、白银炉、鼓风炉四种炉型平均分配粗铜产量约为 22.68 万 t，据此粗略估算进口废铜冶炼粗铜排放 SO_2、烟尘量、冶炼渣量、废水量，分别见表 3-22～表 3-25。

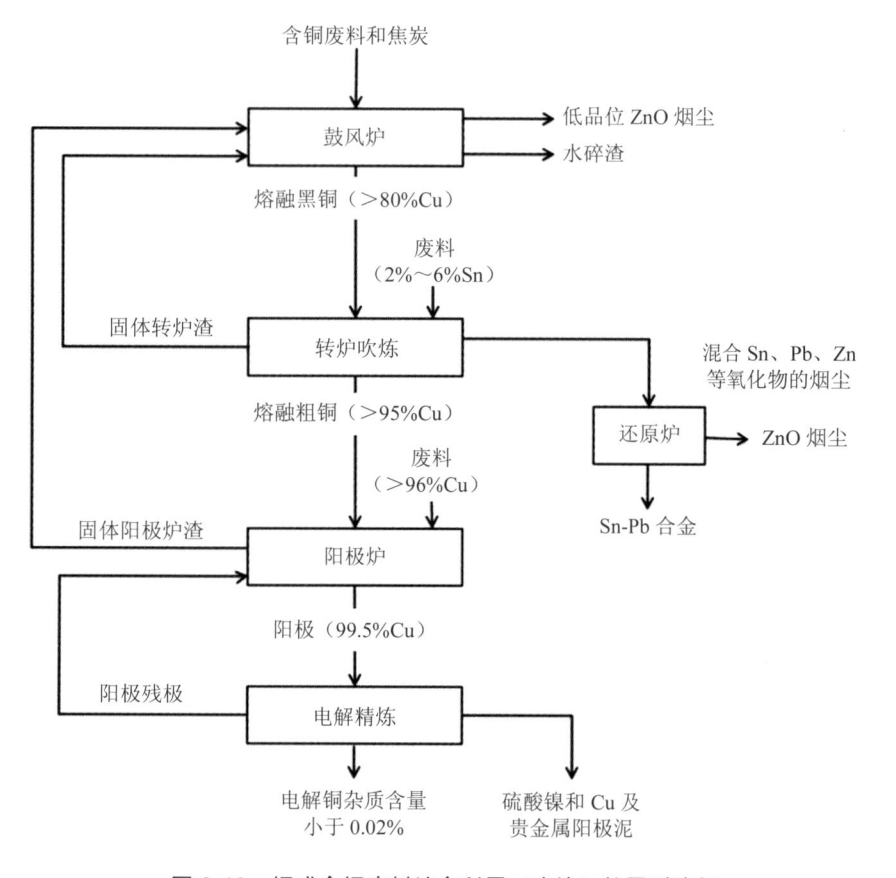

图 3-19 铜或含铜废料综合利用（冶炼）的原则流程

表 3-22 2016 年进口废铜生产粗铜 SO_2 排污系数和排污量的估算

生产工艺	生产规模	技术水平	污染物	一次排污系数/（kg/t 粗铜）	排污量估算/t	排污量合计/万 t
电炉	大	中	SO_2	208.5	47 302.4	53.847
反射炉	大	低		264.42	9 984.0	
白银炉	中	低		282.26	4 016.6	
鼓风炉	中	中		1 618.4	367 166.4	

表 3-23　2016 年进口废铜生产粗铜烟尘排污系数和排污量的估算

生产工艺	生产规模	技术水平	污染物	一次排污系数/（kg/t 粗铜）	排污量估算/t	排污量合计/万 t
电炉	大	中		24.405	5 536.9	
反射炉	大	低	烟尘	7.753	1 759.0	1.655
白银炉	中	低		36.15	8 201.5	
鼓风炉	中	中		4.656	1 056.3	

表 3-24　2016 年进口废铜生产粗铜冶炼渣排污系数和排污量的估算

生产工艺	生产规模	技术水平	污染物	一次排污系数/（t/t 粗铜）	排污量估算/t	排污量合计/万 t
电炉	大	中		1.352	306 735.0	
反射炉	大	低	冶炼渣	3.483	790 205.6	192.05
白银炉	中	低		2.83	642 056.3	
鼓风炉	中	中		0.8	181 500.0	

表 3-25　2016 年进口废铜生产粗铜废水排污系数和排污量的估算

生产工艺	生产规模	技术水平	污染物	一次排污系数/（m³/t 粗铜）	排污量估算/万 m³	排污量合计/万 m³
电炉	大	中		11.18	253.6	
反射炉	大	低	废水	90.29	2 048.5	7 766.17
白银炉	中	低		73	1 656.2	
鼓风炉	中	中		167.84	3 807.9	

由以上估算，2016 年由进口废铜冶炼粗铜过程大约排放或产生 SO_2 53.847 万 t、烟尘 1.655 万 t、冶炼渣 192.05 万 t、废水 7 766.17 万 m^3，增加了环境污染防治的压力。

4．进口废铝回收利用过程及其残留物、夹杂物处理处置造成的污染风险

（1）进口废铝种类

①单一品种的废铝。此类废铝一般是某一类废零部件，如内燃机的活塞、汽车减速机壳、汽车轮毂、汽车前后保险杠、铝门窗等。这些废铝在进口时已经分类，品种单一，

是优质的再生铝原料。

②废铝切片，简称切片。许多发达国家在处理报废汽车、废设备和各类废家用电器时，都采用机械破碎的方法将其破碎成碎料，然后再进行机械化分选，分选出的废铝就是废铝切片。另外，回收部门在处理一些体积较大的废铝部件时也采用破碎的方法将其破碎成碎料，此类碎料也称为废铝切片。废铝切片运输方便，且容易分选，质地也比较纯净。在国际贸易中，废铝切片的占有量很大，各类切片正向标准化方向发展，其中档次高的切片都是比较纯净的各种废铝及其合金的混合物，绝大部分不用处理即可入炉熔炼；少量低档次的切片含不同数量的杂质，一般含废铝在 80%～90%或 90%以上，其中杂质主要是废钢铁、废铜等有色金属、少量的废橡胶等，经人工挑选之后，得到纯净的废铝。废铝切片熔炼比较容易，熔炼时入炉方便，一般大型再生铝厂均以切片作为主要原料，是优质再生铝原料。

（2）进口废铝主要回收方式

①预处理。废铝预处理目的主要是去除废铝中混杂的其他金属与非金属，使废铝得到充分利用，并将废料的油污、涂料、水分等清除干净使废铝完全符合入炉条件。目前，废铝的破碎、磁选、涡选、重介质分选、浮选和激光诱导分选生产线都已取得突破性进展，部分企业已经投入使用全自动废铝分选线。先进高效、精细化的预处理技术是实现废铝保级利用、再生铝产品高端化的基本前提。

②熔炼。国产双室熔炼炉已得到应用，熔炼炉单炉容量达到 100 t，已投产的铝液直供企业超过 10 家。余热利用、蓄热式燃烧的技术应用使吨铝能源消耗接近国际水平，电磁搅拌、在线精炼等先进熔炼技术也已在行业内得到应用。再生铝企业中大型化、专业化的再生铝熔炼炉的推广应用，从根本上推动了再生铝产业转型升级。

（3）进口废铝主要污染物产生情况

进口废铝虽然在国外一般会经过一定的分拣挑选处理，但进口废物的主要污染物与国内回收的再生铝中的污染物没有根本性的区别，可参见本节前述 2（3）④的相关内容。

下面以铝锭生产排放废水、油类、烟尘排污系数估算 2017 年进口废铝熔炼产生的污染物。根据国家环保局编制的《工业污染物产生和排放系数手册》有关铝锭生产的排污系数进行粗略估算。设定前提如下：

①以 2017 年我国进口废铝 202 万 t 为基数，按照 0.9 的系数折算成铝锭，那么可生产铝锭 181 万 t；

②铝锭生产以熔炉形式生产。

由此粗略估算 2017 年进口废铝熔炼生产铝锭排放废水、废水中油类、废气中烟尘量，见表 3-26。

刚出炉的铝灰含铝 65%～85%，其产生量约占熔融铝的 15%，按照前述 2017 年进口废铝生产 181 万 t 再生铝产量估算，2017 年有 27.15 万 t 铝灰需进行处理处置。

表 3-26　2017 年进口废铝生产铝锭排污量估算

生产工艺	生产规模	污染物	一次排污系数	单位	排污量估算
铝锭生产线	大	废水	6.172	m^3/（t 铝产品）	1 117.13 万 m^3
		废水中油类	0.016	kg/（t 铝产品）	28.96 t
		废气中烟尘	0.382	m^3/（t 铝产品）	69.14 万 m^3

（4）口岸进口废铝检验环保不合格情况

目前有关进口废铝环保检验不合格的资料很少，口岸检验机构也没有专门检验统计，都是与废钢铁和其他废有色金属混在一起，可参见表 3-14。2008 年口岸进口废有色金属检验中发现环保不合格 27 批次，占进口废有色金属检验批次的 0.17%，高于所有进口废物检验不合格批次平均 0.15% 的比例。在对口岸进口废铝固体废物进行属性鉴别中，发现进口废铝环保不合格的情况主要是废铝未经细致分类和挑选，造成夹杂非铝组分超过国家标准的要求，或者含有大量粉末尘土物质，既降低了废铝的利用效率，产生大量不可利用的废物，又会带来直接粉尘污染。

5．小结

（1）我国进口铜废碎料从 2007 年的 558.48 万 t 下降到 2017 年的 355.76 万 t，2013—2017 年我国共进口废铜 1 881.16 万 t，其中来自美国的占 17.6%。2017 年进口铝废碎料 202.37 万 t，来自美国的占 31.56%。2010—2015 年，我国废铜进口量占世界铜消费量的比例从 22.58% 下降到 15.88%；2016 年，我国再生铜产量 300 万 t（国内回收再生铜 179 万 t）。2010—2015 年，我国再生铝产量从 1 004.5 万 t 上升到 1 140.0 万 t，废铝进口量占世界再生铝产量的比例从 28.41% 下降到 18.31%；2016 年，我国再生铝产量 630 万 t（国内回收约 443 万 t）。

（2）进口铜废碎料预处理会产生少量的夹杂物和非铜组分，进口废铜的冶炼会产生废水、废气、废渣、粉尘、烟气、二噁英类等污染物，增加了环境污染负荷。进口废杂铝中夹杂物容易超标；废铝熔炼生产铝锭会产生大量各类污染物，2017 年，由于进口废铝生产铝锭，大约有 27.15 万 t 铝灰渣需无害化利用和处置。

五、进口废五金的环境影响分析

1．废五金进口和国内产生概况

进口废电机、废五金电器、废电线电缆三类废物在进口废物管理早期统称为"第七类废物"，简称为"废五金类"，我国废五金进口情况见表 3-27。

表 3-27　近年来我国废五金进口情况 单位：万 t

年份	2003	2004	2005	2006	2007	2008	2009	2010	2011	2012	2013	2014
进口量	346	513	664	691	775	651	592	588	580	610	572	580

我国进口废铜（含以回收铜为主的废五金电器类废物）主要来自美国、中国香港、澳大利亚、马来西亚、日本、德国、荷兰及英国等国家和地区；进口废铝（含以回收铝为主的废五金电器类废物）主要来自美国、中国香港、澳大利亚、马来西亚、德国及英国等国家和地区；进口废钢铁（含以回收钢铁为主的废五金电器类废物）主要来自日本、美国、中国香港和澳大利亚等国家和地区。

国内废五金的去向主要是进入废五金定点拆解企业进行拆解，我国有废五金定点加工利用企业近 600 家，加工利用废五金能力超过 1 000 万 t。

2．进口废五金的主要回收方式

废五金种类多，包括废电机、变压器、废电器、废电线电缆、废机械类、水箱类等，按海关商品分类可分为以回收铜、铝或者钢铁为主的废五金电器、废电线电缆和废电机。废五金经拆解和分选后，产出废钢铁、废杂铜、废杂铝、废硅钢片、废不锈钢、废塑料等原材料，废钢铁经破碎、打包后形成钢铁炉料，销售给钢铁厂作原料；废杂铜用于生产阴极铜，进而加工成电线电缆、阀门和洁具等；废杂铝用于生产铝合金锭；废塑料用于生产再生塑料颗粒，进而制成塑料制品；硅钢片冲压成各种电机芯。

（1）废五金电器主要回收工艺

废五金电器和废电机都需要人工分拣开，然后再进行人工或机械拆解，对各类物质进行精细化分类，形成的初级产物有废钢铁、2 号铜、光亮铜、废铝、废塑料、废不锈钢、废黄铜等。废五金电器拆解工艺流程见图 3-20。

具体操作如下：

①拆解外壳。采用切割机剥离五金外壳，然后采用手锤分离。经过人工筛选后分为废电线电缆、废电机、废压缩机、金属件和残余下脚料等。

②金属件拆解。主要采用手工拆解的方法，整理分类为钢、铜、铝等，废电线电缆进入拆解工序。

③废压缩机切割。采用切割机切割，经拆解后分离出铁和废油。

废五金拆解的产污节点主要是拆解过程中气割废气以及噪声，拆解过程还会产生一些废油、废线路板以及没有利用价值的垃圾。

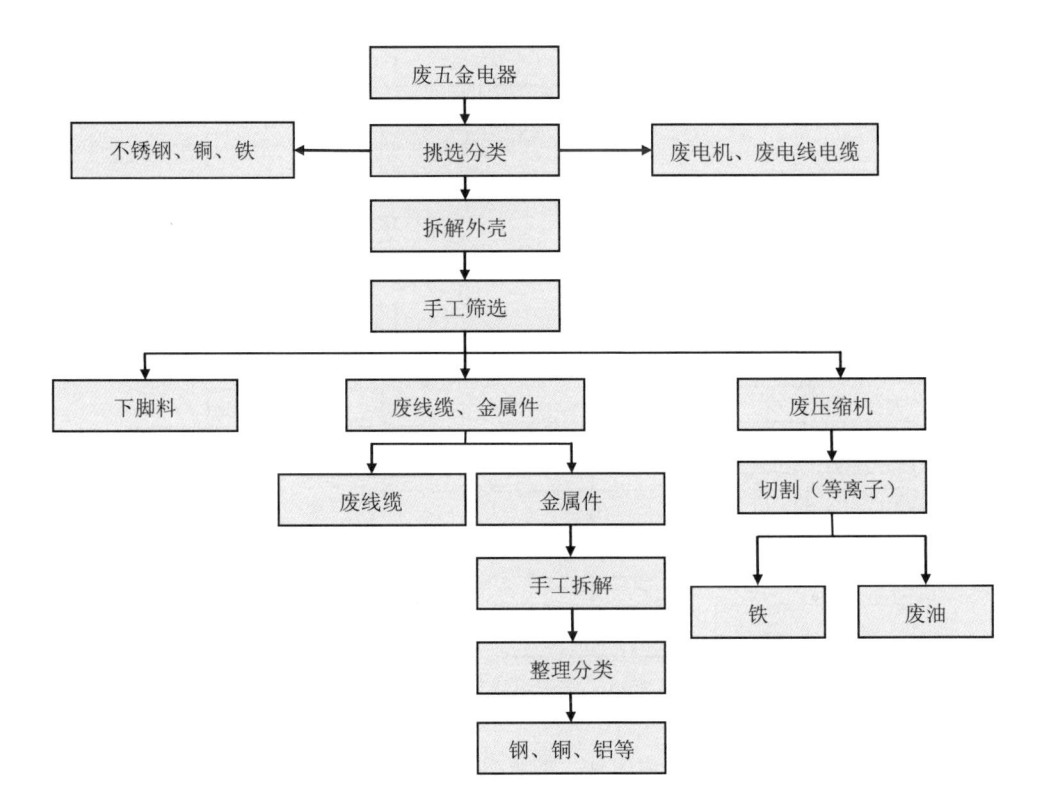

图 3-20　废五金电器拆解工艺流程

（2）废电机主要回收方式

废电机一般由转子和定子组成，转子由线圈、轴和轴承组成，定子由外壳（钢铁或铝）和绕组组成，绕组由铜线和硅钢片组成。废电机需要先通过人工或机械拆解，再采用机械分选或人工分选对各类物质进行分类处理，废电机拆解工艺流程见图 3-21。

①电机分类。电机按大小以及能否拆解进行分类。经人工分捡，分为大电机、小电机以及压扁机，而后进入不同场地进行拆解。

②拆解外壳。采用等离子切割机或手锤将电机壳分离，得到电机外壳、转子、定子和绝缘材料，部分电机外壳含有铝废料，进行人工拆解回收。

③芯子、转子、定子机械拆解。电机芯子、转子、定子的拆解主要采用机械方式进行拆解，彻底拆解为废铜、废铝、废钢铁、矽钢片等。绝缘材料等委托有资质的单位进行处置。机械法拆解工艺流程如下：物料经双滚筒进料碾压机，物料经挤压整形，使其顺利进入破碎机。对于大而厚、不可破碎的废钢铁可经破碎机的排料门弹出；可破碎的物料经破碎后从栅格孔落入振动输送机中，然后送至磁选系统，在磁选系统中，破碎钢铁被吸起送到堆料输送机上，其他物料经磁选系统下部的料斗落入非磁性物质输送机。

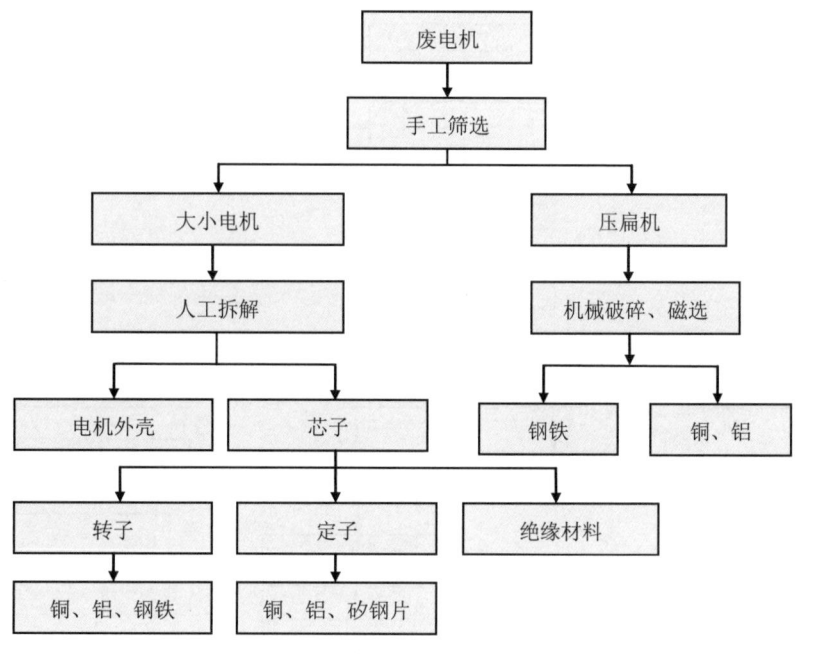

图 3-21　废电机拆解工艺流程

由于芯子、转子、定子含有漆包线，有些废五金再生企业采用热解炉拆解处理。热解处理工艺如图 3-22 所示。

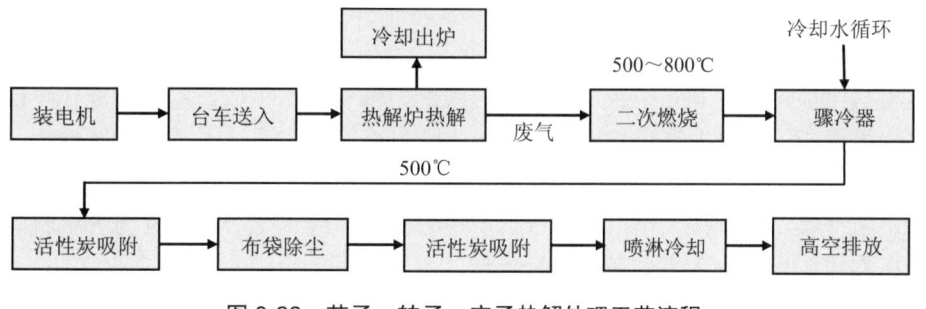

图 3-22　芯子、转子、定子热解处理工艺流程

④压扁机拆解。压扁机含杂质较多，基本不可用手工拆解。将废电机放入进料斗中，由输送机运到破碎机处做破碎处理，经一级振动筛后进入一级磁选机，磁选处理后的废电机碎片可分为磁性金属及混杂物，磁性金属由输送机运往存储场所，剩余混杂物经二级磁选机、二级振动筛和涡流分选机处理，经过一系列处理，废电机最终被分解为磁性金属、塑料与不锈钢、铜和铝。

废电机拆解过程中产生的污染主要是切割废气、粉尘以及噪声，还会有一些废油、废线路板以及不可利用的垃圾。

（3）废电线电缆主要回收工艺

拆解废电线电缆通常有手工剥线法、机械剥线法和铜米机处理法三种方法。手工剥线都是一些容易用手工剥的粗线，剥线机主要用于较粗的废电线电缆剥线处理，而铜米机主要用于较细的柔软的废电线电缆，拆解工艺流程见图 3-23。

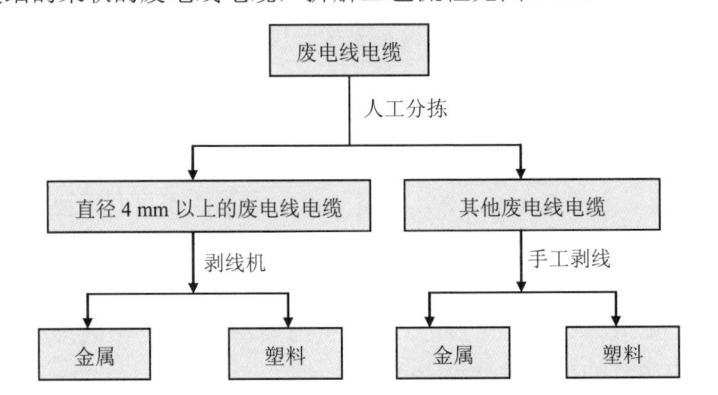

图 3-23 废线缆拆解工艺流程

具体操作如下：

①线缆分类。废电线电缆按直径大小进行分类，一般分为 4 mm 以上的废电线电缆和其他废电线电缆，而后进入不同场地进行拆解。

②4 mm 以上的废电线电缆拆解。采用剥线机或者人工进行电线电缆的外皮剥离。直径 15～45 mm 的废电线电缆使用半自动化的废电线电缆剥线机进行处理。当操作人员把线缆通过剥线机后，再手工将 PVC 皮撕开（皮跟金属芯线已经分离）。硬皮的电线电缆主要通过机械设备处理，将金属芯线与外皮直接分离开。粗线缆经剥皮机剥皮后，所得废铜、废铝、废钢铁经压块后出售，废塑料送至下游废塑料拆解生产线处理。

③其他废电线电缆拆解。细线缆拆解通过机械分散、机械破碎、重力分选等工序，分离得到金属和塑料。机械处理主要包括铜米机处理和水力摇床。

3. 进口废五金回收利用过程的环境污染分析

（1）废五金的污染特征

废五金在成分上主要由金属和塑料组成，其中的有害物质主要包括以下四种：

①重金属。Cu 是废五金中的主要组分，大部分废五金中 Cu 为单质铜或铜合金部分，不具有毒害特性，但是在采用火法（如热解、焚烧）进行处理时，铜可能转化成铜化合物进入环境造成污染。除此之外，废五金中电路板、电子元器件中含有 Pb、Hg、Sn、Ni 等重金属，在电路板、电子元器件处理过程中极易进入环境。

②矿物油。废电机、废机械、废五金电器的传动机构中都含有废机油，废压缩机中还含有压缩机油，废变压器中含有变压器油。这些拆解废油中含有苯系物、多环芳烃（PAHs）、石油烃、添加剂甚至多氯联苯（PCBs）等污染物，导致其基本没有可利用价值，极易造成环境污染风险。

③废塑料中的有机污染物。废塑料含有多种添加剂，处理过程中可能进入环境造成环境污染风险。主要有机污染物包括：a）废塑料中的双酚A类、钛酸酯等增塑剂；b）阻燃塑料中的多种溴代阻燃剂（PBDEs）。

④固体废物。根据废五金拆解企业统计数据，进口废五金电器类废物拆解后所产生的废钢、废铜、废铝及废塑料的回收物料合计占比为96%，其余4%为不可利用废物。依据2014年进口废五金580万t计算，拆解生产中产生的不可利用废物量达23.2万t。

（2）废五金处理过程中污染物的产生特性

根据国内学者对典型废五金拆解企业废水检测结果[1]，拆解企业废水中含有PAHs（如萘）、对苯二甲酮、正十二烷、正十七烷等有机污染物，估算的萘的排放系数见表3-28；废五金拆解过程中废气的排放特征见表3-29。

表3-28　废五金拆解过程中的水污染物——萘的排放系数　　　　　单位：mg/t

拆解固体废物种类	废电机	废五金（机械件）	废五金（箱壳）	废电线电缆
排放系数	0.186	0.186	0.156	—

表3-29　废五金拆解过程中主要废气排放特征

废气产生来源		主要污染物质	拆解废五金排放污染量	处理方式
气割	废五金电器和废电机拆解	颗粒物，含金属氧化物粉尘，涂料和矿物油燃烧产生的有机污染物	0.2 kg/t 气割量（约占废五金的5%）	活性炭吸附+布袋除尘
铜米机	废电线电缆拆解	含金属和塑料颗粒粉尘	0.5%铜米机处理量（约占总电线电缆的20%）	布袋除尘或水喷淋
破碎机	废五金电器和废电机拆解	含金属和塑料颗粒粉尘	0.5%破碎量（约占拆解量的10%）	布袋除尘或水喷淋
分选机	拆解残余物处理	含金属和塑料颗粒粉尘	0.1%分选量（约占拆解量的1.5%）	布袋除尘或水喷淋
热解炉	废电机处理	TSP、重金属、二噁英、VOCs	需要热解处理的约占废电机的1%	急冷+活性炭吸附+布袋

[1] 沈东升，王君琴，贺永华，等. 进口废电器拆解过程的主要污染因子及其排污系数研究. 浙江大学学报（农业与生命科学版），2004（3）：3-6。

对某典型废五金拆解企业的废气检测结果表明，拆解废气中含有大量的长链烷烃（C_{14}～C_{23}），以及浓度较低的萘、2-甲基萘、1,2,3,4-四氢-1,5-二甲基萘、二氢苊、4-甲基-2,4-二丁基苯酚、芴、蒽、荧蒽、芘及邻苯二甲酸丁酯；在废电机焚烧废气中除含有一定量的长链烷烃外，还检出了浓度较低的6-溴-1,1-丁烯萘、对叔丁基苯酚、2-甲基萘、二氢苊、2-甲基-1,1-联苯、4-甲基-2,6-二异丁基苯酚、磷酸三丁酯、蒽、邻苯二甲酸二丁酯、2-苯基萘、荧蒽、芘及对三联苯。估算废五金拆解过程中的萘和总烃的排放系数见表3-30。

表 3-30　废五金拆解过程中的萘和总烃的排放系数　　　　　　　　单位：mg/t

拆解固体废物种类	废电机	废五金（机械件）	废五金（箱壳）	废电线电缆	废铁丝电线
萘排放系数	122	61.4	9	398.7	147.7
总烃排放系数	632.4	318.3	46.77	2066.6	765.6

进口废五金废物拆解过程中产生的固体废物类别见表3-31。

表 3-31　废五金拆解过程中的主要固体废物（2014 年产生量估算）

固体废物	主要污染物质	产生系数/（t/万 t）		废物去向	产生量/t
		环评预测	理论分析		
废线路板	金属、阻燃剂类污染	20～125	废电机 4；废五金电器 30	按 HW49 类处理	11 716～72 355
废电子元器件	含 Hg、Pb	0.02～0.2	0.02	按 HW49 类处理	12～116
废矿物油 含油抹布、棉纱 废水隔油池废油、污泥	石油烃污染物	0.4～0.56	主要来源：废压缩机	按 HW08 类处理	93～332
气割烟尘 干式铜米机粉尘 破碎机粉尘 分选机粉尘	重金属	2.2～2.9	按布袋除尘效率 98% 估算	按一般工业固体废物处理	1 260～1 653
热解炉活性炭和布袋除尘灰	重金属、二噁英类污染	—	—	按 HW49 类处理	—

固体废物	主要污染物质	产生系数/（t/万 t）		废物去向	产生量/t
		环评预测	理论分析		
废水处理污泥	重金属、石油烃类污染物	0.3～0.5	—	按 HW49 类处理	17～30
废石棉	石棉	0.01	—	按 HW36 类处理	5.8
其他固体废物（下脚料回收残余物）	如包装材料、胶布、铁渣、锈、塑料、残渣、废渣土、碎玻璃、绝缘纸等	50～120	500	按一般工业固体废物处理	29 000～69 600

（3）进口废五金回收过程中的残留物及其处理处置的污染风险

国内企业对进口废五金回收拆解过程中产生的残留物普遍采取委托处理方式，主要残留处理处置方式及其环境风险如下：

①废电路板

根据 2014 年进口废五金量估算，进口废五金拆解产生的废电路板在 1.2 万～7.2 万 t。我国从事废线路板拆解的企业处理规模一般为 1 万 t/a 左右，那么，进口废五金拆解产生的废电路板需要占用我国多个废电路板拆解企业的能力。

我国拆解国外电子废物的集中处置区域的污染问题在广东某拆解区早已得到充分证实，电路板焚烧可产生大量的二噁英（包括溴代二噁英）、重金属和 PBDEs 污染物排放，造成严重的空气、水和土壤环境污染。

进口废五金拆解产生的废电路板因原料来源种类复杂而变化较大、量小而分散造成监管难度大，且进行正规拆解和处理企业须支付高昂的成本，加上废电路板中含有铜、贵金属等有价组分，导致废电路板可能流入非法企业进行焚烧处理或简单熔炼，成为该类废物构成的最大环境污染风险。2016—2018 年中国环境科学研究院参与了多起由执法机关查处的非法处置线路板案件的固体废物属性鉴别和污染评估。

②废矿物油和含矿物油固体废物

废矿物油包括拆解过程中收集的废机油、液压油等，以及含油抹布、棉纱、废水隔油池废油和污泥。根据 2014 年进口废五金量估算，进口废五金拆解产生的废电路板为 93～332 t，这部分废矿物油类物质组成复杂、回收利用价值较低，基本上只能焚烧处置，也存在偷排、倾倒或非法混入工业窑炉焚烧处理的风险。

③集尘器粉尘

进口废五金拆解产生气割烟尘、干式铜米机粉尘、破碎机粉尘、分选机粉尘，因含有重金属和矿物油类物质，具有一定的危险特性。该类废物的主要处置方式为填埋和焚烧处置，也有部分企业通过火法冶炼回收铜。如果没有足够的污染控制措施，其处置过程同样存在环境污染风险。

④下脚料残余物

主要包括包装材料、胶布、铁渣、锈、可利用塑料、残渣、废渣土、碎玻璃、绝缘纸等。根据 2014 年进口废五金量估算，进口废五金拆解产生的该类废物在 3 万～7 万 t。该类废物目前管理较好的企业按一般工业固体废物处理，大多与生活垃圾一起填埋或焚烧。但是，由于废物产生量较大存在非法倾倒的风险。

根据 2017 年我们对河北某地倾倒废物案件的调查，发现当地存留该类非法倾倒废物约 1.2 万 t，废物含有多种有害重金属，其筛下物（残余物和沙土类）中 Cu、Zn、Cr、Pb、Ba、Mn 含量较高。由此表明对该类废物不恰当处置仍具有环境污染风险。

⑤其他固体废物

其他固体废物有热解炉活性炭和布袋除尘灰、废水处理污泥、废石棉等，大部分企业均按危险废物管理，委托具有危险废物处置资质的单位处理。但是对其中的废石棉，我国具有该类废物处置能力的危险废物处置单位几乎没有，因此存在部分企业将该类废物混入其他废物处理的可能，具有一定的环境污染风险。

（4）进口废五金集中处置区域污染状况和污染风险

以往我国进口废五金拆解定点企业分布较广，其中天津子牙、浙江台州和广东清远是进口废五金拆解最为集中的 3 个区域，进口废五金拆解造成的污染问题早已经引起各方关注。相关学者对浙江某废五金集中处置区域所在区进行的污染调查结果显示，该区域重金属污染较为严重，当地稻米重金属含量为国家无公害食品标准所规定的 3.5 倍；大米样品中 Cd 和 Pb 的浓度要高于市售大米和其他大米中的报道值，显示土壤重金属污染可能存在人体健康风险。还有学者对该区域的调查表明，当地土壤重金属污染对土壤微生物和土壤动物群落已造成显著影响，从而造成生态风险。除重金属之外，该拆解废五金集中处置区域中二噁英类、多溴联苯醚类物质（PBDEs）、多氯联苯（PCBs）的污染也有报道；针对该废五金集中拆解区域进行的人体调查显示，母乳中 PCBs 高于加拿大卫生部建议的 PCBs 日耐受量；血液中 PBDEs 显著高于对照区域。

该区域废五金拆解产生的废电路板和电子元器件流失到浙江省温岭市某山村进行非法处理，2008 年由环境保护部组织的"典型电子废物集中处置区域污染调查与环境风险评价"调查结果显示该区域土壤受到重金属、PAHs、PBDEs 多种污染物的污染。其他学者的调查还表明该区域土壤中二噁英类污染物明显高于其他区域。

总之，废五金拆解如果管理不善和污染防治措施不到位，容易造成生态环境污染风险和人体健康危害风险。

六、进口废船的环境影响分析

1. 我国拆船业概况

20 世纪 80 年代初，我国拆船业开始兴起。1983 年政府给予政策支持，国家给予免征关税、工商税和免息优惠的政策，企业拆下的废钢由国家统一调拨到炼钢厂。1984—1993 年，我国累计拆解进口废船 1 000 万轻 t[①]，高峰期有 200 多个拆船厂，年拆解能力达到 250 万轻 t，1992 年和 1993 年我国拆船量均占世界拆船总量的 50%左右，位居世界第一。1995—1997 年，拆船业全面滑坡，近 90%的国内企业停止拆船，废船年进口量在 14 万～20 万轻 t。1995 年世界拆船总量约 250 万轻 t，我国仅有 15 万轻 t，占世界总量的 6%，印度跃居首位。1998 年，我国给予拆船业"进口废船增值税先征后返"的优惠政策，40 多家规模较大、基础较好的企业被列入优惠名单。2000 年和 2001 年，世界范围成交 466 万轻 t 和 601 万轻 t，我国连续购进废船 118 万轻 t，分别位居世界第二和第三。自 2004 年起，我国拆船业进入了漫长的冬眠期。2008 年前 9 个月，国内废船成交量仅为 116 万轻 t，进口废船不足 15 万轻 t。

"十一五"期间，中国拆船协会会员单位成交拆解国内外废船 1 076 万轻 t。但自 2012 年以来，国内经济增速放缓，内需提振不足，钢铁等产能过剩严重，国内成品钢材、废钢铁的供需关系发生逆转，价格一路下滑，直接导致拆解物资滞销且大量积压，国内拆船企业亏损严重。"十二五"期间，大多数企业拆解能力难以充分释放，生产经营面临诸多困难，一些拆船企业停拆、转产或寻觅其他发展方向。

2. 进口废船拆解情况

据国际海事组织（IMO）2014 年的统计数据，2004—2013 年，全球有拆船活动的国家近 80 个，其中印度、孟加拉国、巴基斯坦、土耳其和中国占拆解总量的 95%以上。在上述 5 个主要拆船国中，我国常年位居前三位，2007—2015 年我国拆船总量达 1 673.5 万轻 t，占 5 个主要拆船国拆船量的 24%，见表 3-32；统计 2013—2017 年的废船拆解数据，在我国拆解的废船中进口废船无论是以艘计还是以轻 t 计占比均约为 60%，见表 3-33。

我国进口废船中，来源最大的两个国家是日本和韩国，其次是朝鲜、美国、俄罗斯、德国、新加坡、加拿大、挪威、瑞典等。

---

① 轻 t 为空船体加上主机和其他固定设备的实际质量的单位，即"轻载排水量吨"。

表 3-32　2007—2015 年我国拆船量占 5 个主要拆船国拆船量的比例

年份	我国拆船量/万轻 t	五国拆船量之和/万轻 t	我国占五国之比/%
2007	28.73	210.68	14
2008	69.40	397.16	17
2009	310.50	960.16	32
2010	189.04	712.81	27
2011	225.00	902.63	25
2012	245.00	1 219.51	20
2013	250.00	1 016.99	25
2014	193.00	845.30	23
2015	162.83	713.10	23
合计	1 673.5	6 978.34	24

表 3-33　2013—2017 年拆解进口废船和国内废船数量对比

年份	进口废船		国内废船		合计		进口废船占比/%	
	艘	万轻 t	艘	万轻 t	艘	万轻 t	以艘统计	以万轻 t 统计
2013	286	197.68	65	51.26	351	248.94	81	79
2014	109	84.63	142	108.58	251	193.21	43	44
2015	77	72.24	102	90.48	179	162.72	43	44
2016	100	74.23	74	57.89	174	132.12	57	56
2017	119	82.02	78	45.56	197	127.58	60	64
合计	691	510.80	461	353.77	1 152	864.57	60	59

3．拆船方式和基本工艺

目前主要拆船工艺有冲滩拆解、码头拆解和船坞拆解三大类。

（1）冲滩拆解

冲滩拆解指利用海水涨潮时将船冲滩搁浅在滩涂上，在退潮时进行拆船作业的方式。南亚地区的印度、孟加拉等国多采用冲滩拆解方式。此种拆船方式将含油废水直接排放，废油泄漏在滩涂和海水中，石棉和玻璃纤维、含重金属物质、其他危险废物等直接废弃在滩涂上，然后随潮涨潮落进入海水中，对滩涂和海洋造成不可估量的污染影响。

我国拆船行业早已不使用冲滩拆解工艺，国家发改委公布的《产业结构调整指导目录（2011 年本）》中已将冲滩拆解工艺列为淘汰类工艺。

（2）码头拆解

码头拆解指将船停靠在码头前沿水域、简易码头前沿水域、泥坞式船槽、水中锚泊等进行拆船作业的方式。我国拆船业主要采用码头拆解方式，在拆解技术、拆解管理、环保要求、环保设施、劳动保护以及生产效率等方面比南亚国家拆船企业均有很大优势。

（3）船坞拆解

船坞拆解是将废船开进或拖进船坞内进行拆解的方式。欧美国家主要采用此种方式，其对环保安全防范效果较好，但建造成本高。我国也有少数企业采用船坞拆解方式，如江阴市夏港长江拆船厂、江门市银湖拆船厂、江门市中新拆船厂等。

目前拆船行业典型的工艺流程为拆解前准备、船舶预清理、测氧测爆、拆除上层建筑、拆船主体及机舱设备、船底拆解、二次拆解等。拆船工作可以在码头实施，也可以在船坞内实施，有条件的企业则在岸上拆解平台上实施。

2003 年开始，中国拆船协会推行绿色拆解概念并建立相关要求，国家发改委于 2005年出台了《绿色拆船通用规范》（WB/T 1022—2005）行业标准，通过全行业加强环境保护建设、减少废船拆解产生的污染物排放，提高了我国拆船行业的整体形象和地位。

4．拆船的主要环境污染风险

（1）水污染

①压舱水、含油舱底水。压舱水是为了保持船舶平衡，而专门注入船舶压舱水舱的水。一般来说，1 万轻 t 的废船压舱水量为 300～450 t，4 万～5 万轻 t 废船的压舱水量为 1 000～1 200 t。压舱水中可能携带外来物种如细菌、病毒、藻类、甲壳动物、软体动物和鱼类等，若直接排放，会造成生物入侵等危害。船舶机舱的主机、副机、油柜、油泵、分油机、油冷却器、油滤器、尾轴密封装置和管路系统泄放或泄漏的燃油、润滑油，在维修机器设备过程中泄放的燃油、润滑油，或者操作失误造成跑油，这些油类总会不可避免地有部分流入舱底；冷却水、压舱水、消防水和冷凝水和日用淡水等系统也会泄漏一部分海水或淡水流入机舱舱底，这些流入舱底的油类和水混合，成为机舱含油舱底水。废船中不可避免地残留有少量含油舱底水，这股废水中石油类质量浓度可高达 2 000 mg/L，不能直接排放。

②消防废水。拆船时由于使用含乙炔、液化天然气、氧气等混合气体进行高温切割作业，切割过程中为防止切割部位因高温发生火灾，需对切割部位进行冲洗，产生冲洗废水，即消防废水。

③电石废水。我国拆船厂在 20 世纪 90 年代采用电石生产乙炔气，该工艺会产生电石废水及电石渣，且可能伴生硫化氢（H_2S）和磷化氢（PH_3）等有害气体。目前大型拆

船厂均已淘汰此类工艺，采用直接外购乙炔气体、丙烷气体、液化天然气及氧气作为切割用气。

④拆解场地初期雨水。受被拆解主体及拆船工艺所限，废船拆解操作大部分为露天作业。在作业过程中各种污染物质可能泄漏在地面，当下雨时形成地表径流，污染物会随径流进入周边的水体，特别是暴雨发生后 15～20 min 的初期雨水，污染物的浓度较高，会对周边水体造成严重环境污染。

（2）空气污染

①切割废气。在切割船体时，钢板附有可能含有 Cu、Pb、Zn、Sn 等重金属的涂料，若不进行预处理直接进行热切割作业，在切割过程中由于高温燃烧则可能会有含铅等其他重金属的气体产生。

②石棉尘。石棉存在于系统隔热层和表层材料中，拆解过程中如处理不当，会造成大量石棉飘尘散布到空气中，吸入大量的石棉纤维可以导致肺癌、石棉沉滞症等疾病，会对人体健康造成极大危害。

③氟利昂。废船上空调系统及冷却系统中使用的制冷剂绝大多数为氟利昂。拆解过程中如处理不当，就会造成空调系统中残留的氟利昂泄漏到空气中。

④非甲烷总烃。废船靠泊码头后，燃料舱、燃料油输送管道中会残留部分燃料油，为了降低油舱内的油气浓度（主要为非甲烷总烃），在拆解前，必须对船舱进行排气处理，通常采用自然通风或通风设备强排等方法，以创造安全的作业环境，防止中毒、爆炸、窒息等事故发生。在开舱排气、松开管道过程中会有油气排放到空气中。

（3）固体废物污染

拆船产生大量一般固体废物和少量危险废物，一般固体废物有铁锈、船舶木材、废橡胶、废塑料、废电缆、砖石、生活用品、生活垃圾、建筑垃圾等，危险废物有废旧荧光灯管、变压器、废电池、废油液、废油泥等。由于这些固体废物产生量多少、利用方式、去向途径、管理要求等均有不同，疏于管理的话极易产生环境污染风险。

（4）其他环境污染风险

废船主要包括散货船（含杂货船）、油船和集装箱船三大船型，近年浮船等海工设备废弃拆解的数量有所增加。拆船作业过程中，可能存在的潜在环境风险主要有原辅材料（切割气体）泄漏风险、废水处理系统事故性排放风险、船只拆解过程漏油风险、压舱水带来的生物入侵风险等，尤以废船拆解过程中漏油污染风险影响最大。

5．拆船行业发展趋势

2013 年，我国运输船舶总量 17.26 万艘，其中内河运输船舶 15.91 万艘，沿海运输船舶 11 024 艘，远洋运输船舶 2 457 艘。我国各种经济主体保有的船舶数量约占全球的25%，其中持有挂方便旗的外轮几千艘，主要国有航运企业租用的外轮数量近 1 000 艘。

全球每年新增的报废运输船舶约 10%，废船拆解会造成环境污染，在发达国家报废船舶受到严格监督且处置代价高昂，因此，世界上大多数的船舶转移至孟加拉国、印度和巴基斯坦等国进行拆解。我国国内废船报废量逐年增加，大部分需要在国内进行拆解，我国拆解能力应立足于拆解国内废船，拆解废船获得钢铁不再是获取钢铁资源的重要手段。

七、进口钒渣的环境影响分析

1．钒资源和进口钒渣概况

钒是重要战略资源，广泛应用在钢铁、有色、化工、光学、电子、储能、医药、原子能等诸多领域。在钢铁中加入少量的钒可显著提高其强度、韧性、延展性、耐损性和耐热性；钒在航空、航天工业所需的钛合金中作为稳定剂和强化剂，使其具有良好的延展性、可塑性；钒用于化学工业时，主要作为催化剂和着色剂；钒还被用于电氢蓄电池及钒电池。因此，钒被称为现代工业的"味精"。

世界钒资源绝大部分来自钒钛磁铁矿，储量达 400 亿 t 以上，集中在南非、俄罗斯、中国、美国等少数国家和地区。我国是世界钒资源大国，基础储量 1 400 万 t（以 V_2O_5 计）。其中，一大类是钒钛磁铁矿型，主要分布在四川攀枝花与河北承德地区；另一大类是含钒炭质页岩与石煤矿，主要分布在川湘黔鄂滇一带的石煤层及含炭岩系中，石煤为我国独特的钒矿与非传统资源，储量为钒钛磁铁矿中钒的总储量的 7 倍以上，超过其他各国钒的总储量，目前还未大规模开发利用。

钒钛磁铁矿石中钒的品位一般在 0.3%～0.6%（以 V_2O_5 计），无法像钢铁生产一样，直接从铁含量 50%～65% 的铁矿冶炼成钢铁产品，通常需要从炼钢环节中的渣铁分离来产出钒渣，再用钒渣提取钒产品。此外，其他工业过程产生的含钒废渣（石油渣、含钒铬渣）及少量废催化剂（钒钛催化剂）也是提取钒的重要原料。钒渣、钒钛磁铁矿和其他资源分别占资源总量的 58%、34% 和 8%。

全球钒渣资源主要集中在俄罗斯、南非、新西兰及我国，目前只有俄罗斯和新西兰对外出口钒渣。其中俄罗斯钒渣品位高，V_2O_5 含量高达 18%～24%，俄罗斯钒渣也被美国战略矿物公司（STRATCOR）和奥地利特雷巴哈化学公司（TREIBACHER）以及中欧一些国家的钒产品厂家使用；新西兰钒渣的品位在 13% 左右；南非钒渣不对外出口；我国的钒渣主要集中在四川攀枝花及河北承德两地的企业，V_2O_5 含量为 15%～18%。

2017 年年底我国禁止进口含钒废物，之前允许进口的含钒废物共有四类，即海关商品编码为 2619000021 和 2619000029 的"冶炼钢铁产生的含钒浮渣、熔渣"，是钒钛磁铁矿、含钒铁精矿在钢铁冶炼过程中对含钒铁水经氧化吹炼而得到的"钒渣"；以及海关商品编码为 2620999011 和 2620999019 的"含其他金属及其化合物的矿渣、矿灰及残渣"。

2015—2017 年，世界钒渣产生与我国进口钒渣情况见表 3-34，进口钒渣主要来自俄罗斯和新西兰。

表 3-34 世界钒渣产生与我国进口钒渣情况

年份	全球钒渣产生量/万 t	我国钒渣产量/万 t	我国进口钒渣量/万 t	钒渣进口量与国内产量之比/%	进口钒渣占全球钒渣产量比例/%
2015	188.38	103.3	1.99（俄罗斯）	1.93	1.06
2016	170.83	10.04	3.09（俄罗斯 2.18，新西兰 0.91）	30.78	1.81
2017	140.16	104.9	1.21（俄罗斯 0.40，新西兰 0.82）	1.15	0.86

2．国内钒渣产生、利用和处置

（1）国内钒渣产生和利用情况

2007—2017 年，我国钒渣产生量保持稳步增长趋势，目前国内钒渣的回收利用能力为 110 万 t/a，2017 年实际处理量约为 105 万 t，钒渣的利用率基本上保持在 80%左右，国内钒渣产生和利用情况见表 3-35。

表 3-35 国内钒渣总体产生和利用情况

年份	钒渣产量/万 t	利用率/%
2007	56.25	79.91
2008	66.25	80.69
2009	76.69	81.57
2010	82.66	81.36
2011	85.27	81.78
2012	84.57	82.01
2013	110.55	78.51
2014	114.96	78.86
2015	103.35	81.04
2016	100.04	83.02
2017	104.97	84.0

（2）国内钒渣利用的主要工艺

目前从钒渣中提取钒的工艺普遍是焙烧后浸出提取钒，钒渣经过焙烧、浸出、沉钒等处理后产出钒酸盐或氧化钒产品。根据焙烧工艺不同可以分为钠化焙烧和钙化焙烧两种。钠化焙烧工艺具有成熟度高、操作稳定、流程短、产品纯度高等优点，国际上 50%～60%的钒初级产品采用这种工艺生产，如南非的海威尔德钢钒公司、俄罗斯的下塔吉尔钢铁公司、新西兰钢铁公司以及我国攀枝花钢铁集团公司、河北钢铁集团承德钢铁公司等钒生产企业，数十年来使用该技术；钙化焙烧工艺是近年来攀钢集团攀枝花钢铁研究院提出的，并已在西昌建成了工业规模生产线。

（3）钒渣利用后的残留物的处理处置

钒渣提取钒过程中除了产生废水、废气外，还会产生提钒尾渣、除杂钒泥、铬泥和除尘灰。我国钒渣加工的企业中河北钢铁集团承德钢铁公司具有典型性，根据有关数据，该公司可利用钒渣 16.2 万 t，V_2O_5 的产能 0.88 万 t/a，产生提钒尾渣约 18.7 万 t/a、除杂钒泥 0.22 万 t/a、污水钒泥 0.35 万 t/a、铬泥 0.21 万 t/a、磁选铁渣 0.25 万 t/a、除尘灰 0.72 万 t/a。据此估算出单位 V_2O_5 产品各固体废物的产生系数分别为：提钒尾渣 21.3、除杂钒泥 0.25、污水钒泥 0.39、铬泥 0.24、磁选铁渣 0.28 和除尘灰 0.82。

①提钒尾渣处理处置

该公司钒渣加工利用后的提钒尾渣处理处置方法如下：将钒渣提钒后的尾渣用于配矿炼铁以增加高炉冶炼铁水的钒品位，实现了提钒尾渣处理全部在高炉流程中完成的协同资源化回收利用。生产过程中按 20 kg/t 配加提钒尾渣，配加时替代当地低钒高品位铁精粉；烧结矿配加提钒尾渣后，其机烧矿转鼓指数提高了约 0.6%，效果明显。配加尾渣前后的铁矿原料变化见表 3-36。

表 3-36　配加尾渣前后的铁矿原料质量变化情况　　　　　　　　单位：%

质量指标	TFe	SiO₂	机烧矿转鼓指数	<10 mm
尾渣使用前	54.1	4.91	74.89	7.13
尾渣使用后	52.6	5.15	75.51	7.21

另外，中信某金属股份有限公司钒渣提钒生产过程产生的尾渣委托资源回收利用公司生产为建筑材料，可以作为黑色瓷砖的主原料使用。

②其他固体废物处理处置

包括对钒渣提钒过程中产生的除杂钒泥、铬泥和除尘灰等固体废物的处理处置。根据对河北钢铁集团承德钢铁公司某除杂钒泥和铬泥的危险特性鉴别结果，除杂钒泥中总 Cr 的浸出毒性超过《危险废物鉴别标准 浸出毒性鉴别》（GB 5085.3—2007）要求，钒泥中毒性物质含量超过《危险废物鉴别标准　毒性物质含量鉴别》（GB 5085.6—2007）要求，除杂钒泥和铬泥均属于危险废物，应按照危险废物管理要求进行无害化处理处置。

3. 进口钒渣主要利用方式

（1）钒渣的组成及来源

以往我国进口钒渣主要来源于新西兰、俄罗斯和南非，钒渣化学组成为 FeO、SiO_2、V_2O_5、TiO_2、MnO，国外钒渣中 V_2O_5 含量较高，见表 3-37。

表 3-37　典型钒渣的化学组成　　　　　　　　　　单位：%

产地	V_2O_5	FeO	CaO	SiO_2	TiO_2	Al_2O_3	MnO	C	S	P_2O_5	MgO	Cr_2O_3
新西兰	14.5	15	1.33	16.5	13.1	1.47	11.6	0.05	0.06	0.08	0.95	0.99
俄罗斯	16.0	15	3.0	20	12	—	14	—	—	—	5.0	5
南非	24.0	—	3.0	20	13.5	—	15	—	—	—	5.0	5

冶炼钢铁产生的钒渣来源有：

①钒渣，以钒钛磁铁矿在高炉或电炉中冶炼成含钒生铁，通过选择性氧化吹炼使钒氧化进入炉渣而与铁分离，得到钒渣；

②含钒钢渣，含钒生铁直接炼钢，钒进入钢渣，得到含钒钢渣；

③钠（钙）化钒渣，在 1 400～1 600℃直接将碳酸钠或石灰石加入含钒铁水中，使钒生成五价钒酸盐，得到钒渣和半钢。

（2）钒渣提钒的主要工艺

①钠化焙烧工艺

钠化焙烧工艺是钒渣提钒的主流技术，该工艺是以纯碱、食盐等为添加剂，通过 600℃下高温氧化、800～850℃下钠化焙烧后，将含钒原料中多价态的钒转化为水溶性五价钒的钠盐，焙烧产物用水浸取，得到含钒及少量杂质的浸取液，调节溶液到一定的 pH 后加入铵盐，使钒以偏钒酸铵或多钒酸铵沉淀析出，铵盐在高温下经干燥、煅烧分解、熔化三步工艺产出片状 V_2O_5。

②钙化焙烧工艺

将钙化合物作熔剂添加到钒渣中造球、焙烧，使钒氧化成不溶于水的钒的钙盐，再用酸将其浸出，并控制合理的 pH，使之生成 VO^{2+}、$V_{10}O_{28}^{6-}$ 等离子，同时净化浸出液，除去 Fe 等杂质，然后采用铵盐法沉淀出多钒酸铵，后经煅烧得片状 V_2O_5 产品。该方法可以从源头避免酸性高氨氮废水、高钠盐废水的产生，并且钒转化率高，产品质量稳定，其技术水平居于世界领先地位。

4．进口钒渣回收利用过程对环境造成的主要污染

以河北钢铁集团承德钢铁公司钒渣钠化提钒工艺为例，在钒渣破碎、转运、配料、窑头卸料及湿球磨运转、回转窑窑尾、V_2O_5 煅烧及干燥、V_2O_5 熔化及卸料等过程中均会产生废气和粉尘；排放的废水主要包括冷却系统排污水和沉钒工艺废水；产生的固体废物包括铁渣、提钒尾渣、除杂钒泥、铬泥和除尘灰等。V_2O_5 属于剧毒类物质，大鼠经口的 LD_{50} 为 10 mg/kg。因此，钒渣如果管理不善，其中的 V 和 Cr 易引起环境污染和人体健康危害的风险。

（1）空气污染物排放

空气污染物排放源及污染排放量估算见表 3-38。

表 3-38　钒渣生产 V_2O_5 空气污染物排放量的估算

序号	污染源名称	标况烟气量/（m^3/h）	年排放时间/h	污染物种类	排放质量浓度/（mg/m^3）	排放速率/（kg/h）	排放量/（t/a）
1	备料及配料废气	170 000	3 960	粉尘	40	6.8	26.93
2	窑头卸料废气	5 000	7 920	粉尘	40	0.2	1.58
3	1#、2#回转窑窑尾烟气	102 400	7 920	烟尘	40	4.1	32.44
				SO_2	11.8	1.21	9.57
				NO_x	41	4.2	33.26
4		4 000	5 280	NH_3	10.2	0.04	0.22
				烟尘	40	0.16	0.84
				NO_x	49	0.2	1.03
5	V_2O_5 干燥及脱氨废气	4 000	5 280	NH_3	10.2	0.04	0.22
				烟尘	40	0.16	0.84
				NO_x	49	0.2	1.03
6		4 000	5 280	NH_3	10.2	0.04	0.22
				烟尘	40	0.16	0.84
				NO_x	49	0.2	1.03
7	V_2O_5 熔化炉及卸料废气	4 500	5 280	粉尘	16	0.07	0.38
				NH_3	16.9	0.08	0.4
				NO_x	49	0.22	1.16

序号	污染源名称	标况烟气量/（m³/h）	年排放时间/h	污染物种类	排放质量浓度/（mg/m³）	排放速率/（kg/h）	排放量/（t/a）
8	V₂O₅熔化炉及卸料废气	4 500	5 280	粉尘	16	0.07	0.38
				NH₃	16.9	0.08	0.4
				NOₓ	49	0.22	1.16
9		4 500	5 280	粉尘	16	0.07	0.38
				NH₃	16.9	0.08	0.4
				NOₓ	49	0.22	1.16
10	V₂O₅环境治理废气	30 000	7 920	粉尘	40	1.2	9.5
11	钒渣破碎粉尘无组织排放	—	3 960	粉尘		2.1	8.3
12	钒渣配料粉尘无组织排放	—	3 960	粉尘		1.4	5.54
13	废水处理工序氨无组织外排	—	7 920	NH₃		0.03	0.24
14	储罐区硫酸雾无组织外排	—	8 760	硫酸雾	—	0.001	0.008 8
15	单位产品排气量 129 303 m³/tV₂O₅						

①钒渣破碎、转运、配料粉尘

配料过程中在原料钒渣破碎机进出口、球磨机进出口及粉料转运过程将产生含尘废气；经过破碎及球磨后的钒渣（或一次渣）经中间仓卸入混料机，在中间仓进出料口、混料机进出料口均会产生一定量的扬尘。配备布袋除尘器设计废气处理量为 170 000 m³/h，除尘效率为 99%，净化后的外排废气粉尘质量浓度为 40 mg/m³，粉尘排放速率为 6.8 kg/h，根据预处理工序设备运转率（年运转率为 50%），粉尘排放量为 26.93 t/a。

②回转窑烟气

钒渣焙烧回转窑以混合煤气（使用量 4 000 m³/h）为燃料，每台回转窑外排烟气量为 51 200 m³/h。焙烧过程中产生的烟气中含有一定量的烟尘和氮氧化物（NOₓ），每台回转窑窑尾配备一台高压静电除尘器，除尘效率 99%，净化后废气通过 1 根 100 m 高排气筒外排。根据燃料成分分析及 NOₓ 监测结果，经计算外排废气中烟尘质量浓度为 40 mg/m³，排放速率为 4.10 kg/h；SO₂ 质量浓度为 11.8 mg/m³，排放速率为 1.21 kg/h；NOₓ 质量浓度为 41.0 mg/m³，排放速率为 4.20 kg/h。根据生产作业时间，回转窑年外排烟尘 32.44 t/a、SO₂9.56 t/a、NOₓ33.26 t/a。

③V_2O_5干燥、脱氨炉、熔化炉及卸料废气

V_2O_5生产干燥、脱氨炉废气经各自袋式除尘器收尘后送入硫酸溶液喷淋吸收塔净化处理,每个干燥、脱氨炉废气分别经 1 根 30 m 排气筒排放,每套系统风机风量 4 000 m^3/h。根据原建设项目环评报告的监测结果,排气筒外排废气中 NH_3 排放质量浓度为 10.2 mg/m^3,排放速率为 0.04 kg/h;NO_x 质量浓度为 49 mg/m^3,排放速率为 0.20 kg/h;烟尘质量浓度为 40.0 mg/m^3,排放速率为 0.16 kg/h。根据年运行时间计算,3 台干燥脱氨炉外排烟尘 2.52 t/a、氨气 0.66 t/a、NO_x3.09 t/a。

熔化炉及卸料废气经收集后送入干燥机进行余热利用,再经袋式除尘器净化处理后外排,每个熔化炉废气分别经 1 根 30 m 排气筒排放,每套系统风机风量 4 500 m^3/h。根据现有熔化炉外排烟气监测结果,排气筒外排废气中烟尘质量浓度约为 16 mg/m^3,排放速率为 0.07 kg/h;NH_3 质量浓度为 16.9 mg/m^3,排放速率为 0.08 kg/h;NO_x 质量浓度为 49 mg/m^3,排放速率为 0.22 kg/h;根据年运行时间计算,3 台熔化炉外排烟尘 1.14 t/a、氨气 1.20 t/a、NO_x3.48 t/a。

为减少无组织烟粉尘排放,对熔化炉观察口、片剂造粒台、煅烧窑窑头以及煅烧窑窑尾、干燥机进料口部位设置收尘罩,通过两套袋式除尘器处理净化后经 1 根 30 m 高排气筒外排。该系统设计废气总处理量为 30 000 m^3/h,除尘效率为 99%,净化后的外排废气粉尘质量浓度 40 mg/m^3,粉尘排放速率 1.20 kg/h,根据年运行时间计算,粉尘排放量为 9.50 t/a。

④废水处理工序氨无组织外排

沉钒工序产生的生产废水中含氨浓度较高,在废水处理工序各级反应池和精馏脱氨塔对废水进行处理的过程中,将有部分氨气呈无组织形式排放,经与同类建设项目环评报告中的装置进行类比,确定氨气排放速率为 0.03 kg/h,按该工序设备年有效作业时间 7 920 h 计算,外排氨气 0.24 t/a。

⑤储罐区硫酸雾无组织外排

储罐区有大量硫酸贮存,在日常装罐和贮存时由于环境温度和大气压力变化有"呼吸"废气排放,储罐呼吸逸散量为 0.005 t/a。

(2)废水污染物排放

钒渣提钒过程的生产废水主要为设备间接冷却系统排污水及氧化钒生产沉钒工序产生的工艺废水,产生量约 1 903.2 m^3/d,沉钒过程中产生的主要是含 V^{5+}、Cr^{6+} 的酸性废水,具体的污染物排放情况如表 3-39 所示。

(3)固体废物产生和污染物排放

利用钒渣提钒的过程产生的固体废物包括提钒尾渣、除杂钒泥、污水钒泥、铬泥、磁选铁渣和除尘灰。

表 3-39　钒渣生产 V_2O_5 废水污染物排放量估算

废水种类	污染物	排水量/（m³/d）	排放质量浓度/（mg/L）	污染物排放量/（t/a）	单位产品排放量/（kg/tV₂O₅）
冷却系统排污水	COD	240	40	84.1	8.4
	SS		40	84.1	8.4
工艺废水	pH	1 456.8	7.5	0	—
	SS		50	638	63.8
	COD		25.8	329	32.9
	Cr⁶⁺		0.27	3.2	0.32
	总 Cr		0.73	9.5	0.95
	NH₄-N		1.55	20	2
	总 V		未检出	0	0
	全盐		—	0	0
	SS		300	139	13.9
生活污水	COD	52.8	300	139	13.9
	SS		300	139	13.9

单位产品排水量：72.6 m³/tV₂O₅，COD：55.2 kg/tV₂O₅，SS：86.1 kg/tV₂O₅。

①提钒尾渣

对提钒尾渣样品进行浸出毒性检测，结果显示各重金属的浸出毒性质量浓度均低于《危险废物鉴别标准　浸出毒性鉴别》（GB 5085.3—2007）标准限值，见表 3-40；提钒尾渣中重金属化合物的毒性物质含量也未超过《危险废物鉴别标准　毒性物质含量鉴别》（GB 5085.6—2007）。

表 3-40　提钒尾渣中重金属危害成分浸出毒性统计情况　　　　单位：mg/L

序号	危害成分	检出率/%	均值[1]	最小值[1]	最大值	超标份样/%	检出限	标准[2]
1	Cr	100	0.21	0.12	0.47	0	0.01	15
2	Zn	30.5	0.019	ND	0.071	0	0.006	100
3	Ba	100	0.003 5	0.013	0.31	0	0.003	100
4	Ni	0	—	ND	ND	0	0.01	5
5	Ag	0	—	ND	ND	0	0.01	5
6	As	100	0.011	0.003	0.02	0	0.000 3	5
7	Hg	0	—	ND	ND	0	0.000 2	0.1

注：1）不含未检出；2）来源：《危险废物鉴别标准　浸出毒性鉴别》（GB 5085.3—2007）。

②除杂钒泥

对除杂钒泥浸出液中危害成分的浸出毒性进行鉴别分析，Be、Ni、Cu、Zn、As、Se、Ag、Cd、Ba、Hg、Pb 等 11 项均未超过《危险废物鉴别标准 浸出毒性鉴别》（GB 5085.3—2007），而所有样品中总 Cr 均超过该标准限值要求，表明除杂钒泥属于危险废物，结果见表 3-41。

表 3-41　除杂钒泥中重金属危害成分浸出毒性数据

序号	危害成分	检出率/%	均值[1]/（μg/L）	最小值[1]/（μg/L）	最大值/（μg/L）	超标份样数	检出限/（μg/L）	标准[2]/（mg/L）
1	Be	15	2.3	1	4	0	0.011	0.02
2	Cr	100	42 420	16 100	97 600	20	0.059	15/5[3]
3	Ni	60	7.8	1	28	0	0.11	5
4	Cu	95	33.7	6	74	0	0.11	100
5	Zn	90	460	72	1 410	0	1	100
6	As	35	8.1	1	21	0	0.13	5
7	Se	10	1.5	1	2	0	0.38	1
8	Ag	20	8.8	1	19	0	0.099	5
9	Cd	40	3.5	1	8	0	0.036	1
10	Ba	30	38.8	8	70	0	0.11	100
11	Hg	55	16.1	3	37	0	0.51	0.1
12	Pb	0	0	0	0	0	1.5	5

注：1）不含未检出；2）来源：《危险废物鉴别标准 浸出毒性鉴别》（GB 5085.3—2007）；3）总 Cr/Cr^{6+}。

③污水钒泥

对污水钒泥的浸出毒性进行检测，危害成分中的总 Cr、Cr^{6+} 和 Hg 的浸出毒性超过《危险废物鉴别标准 浸出毒性鉴别》（GB 5085.3—2007）限值要求，表明污水处理后的钒泥属于危险废物，结果见表 3-42。

表 3-42　污水钒泥中重金属危害成分浸出毒性数据

序号	危害成分	检出率/%	均值[1]/（μg/L）	最小值[1]/（μg/L）	最大值/（μg/L）	超标份样数	检出限/（μg/L）	标准[2]/（mg/L）
1	Be	15	2.8	0.5	6	0	0.011	0.02
2	总 Cr	100	8 820	508	37 500	4	0.059	15

序号	危害成分	检出率/%	均值[1]/（µg/L）	最小值[1]/（µg/L）	最大值/（µg/L）	超标份样数	检出限/（µg/L）	标准[2]/（mg/L）
3	Cr^{6+}	100	6 980	327	35 800	10	0.1	5
4	Ni	100	101	7	207	0	0.11	5
5	Cu	80	14.1	2	29	0	0.11	100
6	Zn	100	362	52	972	0	1	100
7	As	40	4.5	1	21	0	0.13	5
8	Se	35	9.3	1	21	0	0.38	1
9	Ag	35	16.1	1	53	0	0.099	5
10	Cd	55	3	0.5	9	0	0.036	1
11	Ba	15	13.3	8	20	0	0.11	100
12	Hg	100	513	8	3 500	17	0.51	0.1
13	Pb	55	16.1	3	37	0	1.5	5

注：1）不含未检出；2）来源：《危险废物鉴别标准 浸出毒性鉴别》（GB 5085.3—2007）。

④铬泥

对铬泥浸出液中危害成分进行检测，其中的 Be、Ni、Cu、Zn、As、Se、Ag、Cd、Ba、Pb 等 10 项危害成分均未超过《危险废物鉴别标准 浸出毒性鉴别》（GB 5085.3—2007）限值要求；总 Cr 的浸出毒性超过鉴别标准的份样数为 1；Hg 的浸出毒性超过鉴别标准的份样数为 6，等于《危险废物鉴别技术规范》（HJ/T 298—2007）中规定的超标份样数下限。根据危险废物鉴别相关要求，铬泥属于危险废物，见表 3-43。

表 3-43　铬泥中重金属危害成分浸出毒性数据

序号	危害成分	检出率/%	均值[1]/（µg/L）	最小值[1]/（µg/L）	最大值/（µg/L）	超标份样数	检出限/（µg/L）	标准[2]/（mg/L）
1	Be	15	4	1	8	0	0.011	0.02
2	Cr	35	8 670	3 190	15 100	1	0.059	15
3	Ni	15	4.3	3	5	0	0.11	5
4	Cu	0	0	0	0	0	0.11	100
5	Zn	55	363	150	1 080	0	1	100
6	As	45	6.3	1	21	0	0.13	5
7	Se	30	11.5	1	29	0	0.38	1

序号	危害成分	检出率/%	均值[1]/（μg/L）	最小值[1]/（μg/L）	最大值/（μg/L）	超标份样数	检出限/（μg/L）	标准[2]/（mg/L）
8	Ag	15	3.7	1	5	0	0.099	5
9	Cd	50	2.7	1	8	0	0.036	1
10	Ba	15	84.3	40	136	0	0.11	100
11	Hg	40	249	2	624	6	0.51	0.1
12	Pb	0	0	0	0	0	1.5	5

注：1）不含未检出；2）来源：《危险废物鉴别标准 浸出毒性鉴别》（GB 5085.3—2007）。

综上所述，除杂钒泥、污水钒泥和铬泥均具有浸出毒性危险特性。提钒尾渣虽不属于危险废物，但其中含钒（V）的均值可达到 2 758 mg/kg，最大值达到 3 070 mg/kg。由于 V 主要以 V_2O_5 存在，V_2O_5 属于剧毒类物质（大鼠经口的 LD_{50} 为 10 mg/kg），因此，提钒尾渣如果管理不善，其中的 V 易引起环境污染和人体健康危害的风险。我国产生大量的提钒尾渣，国内对提钒尾渣的利用面临较大的压力，利用进口钒渣加剧了我国钒渣处置的压力。

第四章　从严制定进口废物环境保护控制标准①

从 1995 年开始，我国允许少数可用作原料的固体废物进口，1996 年，国家环境保护局发布了骨废料、冶炼渣、废木料、废纸、废纺织品、废钢铁、废有色金属、废五金电器、废电线电缆、废电机、废塑料、废船舶等 12 项《进口固体废物环境保护控制标准》（GB 16487.1—1996～GB 16487.12—1996）。2005 年 12 月国家环保总局发布了修订的 13 项进口废物环境保护控制标准（GB 16487.1—2005～GB 16487.13—2005），其中标准控制要求普遍提高。2017 年 12 月 29 日环境保护部发布了新修订的 11 项进口废物环境保护控制标准，于 2018 年 3 月 1 日起实施（公告 2017 年第 88 号）。在环境保护部②的大力支持下，中国环境科学研究院完成了 11 项进口废物环境保护标准的修订任务（见本书附录一）。

2018 年 4 月 19 日，生态环境部、商务部、国家发展和改革委员会、海关总署发布了《关于调整〈进口废物管理目录〉的公告》（2018 年第 6 号），公告明确规定：①将废五金类、废船、废汽车压件、冶炼渣、工业来源废塑料等 16 个品种固体废物从《限制进口类可用作原料的固体废物目录》调入《禁止进口固体废物目录》，自 2018 年 12 月 31 日起执行；②将不锈钢废碎料、钛废碎料、木废碎料等 16 个品种固体废物从《限制进口类可用作原料的固体废物目录》《非限制进口类可用作原料的固体废物目录》调入《禁止进口固体废物目录》。这表明今后允许进口的废物类别还将减少，2019 年之后还会有变化，标准的使用者应关注政策的变化。

一、环控标准修订概况和必要性

1．任务来源

2017 年 4 月 18 日，中央全面深化改革领导小组第 34 次会议审议通过的《关于禁止洋垃圾入境推进固体废物进口管理制度改革实施方案》（简称《改革实施方案》）指出，要以维护国家生态环境安全和人民群众身体健康为核心，完善固体废物进口管理制度，

---

① 本章内容来自 2017 年中国环境科学研究院完成的修订进口废物环控标准的编制说明相关内容。
② 2018 年 3 月改组为生态环境部。

分行业分种类制定禁止固体废物进口的时间表，分批分类调整进口管理目录，综合运用法律、经济、行政手段，大幅减少进口种类和数量。

修订《进口可用作原料的固体废物环境保护控制标准》（以下简称进口废物环控标准）是《改革实施方案》的重要任务之一。环境保护部进行了全面部署，于 2017 年 5 月 3 日下达了标准修订任务，由中国环境科学研究院具体承担。

2005 年实施的进口废物环控标准共有 13 项（GB 16487.1—2005～GB 16487.13—2005），由于进口废物目录调整，骨废料已于 2009 年禁止进口、废纤维于 2017 年禁止进口，所以骨废料、废纤维两项标准取消。因此，修订进口废物环控标准实际包括 11 项，分别为冶炼渣、木废料、废纸、废钢铁、废有色金属、废电机、废电线电缆、废五金电器、废船、废塑料、废汽车压件，各项标准控制的重点仍是放射性污染和夹杂物。

2．我国再生资源和进口废物利用概况

2015 年，我国一般工业固体废物产生总量 32 亿多 t，工业危险废物产生量 3 900 多万 t，废钢铁、废有色金属、废纸、废塑料、废轮胎、废汽车、废船舶、电器电子废物、废纤维等主要再生资源回收量 2.47 亿 t，各类再生资源加工园区 300 余个。截至 2016 年年底，我国废钢铁、废有色金属、废塑料、废纸、废电器电子产品、报废汽车、废纺织品、废轮胎、废电池、废玻璃十大类再生资源回收总量约 2.56 亿 t，同比增长约 3.7%。

2015 年全国进口各类资源性废物 4 700 多万 t，主要品种为废纸、废塑料、废五金、废铝、废铜和废钢铁，6 个品种合计进口量占进口废物总量的 87%，其中废纸进口量最多，约占当年进口量的 50%。

2015 年全国进口废物利用企业减少到 2 100 多家，中小企业较多、经营分散，多数企业以手工拆解、简单拆解、粗加工为主，骨干型企业数量偏少，行业集中度偏低，整体技术装备水平不高。例如，2015 年进口废五金加工利用企业有 454 家，占进口废物加工利用企业数量的 21.2%，进口量小于 5 000 t 的企业占 54.6%，进口量大于 2 万 t 的企业占 15.9%；2015 年进口废塑料加工利用企业有 1 266 家，占废物加工利用企业数量的 59.1%，进口量小于 5 000 t 的企业占 63.5%，进口量大于 2 万 t 的仅占 5.2%。

海关总署历年开展的打击洋垃圾入境行动中，固体废物属性鉴别案例情况复杂，固体废物来自工业生产和社会生活的各方面。中国环境科学研究院完成的数百项固体废物属性鉴别案例中，鉴别为禁止进口固体废物的约占 65%，限制进口类的约占 15%，不属于固体废物的约占 20%。在以往的进口废物日常监管和打击洋垃圾入境行动中，进口废物环控标准都是不可或缺的技术依据。

3．进口废物环控标准修订的工作过程

2017 年修订标准时间紧、内容多、任务重，并且涉及多个管理部门和主要再生资源

行业，环境保护部各级领导高度重视，尤其固体废物管理处的领导亲力亲为、出谋划策、严格把关，积极应对国际上对我国修订环境标准的反应，修订过程严格按照国家环境保护标准制定程序稳步推进，以下是一些重要时间节点。

（1）2017 年 5 月 3 日，环境保护部固体废物管理处给中国环境科学研究院下达标准修订任务。

（2）2017 年 5—7 月，标准编制组查询了国内外相关标准规范和管理制度要求，确定了标准修订的基本思路、目标和方向，并赴相关管理部门、行业协会和企业进行调研。在前期收集文献、资料、企业实地调研资料的基础上，汇总分析、集中讨论，形成了环控标准修订稿初稿及编制说明初稿。

（3）2017 年 7 月 27 日，土壤环境管理司、科技标准司组织召开了环控标准修订开题论证会和标准征求意见稿技术审查会，与会专家同意标准修订技术路线、框架结构和技术内容，通过了征求意见稿的技术审查。

（4）2017 年 8 月 10 日，环境保护部发布《关于征求〈进口可用作原料的固体废物环境保护控制标准（征求意见稿）〉意见的函》，向包括部机关职能机构在内的 72 个单位征求意见。共收到国内外 43 个机构反馈的 107 条意见，修改后形成了标准送审稿。

（5）2017 年 9 月 11 日，科技标准司组织召开修订标准的技术审查会，与会专家同意通过标准修订送审稿和编制说明。

（6）2017 年 9 月 14 日，土壤环境管理司召开环控标准报批稿的司务审查会，原则通过标准报批稿，修改后同意报部长专题会审议。

（7）2017 年 9 月 27 日，召开环控标准报批稿的部长专题审查会，提出修订环控标准要考虑世贸组织（WTO）的要求，并积极应对国际组织对包括加严环控标准夹杂物限制指标在内的质疑，提出补充相关指标论证分析依据，会议原则通过征求意见稿，修改后同意报部常务会审议。

（8）2017 年 9 月下旬，收到国际回收局（BIR）、美国废料回收产业协会（ISRI）、欧洲废物回收产业联盟（EuRIC）、英国回收协会等组织的质询函件，土壤环境管理司积极应对，阐明我国政府加强进口废物管理的鲜明主张，阐明修订标准的必要性和合理性。

（9）2017 年 10 月 10 日，工信部节能与综合利用司提出 10 条建议，编制组采纳了大部分合理建议。

（10）2017 年 11 月 6 日，环境保护部召开部常务会审议，会上通过了修订的 11 项标准，按程序报部领导审定后发布，修改后形成了标准发布稿。

4．环控标准修订的必要性

进口废物环控标准于 1996 年首次发布，2005 年第一次修订。多年来，标准的实施对加强进口废物环境管理，防范进口废物及其夹杂物带来的环境污染风险，构建和维护固体废物进口的正常贸易秩序发挥了积极作用。随着我国经济社会的快速发展，我国环境保护形势发生较大变化，愈加严峻的环境污染形势以及人民生活水平的提高，均迫切要求改善和提升环境质量。近年来进口固体废物带来的环境风险仍不断凸显，2005年修订实施的环控标准已不能适应和满足环境管理的新形势和新要求，全面修订更简明、实用、严格和高效的环控标准十分必要。

一是固体废物进口管理制度改革的需要。禁止洋垃圾入境、推进固体废物进口管理制度改革，事关我国生态文明建设大局，是建设美丽中国、保护人民群众身体健康的需要。党中央、国务院高度重视，2017年的《改革实施方案》明确要求进一步加严标准，修订《进口可用作原料的固体废物环境保护控制标准》，加严夹带物控制指标。

二是有效降低进口废物环境污染风险的需要。据统计，2013年以来，海关缉私部门查获以伪报、夹藏等方式走私洋垃圾案件338起，查证涉案废物125万t。2016年进口固体废物约4 658万t，主要进口废物类别分别是废纸、废塑料、废五金类，占到了88.9%。按照2005年环控标准中夹杂物含量要求估算，以上三类进口固体废物夹杂物的总量近60万t，而且基本上都是需要无害化处置的不可利用废物，严重挤占了我国有限的环境容量，其处理处置也威胁着我国的生态环境安全。大量不合格固体废物、走私进口废物案例表明，进口废物不但造成严峻环境污染风险，而且存在危害人民群众身体健康的风险，产生了恶劣的社会影响，有必要制定更加严格的环境保护标准加以遏止和管控。

二、国内外相关标准情况

20世纪90年代，我国成为《巴塞尔公约》缔约国，相继出台了《固体废物污染环境防治法》和《废物进口环境保护管理暂行规定》，并为加强进口固体废物环境管理、防范进口废物及其夹杂物带来的环境污染风险，制定了以控制夹杂物为重点的环境保护控制标准，标准中建立了进口废物放射性污染控制指标和以夹杂物为主的限制指标。

目前，国外没有与我国进口废物环控标准形式和内容基本一致的标准。我国环控标准中夹杂物指标含义与欧美废物分类标准中的阈值或目标值不同，我国是从环境污染角度来设定的，欧美更多是从废物分类和交易角度设定。例如，美国废纸分类标准规定了每种废纸中的杂物含量以及不合格废纸的最大含量；欧盟废纸标准也是分类标准，标准中禁含物以及要求大多是针对废纸自身组成部分；美国和欧盟的废纸标准是从废纸交易的角度规定废纸类别和基本品质，并不是从环境污染风险角度进行要求。两者包含的废物也不同，我国环控标准重点控制放射性污染、危险废物、外来夹杂物、不可利用废物等方面，而欧美废物分类标准关注的是不利于目标产物利用的物质，类别上分为禁有物（危险废物和一般外来夹杂物）和自身不合格废物（不利于后续利用的废物）。例如，纸盒上的胶带、金属钉，进口废物含水率，进口废物包装物等，在我国环控标准中就不是控制对象，不算作夹杂物，而在欧美标准中就是不可利用的目标物质，也就是说进口废纸原料造纸过程中产生的不可利用废物与进口废纸夹杂物不是一回事。

1. 国外有关进口废物总体情况

（1）美国

美国是经济合作与发展组织（OECD）成员国，并与加拿大、墨西哥、马来西亚、哥斯达黎加以及菲律宾等国签订了危险废物越境转移双边协议，因此美国废物进出口必须遵守 OECD 颁布的危险废物越境转移的相关决议以及双边协议。对于同时适用于双边协议和 OECD 决议的情形（加拿大、墨西哥属于 OECD 成员国），优先适用于双边协议。

在符合 OECD 决议和双边协议的基础上，美国废物进出口还须遵守所有适用的国内法律法规（联邦和/或者各州的法律），包括收录在《美国联邦法规》（CFR）中的《资源保护与回收法》（RCRA）相关条款。虽然美国不是《巴塞尔公约》缔约国，但已经建立了一整套的危险废物进出口监督管理体系。

美国 1976 年颁布了《资源保护与回收法》（RCRA），该法于 1986 年作了修订，是美国固体废物管理的基础性法律。RCRA 建立了固体废物的管理体系，其中对固体废物越境转移也进行了规定，危险废物的进出口要遵守 RCRA 中规定的条款。

在再生资源的分类标准方面，美国废料回收产业协会（ISRI）建立了出口废纸交易分类指南，表 4-1 是 2007 年版的指南，本书附录三的第 1 部分列出了 2017 年版指南要求，规定了每种废纸中的杂物允许含量以及不合格废纸最大含量；2017 年版与 2007 年版主要区别在于：去掉了 1 号和 2 号混合废纸，且在不合格废纸含量要求中包含禁有物含量。ISRI 还建立了扎装回收塑料商用分类指南，其特点是分类细致，按成分类别和形态分类打包，基本不允许有危害性的物质以及根本不相干的物质带入，废塑料中允许存在的物质仅限于不可避免的危害性较小的一般性废物，详见本书附录三的第 2 部分。ISRI 还建立了废有色金属指南，对废有色金属的来源进行了较为详细的分类，并提出了规格要求，其中 Cu、Al、Zn、Pb 四种金属废碎料的内容见本书附录三的第 3 部分。

表 4-1　美国出口废纸分类指南：PS—2007 普通废纸

美废	名称	禁有物（混杂物）质量分数/%	不合格废纸质量分数/%
1	大混合废纸	2	10
2	混合废纸	0.5	3
3	（此类废纸暂不使用）		

美废	名称	禁有物（混杂物）质量分数/%	不合格废纸质量分数/%
4	制盒纸板边角料	0.5	2
5	工厂包装纸	0.5	3
6	旧报纸（政府回收）	1	5
7	旧报纸（经过挑选的）	不许有	0.5
8	特级旧报纸（经过挑选且不受潮）	不许有	0.25
9	发行过量的报纸（剩余部分）	不许有	不许有
10	旧杂志（包括目录、同类的印刷品）	1	3
11	旧瓦楞纸箱	1	5
12	经双重挑选的旧瓦楞纸板（箱）	0.5	2
13	双挂面牛皮瓦楞纸新边角料	不许有	0.5
14	纤维纸芯	1	5
15	旧褐色牛皮纸	不许有	0.5
16	牛皮纸混合边角料	不许有	1
17	手提纸袋废料	不许有	1
18	新色彩牛皮纸	不许有	1
19	杂货包装袋废料	不许有	1
20	多层牛皮纸袋废料	不许有	1
21	褐色牛皮信封新边角料	不许有	1
22	含磨木浆的混合废纸边	不许有	2
23	旧电话簿	不许有	0.5
24	空白报纸	不许有	1
25	含磨木浆的电脑用纸	不许有	2
26	空白刊物用纸	不许有	1
27	单页书刊纸纸边	不许有	1
28	软质涂布白纸边	不许有	1
29	（此类废纸暂不使用）		
30	硬质白纸边	不许有	0.5
31	硬质白信封边角料	不许有	0.5
32	（此类废纸暂不使用）		

美废	名称	禁有物（混杂物）质量分数/%	不合格废纸质量分数/%
33	彩色信封新边角料	不许有	2
34	（此类废纸暂不使用）		
35	半漂白边角料	不许有	2
36	（此类废纸暂不使用）		
37	经拣选的办公室废杂纸	2	5
38	（此类废纸暂不使用）		
39	彩色账簿打印纸	0.5	2
40	拣选的白账簿纸	0.5	2
41	白色账簿打印纸	0.5	2
42	电脑用纸	不许有	2
43	涂布书籍纸	不许有	2
44	含磨木浆涂布纸	不许有	2
45	带印刷油墨的纸板边角料	0.5	2
46	印刷出错的漂白纸板	1	2
47	不带印刷油墨的纸板边角料	不许有	1
48	1 号漂白纸杯纸	不许有	0.5
49	2 号漂白带有印刷的纸杯纸	不许有	1
50	不带印刷经漂白的纸碟纸	不许有	0.5
51	带印刷经漂白的纸碟纸	不许有	1

（2）欧盟

对于《巴塞尔公约》所管辖的危险废物和两类特别废物，由各成员国废物进出口主管部门根据《巴塞尔公约》统一实施废物转移事先通告制度和许可核准制度，基本立足点是各国应尽可能处理处置自身的危险废物。对于非危险废物的越境转移，分为成员国之间、欧盟与区域外国家之间两种情形进行管理。

废物的分类标准，以废纸标准为例，其中明确规定了不同等级的废纸以及不应含有的物质，该标准将可回收的废纸分为五大类 57 种。标准还提出废纸中禁止含有金属、塑料、玻璃、针织品、木制品、沙砾及建筑材料、合成材料、合成纸等可能对生产过程和机械设备造成损害的异物。此外，对相对湿度也进行了规定，要求废纸和纸板中的相对湿度不应超过自然空气湿度要求，在干燥的空气中，如果相对湿度高于10%，那么此额外的 10% 的重量将被扣除掉。具体要求见表 4-2。

表 4-2 欧盟废纸标准

废纸种类	编号	要求
1 组 普通品种	1.01	混合未分选的纸和纸板，不含禁有物和废弃物的各种级别的纸和纸板，无短纤维的限制
	1.02	混合分选过的纸和纸板。报纸和杂志质量分数不超过 40% 的各种纸盒纸板的混合
	1.03	灰色纸板。印刷过或未印刷过的，有和无白色衬里的灰色或混合纸板，无瓦楞材料
2 组 中级品种	2.01	报纸。最多包含 5% 彩页或广告插页的报纸
	2.02	未售出的报纸。未售出的日报，不含附加的修饰材料和彩色插页
	2.02.01	未售出的报纸，限制曲线印刷图出现。未售出的日报，没有额外的插页或做解释的彩页存在，线绳允许。不允许曲线印刷图出现
	2.03	浅色印刷的白色切边。主要为机械浆层的纸
	2.03.01	浅色印刷的白色切边。主要为机械浆层的纸，无胶水
3 组 高级品种	3.01	混合浅色的印刷纸削片。混合的稍有颜色的印刷纸削片，至少包含 50% 的胶印纸
	3.02	混合浅色胶印切边。混合的浅色印刷纸和书写纸削片，至少含 90% 的胶印纸
	3.03	活页纸。白色的带有胶水的浅色胶印纸削片，不含彩页，最多包含 10% 的机械浆纸层
4 组 牛皮纸品种	4.01	新的瓦楞纸切边。瓦楞纸切边，有牛皮纸衬层
	4.01.01	未用过的牛皮瓦楞纸。未用过的纸箱，瓦楞纸切边只有牛皮纸衬里，凹槽由化学浆或热化学浆做成
	4.01.02	未用过的瓦楞纸材料。未用过的纸箱，瓦楞纸板切边，有牛皮纸衬层
	4.02	用过的牛皮瓦楞纸 I。用过的瓦楞纸纸箱，只有牛皮纸衬里，凹槽由化学浆或热化学浆做成
	4.03	用过的牛皮瓦楞纸 II。用过的瓦楞纸纸箱，至少有一面是牛皮纸衬里
5 组 特殊品种	5.01	混合的回收有用的纸和纸板。未分选的纸和纸板，根据来源分类
	5.02	混合包装。各种质量的、用过的包装纸和纸板的混合物，不含报纸和杂志
	5.03	液体包装板。用过的液体包装板，包括带 PE 涂层的（有或无铝质材料），至少包含 50% 的纤维，其他的为铝层或涂层

注：仅为废纸种类的一部分。

（3）日本

作为《巴塞尔公约》缔约国，日本危险废物进出口严格遵循《巴塞尔公约》的相关规定；作为 OECD 成员国，日本遵守 OECD 发布的关于控制危险废物越境转移的相关决议。日本废物进出口管理的主要法律依据有两部：《废弃物管理和公共清洁法》（以下简称《废物管理法》）和《特殊废物和其他废物进出口的控制法》（又称《巴塞尔法》）。《废物管理法》只针对所谓的"没有价值"的固体废物，所有有价值的固体废物都被称为"循环资源"，而《巴塞尔法》负责管制"有循环资源价值但却具有危险特性的废物"的进出口。"循环资源"进出口不受管控，在固体废物进出口管理体系中没有与我国类似的环控标准等要求。

（4）巴西

巴西于 1992 年正式成为《巴塞尔公约》缔约国，巴西危险废物越境转移管理需遵循《巴塞尔公约》的相关要求，固体废物进出口管控范围仅限于《巴塞尔公约》第 1（1）a 条规定的危险废物和第 1（1）b 条所述的废物，如列于附 10-C 的废旧轮胎（第 235 号环境委员会 CONAMA 决议）、用于最终处置或者焚烧的废物（第 8 号国家环境委员会 CONAMA 决议，1991 年 9 月 19 日）和用过的消费品（巴西工业和外贸发展部第 235 号法令禁止进口，2006 年 12 月 7 日）。对除此之外的其他废物的越境转移，未提出其他的特殊管理要求。

总之，在固体废物进出口管理体系中，目前国外没有与我国基本一致的环控标准要求。但欧美建立了一些固体废物分类要求，与我国有关部门和行业协会制定的废物分类标准类似，具有参考意义。

2．我国 2005 年进口废物环控标准情况

（1）主要内容和特点

《固体废物污染环境防治法》第二十五条明确规定"进口的固体废物必须符合国家环境保护控制标准，并经质量监督检验检疫部门检验合格"，防止境外不能用作原料的固体废物进口。我国于 1996 年制定并颁布了进口废物环控标准，并于 2005 年进行了修订。进口废物环控标准颁布实施以来，成为进口废物管理体系的技术基础，是各相关方必须遵守的要求。

2005 年进口废物环控标准中放射性污染控制指标有三方面：一是进口废物中禁止混有放射性废物；二是进口废物表面的 α、β 放射性污染水平要求，为表面任何部分的 $300\ cm^2$ 的最大检测水平的平均值 α 不超过 $0.04Bq/cm^2$，β 不超过 $0.4Bq/cm^2$；三是进口废物中对放射性核素比活度做了规定。

进口废物环控标准中对"夹杂物"的控制成为标准的创新点，从产生来源上又可分为两类：一类是外部混入除进口废物以外的其他物质；另一类是进口废物自身携带或组成的废物、残余物。标准中对危险废物的控制又分为禁止混入与严格限制混入两个层次。

①对外部混入的夹杂物有三方面的控制要求

一是禁止混入的夹杂物。主要是放射性废物、危险废物、爆炸性武器弹药、其他需要禁止的物质，此类废物不应存在于进口废物中，列为禁止混入。

二是严格限制混入的夹杂物。如石棉废物、废感光材料、密闭容器、难以避免混入的其他危险废物等，这类废物在进口废物中存在的可能性较大，但由于其具有较大的危害性，根据我国禁止进口危险废物的管理要求，对这类废物的限制要求很严，限值为 0.01%。

三是一般限制混入的夹杂物。这类废物是进口废物中难以避免的，主要是一般固体废物，依据不同废物来源的特点确定了不同的限值要求，如 0.5%、1%、1.5%、2%等。

②进口废物自身组成或携带物的要求

主要从最大限度地增加进口废物利用率及有利于环境保护的角度考虑。如废有色金属中的粉末控制要求，限值为 0.1%；进口废五金电器标准中可回收利用的材料应不低于废五金电器总重量的 80%，其中可利用金属的含量应不低于废五金电器总重量的 60%；废汽车压件标准中明确要求应拆除或清除废汽车本身的安全气囊、蓄电池、灭火器、密闭压力容器、轮胎、机油、制冷剂等，且这些组成部分的总重量不应超过废汽车总重量的 0.01%；废船舶标准中要求废船舶中作为本身的隔热和绝缘材料的石棉含量不应超过其重量（单位：轻 t）的 0.08%，废船舶自身构成的密闭容器不包含在危险废物控制范围和限值要求内等。

（2）存在的主要问题

国家质检总局 2009—2011 年连续三年的统计数据表明，进口废物环保指标不合格批次率总体比较低，只有 0.2%左右。但通过口岸进口废物的检验和鉴别实践可知，2005年环控标准仍表现出一些不足，主要如下：

①标准中对放射性污染的控制缺乏外照射贯穿辐射剂量率的要求，不利于口岸的快速通关和检验。以往各口岸对进口废物的放射性检验主要是进行外照射贯穿辐射剂量率的检验，都配备固定式和便携式的放射性检测仪器设备。在进口废物检验规程中，外照射贯穿辐射剂量率是检验规程中的重要检验项目之一，而 2005 年环控标准中缺乏这项要求，导致环控标准和检验规程的要求不相匹配。

②标准中对危险废物的控制要求条款多而分散，指标层级上有完全禁止混杂和严格限制混入的不同限值要求，废物类别有非常具体的种类也有笼统表述的大类，有不确定的要求也有定量的要求，造成口岸检验机构和鉴别机构实际应用该标准时不好理解、难以把握，例如，不少金属类废物中偶尔发现线路板碎片、电池等危险废物组分，是按照0.01%的标准限值考虑还是按照绝对禁止混有来考虑，就会引起异议，不好决断，因而难以统一各监管人员的实际操作尺度。总之，在严格控制危险废物进口的前提下，有必要整合原标准中分散的内容。

③一般夹杂物的控制要求仍偏松。对进口废物利用的调研问询和口岸查处大量不合格进口废物事实表明，环控标准的夹杂物限值要求并没有引起境外供货商、国内进口者、国内利用厂家的足够重视，很多当事人或从事进口废物利用的企业主根本不知道我国进口废物夹杂物限值要求，造成进口废物夹杂物超标现象频发。夹杂物处理不当容易造成环境污染和人体危害健康。因此，有必要进一步严格控制夹杂物比例，有效阻止环境污染风险大、利用价值低的固体废物进口。

④标准中的检验依据有的已经发生变化，并且缺乏口岸检验过程中对实验室检测项目的原则性规定等。例如，口岸检验机构强烈反映：对于标准中需要进入实验室分析检验的项目没有程序性、原则性规定，难以确定是否都必须进行实验分析。如果批批货物都进实验室分析检验，将会导致通关效率显著降低；如若不进实验室分析检验，又可能导致遇到复杂案件时，检验人员存在失职的责任风险。

三、环控标准修订的基本原则和方法

1．基本原则

（1）禁止进口放射性废物原则

进口废物的放射性污染控制既是 1996 年和 2005 年两次制修订标准中的重点控制内容，也一直是口岸检验和监管机构的重点关注内容，此次标准修订保留了 2005 年标准中的放射性控制要求，采纳环境保护部政策法规司法规处的意见，将"禁止混有"修改为"未混有"，并采纳了 1996 年进口废塑料标准以及国家质检总局发布的进口废物放射性污染检验规程中的做法，增加一项外照射贯穿辐射剂量率的要求。

（2）严格控制夹杂物进口原则

将夹杂物分为严格禁止、严厉控制、严格限制三个层级来设定环境保护控制指标。

一类夹杂物是在正常可用作原料的固体废物中不应该有或不应该带入的，如果含有很可能就直接构成对环境和人体健康的危害，在标准中明确规定"未混有"这类物质，如放射性废物、爆炸性武器弹药等。

还有一类夹杂物是指在正常情况下，在进口废物中有存在的可能性，但由于其危害性较大，根据我国一贯重视危险废物管理的要求，对这类夹杂废物的限制要求非常严厉，如《国家危险废物名录》中列出的废物种类以及经过危险废物鉴别标准鉴别的危险废物，指标定为不超过进口废物重量的 0.01%。

再有一类夹杂物是在进口废物的产生、收集、包装和运输过程中难以避免混入的一般性固体废物，这类夹杂物会或多或少存在，可通过严格的夹杂物限定比例予以控制。在修订标准阶段和今后一定时期内，进口废有色金属还有较大的市场需要，其价值也较其他废物类别高一些，因此对该类进口废物中一般夹杂物限值由原来的 2.0%调整为1.0%；其他类进口废物环境污染风险较大，或者国内产生量也日益增多，应坚持从严控制夹杂物进口，因此，修订标准中一般夹杂物限值定为 0.5%（进口废船标准除外）；在标准中还明确夹杂物不包括进口废物的包装物，解除了一些人员的疑虑。

（3）废物自身品质适当进行控制原则

除重点对夹杂物进行控制外，还有必要对废物自身品质加以考虑。例如，废纸标准中严格限制混入被焚烧或部分焚烧的废纸以及被灭火剂污染的废纸；废有色金属标准中，考虑了有价金属物质的利用效率，也是基于废物的自身品质要求；根据以往一些现场鉴别实例，进口废金属中粉末物质是污染因素之一，有必要对废有色金属、废钢铁中粉末物质的占比进行控制，直接减少金属废碎料在装运、存放、操作过程中的粉尘危害；还有废五金电器、废电线电缆、废电机、废船舶、废汽车压件等标准中也对进口废物自身品质进行了不同要求。

2. 修订方法

进行文献资料调研和对比分析，结合多年来完成的各类固体废物鉴别案例情况、口岸固体废物检验检疫总结情况以及专家提出的合理意见和建议；同时，广泛征求了意见，各部门和单位都提出了许多中肯的意见，尽可能吸收采纳，对没有采纳的意见也给出基本理由。

四、环控标准修订的主要内容

此次修订的 11 项标准包括《冶炼渣》（GB 16487.2—2017）、《木、木制品废料》（GB 16487.3—2017）、《废纸或纸板》（GB 16487.4—2017）、《废钢铁》（GB 16487.6—2017）、《废有色金属》（GB 16487.7—2017）、《废电机》（GB 16487.8—2017）、《废电线电缆》（GB 16487.9—2017）、《废五金电器》（GB 16487.10—2017）、《供拆卸的船舶及其他浮动结构体》（GB 16487.11—2017）、《废塑料》（GB 16487.12—2017）、《废汽车压件》（GB 16487.13—2017），修订内容如下。

1. 各标准共同修订的内容

（1）前言

①增加了"《中华人民共和国放射性污染防治法》等法律法规"。主要理由是《放射性污染防治法》第四十七条明确指出"禁止将放射性废物和被放射性污染的物品输入中华人民共和国境内或者经中华人民共和国境内转移"，而且根据《固体废物污染环境防治法》，放射性废物不属于该法的管辖范围，因此，在修订标准前言中增加了《中华人

民共和国放射性污染防治法》；另外，进口废物管理是一个较为复杂的体系，除了应遵守前面两个法律要求外，实际管理中还可能涉及海关、进出口商品检验、对外贸易等方面的法律法规，因此，有必要在前言中增加"等法律法规"的表述。

②前言中删除了原标准中"规范可用作原料的固体废物进口审查许可"。理由是进口废物审查许可不是进口废物环控标准的主要内容，与国家减少行政许可审批大趋势不符，而且在 2015 年 4 月 24 日《固体废物污染环境防治法》的修正条款中，已明确将"自动许可进口"修改为"非限制进口"，并删掉了"进口列入自动许可进口目录的固体废物，应当依法办理自动许可手续"。

③根据制修订环境保护标准的要求和此次修订标准新情况，前言中的其他地方也分别做了相应修改和调整。

（2）适用范围

①根据制修订环控标准格式的要求，统一将"范围"修改为"适用范围"。

②以 2017 年的《进口废物管理目录》为依据，调整各标准的适用范围和废物名称，与允许进口废物目录中的废物范围保持一致。今后我国进口废物目录的范围还将调整，使用者应注意。

③采纳海关总署政策法规司的意见，在每项标准范围的文字描述中不再直接提及海关商品编号，而是放在范围的列表中，因为进口废物管理应以类别为准，税号只作参考。

（3）规范性引用文件

修订标准中对该部分内容做了较大的替换修改，一是危险废物鉴别使用 GB 5085.1～GB 5085.6 六个鉴别标准替换原标准中笼统引用的 GB 5085，主要是因为《危险废物鉴别标准　通则》（GB 5085.7）中包含了鉴别程序、混合判定规则、危险废物处理后判定规则等内容，不适合在本修订标准中引用；二是用《进口可用作原料的废物放射性污染检验规程》（SN/T 0570）替换原标准中的 SN 0570 检验规程，用 SN/T 1791 新的系列检验规程标准替换原标准中的 SN 系列标准，都是以新替旧；三是增加了《国家危险废物名录》的颁布单位和令号；四是废塑料标准中增加了《限制进口类可用作原料的固体废物目录》的引用，主要是该目录中的废塑料种类和海关编码在《禁止进口固体废物目录》中均有包含，所以，标准范围中有必要明确区分开以避免含混不清。

（4）术语和定义

①统一将"定义"修改为"术语和定义"。

②为了与《限制进口类可用作原料的固体废物目录》中工业来源废塑料的解释相一致，将原环控标准中废塑料的定义"在塑料生产及塑料制品加工过程中产生的热塑性下脚料、边角料和残次品，或者使用过且经加工清洗干净的热塑性塑料（片状、块状、粒状或粉状）"修改为"本标准所称废塑料是指在塑料生产及塑料制品加工过程中产生的热塑性下脚料、边角料和残次品"，更简练。

（5）控制标准与要求

①对危险废物的相关控制要求进行整合。一是在标准中不再单独列出已在《国家危险废物名录》中明确的石棉废物、废感光材料、含多氯联苯废物等废物名称；二是将原标准中禁止混有的"根据 GB 5085 鉴别为危险废物的物质""《国家危险废物名录》中的其他废物"一并调入 0.01%严格限制夹杂物指标中，这一调整有利于增强检验工作的可操作性，同时 0.01%的限值足够严厉，不会导致夹杂危险废物的风险明显增加；三是根据征求意见进行了顺序调整，将《国家危险废物名录》要求放在鉴别标准之前；四是删除原标准中"可以充分说明在进口废物的产生、收集、包装和运输过程中难以避免混入的其他危险废物"的条款，减少检验工作中难以识别和区分"什么是可以充分说明"带来的不确定性。

②对进口废物放射性污染控制要求进行整合，同时增加进口废物外照射贯穿辐射剂量率的要求，是重大修改内容之一。

放射性污染控制要求中增加了进口废物外照射贯穿辐射剂量率指标，主要理由为：一是自 1996 年环控标准颁布以来，各口岸都非常重视放射性检验，实际检验中首先是采用外照射贯穿辐射剂量率进行检验；二是在《进口可用作原料的废物放射性污染检验规程》（SN/T 0570—2007）中，对各类进口废物明确采用"以进口口岸正常天然辐射本底值+0.25 μGy/h 为外照射贯穿辐射剂量率的进口管理指标"；三是早在 1996 年实施的进口废塑料环控标准中就明确采用"外照射贯穿辐射值（γ）不超过当地天然本底3 倍"要求；四是自 2016 年以来，口岸发现了几批已通关的货物仍存在放射性超标问题，也得益于首先进行的外照射贯穿辐射值的检验仪器超标报警结果。因此，修订标准中增加"外照射贯穿辐射剂量率不超过进口口岸所在地正常天然辐射本底值+0.25 μGy/h"的要求。

在征求意见过程中，检验系统强烈建议删掉每项标准中的放射性核素比活度限值列表的要求，其理由一是认为口岸难以执行，二是环控标准中没有明确程序性要求，难以掌握及判断是否每批货物都必须进行放射性核素比活度检测，如果每批次货物都必检的话，口岸检验机构执行成本和时间上均不允许。但标准修订编制组认为，进口废物实际检验和鉴别中不能仅依据外照射贯穿辐射剂量率替代进口废物放射性污染控制的其他要求。在海关查扣进口废物的鉴别案例中，已遇到多批次货物和固体废物的放射性超标问题，并依据放射性核素超标将这些货物判为禁止进口的固体废物；此外，关于放射性核素比活度的条款内容环境保护部相关职能机构曾组织专家多次进行过论证。因此，不应删除放射性比活度限值要求，尤其在遇到放射性污染是否超标的纠纷时，这一要求会很管用。

在《进口可用作原料的废物放射性污染检验规程》（SN/T 0570）的 4.1.5 条中已经明确"对于有争议的货物，必要时可按 GB 16487 系列标准的要求进行核素测定"，此次修订标准过程中，多次与检验系统专家沟通，最终在 5.1 条"必要时送实验室进行检测"后增加"包括放射性核素比活度、危险特性等"内容，既采纳了检验系统对此的强烈意见，同时也有利于现场操作的需求。

③加严一般夹杂物的限值要求。废有色金属标准中一般夹杂物为 1.0%，废塑料、废船标准中夹杂物限值不变，将其他标准中一般夹杂物的限值指标统一调整为 0.5%。理由如下：

主要考虑长期以来我国进口废物存在环境污染风险的状况和当前国家对进口废物执行严厉政策的要求。

依前所述，我国环控标准中的夹杂物指标含义与欧美废物分类标准中的阈值或目标值不同：我国是从环境污染角度来设定的，是强制性国家标准，欧美更多的是从废物分类和交易方面来设定的，并无强制约束力；两者包含的废物范围也有所不同。

在修订标准征求意见过程中，有的行业协会提出对一般夹杂物实行不同标准、采用不同限值要求，在原环控标准中是这样的，做了一定的区分。但由于此次修订标准总体是加严标准要求，将各类废物中的一般夹杂物限值尽量统一为 0.5%（除废有色金属标准和废船标准不同外），更有利于体现公正、公平性。

2017 年 9 月 27 日召开了部长专题审议会，要求标准编制单位进一步对各项标准中一般夹杂物的限值进行可行性分析，对加严夹杂物限值要求产生的影响应进行必要的论证分析。标准编制组认真落实，将废有色金属标准中一般夹杂物指标由原来的 2%调整为 1.0%，废塑料、废船标准中的一般夹杂物限值不变，其他标准中一般夹杂物仍统一为 0.5%的限值要求。主要目的是控制夹杂物进口和不可利用废物进口，兼顾了国家质检总局、有色金属工业协会再生金属分会、造纸协会等单位的意见，兼顾了公平为主、差异为辅，既符合《固体废物污染环境防治法》中有关进口废物管理的预防污染的原则，也符合当前国家进口废物政策的总体要求。

④采纳环境保护部政策法规司的意见，将原环控标准或修订标准征求意见稿中的"禁止"修改为"未"，以淡化标准中用词语气强硬的色彩。

（6）检验部分

采纳国家质检总局的意见，增加现场检验原则性要求，除废船标准外，其他 10 项标准在检验部分均增加相应要求，即"5.1 本标准检验采取随机抽样检验的方式，对集装箱装运的进口废物采取开箱、掏箱、拆包/捆、分拣的检验方法，对散装海运的进口废物采取开舱查验和落地检验的方法，对散装陆运的进口废物采取开箱查验和落地检验的方法，必要时送实验室进行检测（包括放射性核素比活度、危险特性等）。随机抽样检验的结果作为整批货物检验结果"这一原则性的要求，解决了口岸检验人员最担心的检验不作为的责任问题，更贴近口岸实际操作要求。

2．各标准修订的不同重点内容

（1）《进口可用作原料的固体废物环境保护控制标准—冶炼渣》（GB 16487.2—2017）删除征求意见稿中的"禁止进口含钒矿渣、矿灰及残渣，包括含钒废催化剂"。

理由：这几类废物已调入《禁止进口固体废物目录》。

（2）《进口可用作原料的固体废物环境保护控制标准—木、木制品废料》（GB 16487.3—2017）

①将一般夹杂物列举的"严重腐烂木料"修改为"已腐烂的木料"。

理由：根据有关专家意见进行修改，减少程度副词造成的不确定性。

②删除征求意见稿中一般夹杂物控制条款中粉状物的列举。

理由：依据不充分，作用并不明显。

（3）《进口可用作原料的固体废物环境保护控制标准—废纸或纸板》（GB 16487.4—2017）

①删除征求意见稿中"禁止进口未分选的混合废纸"。

理由：避免各人对"未分选"或"混合废纸"理解上的歧义，以限制进口类废物名录中的废纸类别为准。

②增加了一般夹杂物种类列举，如"废织物，铝塑纸复合包装，热敏纸，沥青防潮纸，不干胶纸，浸油纸，硅油纸"。

理由：经常有口岸检验人员询问这些废物算不算夹杂物，由于这些夹杂物利用价值很小，在标准中明确为夹杂物列举，有利于废纸检验和鉴别操作。

（4）《进口可用作原料的固体废物环境保护控制标准—废钢铁》（GB 16487.6—2017）

①在一般限制夹杂物种类列举中增加废织物，明确粉状物 2 mm 粒径要求，在 0.5%的限值要求中，不大于 2 mm 的粉状物总重量不应超过进口废物重量的 0.1%。第 4.4 条修改为"除上述各条所列废物外，废钢铁中应限制其他夹杂物（包括木废料、废纸、废玻璃、废塑料、废橡胶、废织物、粒径不大于 2 mm 的粉状物、剥离铁锈等废物）的混入，总重量不应超过进口废钢铁重量的 0.5%，其中夹杂和沾染的粒径不大于 2 mm 的粉状物（除尘灰、尘泥、污泥、金属氧化物等）的总重量不应超过进口废钢铁总重量的 0.1%"。

理由：预防和减少夹带粉状物对人员健康的危害和污染风险，增加口岸检验可操作性。

②删除原标准中"4.6 曾经盛装液态或半固态危险化学物质的容器、管道及其废碎片，应清洗干净方可进口；进口单位应向检验机构申报容器、管道曾盛装或输送过危险化学物质的主要成分"。

理由：总体上不应鼓励这类盛装过危险化学物质的金属容器或管道进口，在环控标准中要求境外源头清洗干净以及进口单位申报盛装或输送过的危险化学物质信息，不具有可操作性，删除后可通过夹杂物和危险废物控制条款进行控制。

（5）《进口可用作原料的固体废物环境保护控制标准—废有色金属》（GB 16487.7—2017）

①在适用范围中增加"不包括废有色金属的氧化物、盐类物质及氧化物和盐类物质的混合物"。

理由：在进口废物属性鉴别实际中，经常有一些企业询问含有色金属的这类物质是不是可以按照金属废碎料进口，从海关商品归类注释以及物质特性角度考虑，有色金属废碎料不应包括前述物质，在标准中予以明确，更有利于各方对有色金属废料的正确理解。

②将原标准 4.5 条中"粉状废物"修改为"粉状物"；明确粉状物的粒径要求为不大于 2 mm；增加粉状物的列举种类，如灰尘、污泥、结晶盐、金属氧化物、纤维末等。

理由：在海关查扣的多起废铝进口案件中，粉状物超标现象严重，但原环控标准中没有粒径大小的量化指标，不利于现场检验，容易造成进口货物当事人和监管机构之间的纷争，因此明确废有色金属中夹杂粉状物的粒径大小为不大于 2 mm。

③将原环控标准 4.5 条、4.6 条内容合并为一条，即标准文本中 4.4 条"除上述各条所列废物外，废有色金属中应限制其他夹杂物（包括木废料、废纸、废塑料、废橡胶、废玻璃、粒径不大于 2 mm 的粉状物等废物）的混入，总重量不应超过进口废有色金属总重量的 1.0%，其中夹杂和沾染的粒径不大于 2 mm 的粉状物（灰尘、污泥、结晶盐、金属氧化物、纤维末等）的总重量不应超过进口废有色金属重量的 0.1%"。

理由：综合考虑口岸检验检疫系统和中国有色金属工业协会的意见，考虑到有色金属废料利用价值大、我国需求有缺口、是当前《非限制进口类可用作原料的固体废物目录》的主要内容等实际情况，考虑到标准范围中已不包括有色金属氧化及其盐类物质的从严要求，并考虑到我国和美国有关废有色金属分类标准中夹杂污染物的要求，将废有色金属标准中一般夹杂物限值调整为 1.0%，这一要求总体上可实现预防和减少进口废有色金属夹杂物污染的风险。

④删除原标准中"4.7 曾经盛装液态或半固态危险化学物质的容器、管道及其废碎片，应清洗干净方可进口；进口单位应向检验机构申报容器、管道曾盛装或输送过危险化学物质的主要成分"。

理由：总体上不应鼓励这类盛装过危险化学物质的金属容器、管道进口，在标准中要求境外源头清洗干净以及进口单位申报盛装或输送过的危险化学物质信息，不具有可操作性，可通过夹杂物和危险废物控制条款进行控制。

（6）《进口可用作原料的固体废物环境保护控制标准—废电机》（GB 16487.8—2017）

将原环控标准"废电机中可剥离的油污"修改为"废电机表面附着的油污"。

理由：更符合实际状况。

（7）《进口可用作原料的固体废物环境保护控制标准—废电线电缆》（GB 16487.9—2017）

根据征求意见反馈意见，删除一般夹杂物中的"剥离铁锈"的列举。

（8）《进口可用作原料的固体废物环境保护控制标准—废五金电器》（GB 16487.10—2017）

①一般夹杂物列举中增加"废塑料、废橡胶、废玻璃"，删除了一般夹杂物中的"剥离铁锈"的列举。

②将标准中"进口废五金电器可回收利用的材料应不低于废五金电器总重量的80%，其中可利用金属的含量应不低于废五金电器总重量的60%"修改为"进口废五金电器中可回收利用金属的含量应不低于废五金电器总重量的80%"。

理由：电子电器废物已基本列入《禁止进口固体废物目录》，实际能进口的只有废五金以及废电器设备拆散后的金属部件，为提高进口废五金中的金属物质利用率，工信部建议将此项指标调整为90%。虽现国内废旧五金电器的产生量大，对国外这些原材料的需求大大降低，但根据废五金类废物自身来源的特点，其中的金属组分和非金属组分的拆解产物在收集和产生过程中不容易分离彻底，修改提高至80%的限值已比较严格了，不宜提高至90%。

（9）《进口可用作原料的固体废物环境保护控制标准—供拆卸的船舶及其他浮动结构体》（GB 16487.11—2017）

①将原环控标准规范性引用文件中的《危险废物化学品名录》和《剧毒化学品目录》用2015年国家安全生产监督管理总局、工业和信息化部等10个部门发布的《危险化学品目录》进行替代。

②采纳环境保护部政策法规司法规处反馈的意见，将原环控标准中"未经洗舱的废油船禁止进口"修改为"进口废船舶中不包含未经洗舱的废油船。"

③修改4.7条中 $W_废$ 代表的含义，即船舶其他夹杂物（携带物）总重量。

④将原环控标准 4.9 条中"……危险化学物质专用运输船舶需进行清洗"修改为"……危险化学物质专用运输船舶必须进行清洗。"

（10）《进口可用作原料的固体废物环境保护控制标准—废塑料》（GB 16487.12—2017）

①适用范围中增加《限制进口类可用作原料的固体废物目录》的引用，修改后为"本标准适用于《限制进口类可用作原料的固体废物目录》中下列废塑料的进口管理"。

理由：《禁止进口固体废物目录》和《限制进口类可用作原料的固体废物目录》中都包含了相同海关商品编号和废塑料名称，标准中仅适用于《限制进口类可用作原料的固体废物目录》中的废塑料。

②将原环控标准中废塑料定义"在塑料生产及塑料制品加工过程中产生的热塑性下

脚料、边角料和残次品，或者使用过且经加工清洗干净的热塑性塑料（片状、块状、粒状或粉状）"修改为"本标准所称废塑料是指在塑料生产及塑料制品加工过程中产生的热塑性下脚料、边角料和残次品"。

理由：与《限制进口类可用作原料的固体废物目录》中工业来源废塑料的解释相一致。

③删除原标准中"进口使用过的塑料容器应破碎并清洗至无明显异味和污渍"。

理由：该内容所涉及的废物已经调整至《禁止进口固体废物目录》。

④在一般夹杂物控制条款中，夹杂物列举修改为"（包括废纸、废木片、废金属、废玻璃、废橡胶/废轮胎、热固性塑料、其他含金属涂层的塑料、未经压缩处理的废发泡塑料等废物）"。

理由：将实际鉴别和进口检验中出现的典型类别夹杂物尽量列明。

（11）《进口可用作原料的固体废物环境保护控制标准—废汽车压件》（GB 16487.13—2017）

①在0.01%的危险废物限制条款中，增加沾染油泥和油污的列举。

理由：进口废汽车压件携带的油污使货物外观很差，有必要控制携带油污造成的污染风险。

②增加"废汽车压件应清除废汽车本身构成的轮胎、座椅、靠垫等非金属材料，这些组成部分的总重量不应超过废汽车总重量的0.3%"。

理由：这些非金属材料是来自报废汽车拆解过程的主要组成，对进口废汽车压件中的这部分材料进行限制有利于减少不可利用废物量。

③将原标准中"遗留在车上的生活废弃物"修改为"生活垃圾"，更简单明了。

五、征求意见及其处理情况

从发布修订进口废物环控标准征求意见稿之后，总共收到43家单位回函（占征求意见单位总数量的59.7%），其中10多家单位对标准内容无修改意见。收到回函中共提出意见或修改建议117条，采纳（含部分采纳和原则采纳意见）91条（占77.8%），未采纳建议26条（占22.2%）。重点意见及其处理如下：

1. 国内单位提出的重点修订内容

意见一：建议进一步细化论证工作，充分考虑新环控标准的可行性；在标准修订的必要性章节，补充原环控标准的执行情况、进口废物情况等。

提出单位：国家发展和改革委员会

处理情况及理由：采纳合理建议。广泛征求了质检、海关、环保、行业协会等部门的意见；并在编制说明中补充了执行修订标准后的环境效益分析、我国再生资源和进口废物概况、修订标准中一般夹杂物限值要求的可行性分析等内容。

意见二：建议将废五金电器标准征求意见稿中可回收利用金属的含量提高至90%。

提出单位：工业和信息化部

处理情况及理由：原则采纳。现国内已产生大量废旧五金电器，对国外这些原材料的需求显著降低。但由于进口废五金来源复杂，很多是来源于金属组分和非金属组分的拆解产物，在收集和产生过程中不容易分离彻底，故由原来的60%提高至80%，不宜提高至90%。

意见三：对废纸或纸板标准征求意见稿中应限制其他夹杂物的混入，其总重量不应超过进口废纸重量的 0.3%。认为此限值在实际进出口贸易中难以实现，建议分品种适当加严。

提出单位：工业和信息化部

处理情况及理由：部分采纳。综合各单位提出的建议，将征求意见稿中的一般夹杂物 0.3%的限值要求调整为 0.5%，加严进口废纸一般性夹杂物的指标：一是落实国务院禁止洋垃圾入境实施方案的部署；二是促使废纸在境外收集过程中加强分拣分类，通过一些进口废纸鉴别案例，也证明境外废纸经过必要的分拣分类，完全可以达到 0.5%夹杂物的要求；三是进口废纸中 0.5%的限值与美国废纸分类标准中的禁止混有物限量要求基本相当。

意见四：针对废塑料标准征求意见稿中的适用范围、废塑料定义、一般夹杂物指标等内容，提出增加生活源废塑料定义、区别生活源与非生活源的指标，以及在标准或编制说明中明确包装物、卷轴、托盘、含水量是否属于夹杂物。

提出单位：工业和信息化部

处理情况及理由：原则采纳。由于含水量不属于夹杂物，因此未采纳关于标准中考虑含水量高低的建议；标准中暂时不能明确区分生活源与非生活源废塑料的定义和指标，以 2017 年新修订进口废物目录中废塑料范围为准，今后可以其他方式列明生活源废塑料与非生活源废塑料的细致范围。

意见五：建议将"本标准适用于以下海关商品编号的×××的进口管理"修改为"本标准适用于以下×××的进口管理。"

提出单位：海关总署

处理情况和理由：采纳。删除文字表述"海关商品编号的"，同时都以列表形式体现海关商品编号和固体废物名称。废物管理以商品名称为准，商品编号只作为参考。

意见六：建议将 5.2、5.3 条款修改为"5.2 检验采取随机抽样检验的方式，采取开箱、掏箱、拆件、分拣等方法，必要时送实验室进行检测。随机抽样检验的结果即可代表全批货物质量结果。抽样检验数量及其他条款的检验要求按照 SN/T 1791 规定执行"。

提出单位：国家质量监督检验检疫总局

处理情况和理由：采纳。除废船标准外，其余标准都已做修改，修改为"本标准检验采取随机抽样检验的方式，对集装箱装运的进口废物采取开箱、掏箱、拆包/捆、分拣的检验方法，对散装海运的进口废物采取开舱查验和落地检验的方法，对散装陆运的进口废物采取开箱查验和落地检验的方法，必要时送实验室进行检测（包括放射性核素比活度、危险特性等）。随机抽样检验的结果作为整批货物检验结果"。

意见七：环保部门对"生活来源"废塑料、"未分选的混合废纸"的定义或范围应进一步明确规定。

提出单位：国家质量监督检验检疫总局办公厅、工业和信息化部

处理情况和理由：原则采纳。2017年《进口废物管理目录》中已经明确了进口废塑料和废纸的种类范围，环控标准和目录中的废物范围与其保持一致。"生活来源废塑料"、"未分选的混合废纸"在《进口废物管理目录》中涉及，但未在标准中再细分类别，主要原因是难以给出"生活来源废塑料"、"未分选的混合废纸"的准确定义或范围，有关部门可单独予以明确或解释。

意见八：建议删除放射性控制要求中"关于放射性核素比活度"的条款。

提出单位：国家质量监督检验检疫总局

处理情况和理由：提出的意见本意可以理解，但不删除该内容。

一方面，实际现场检验和鉴别时有需要；另一方面，2005年环控标准中关于放射性核素比活度的条款内容是经过环境保护总局职能机构组织放射性污染防治方面的专家论证过的，同时在国家质检总局颁布的《进口可用作原料的废物放射性污染检验规程》（SN/T 0570—2007）的4.1.5条中明确"对于有争议的货物，必要时可按GB 16487系列标准的要求进行核素测定"。经过与检验检疫系统的专家反复沟通后，认为在检验 5.1条"必要时送实验室进行检测"后再增加"包括放射性核素比活度、危险特性等"内容，即可满足质检现场操作的需求。

意见九：将原环控标准或修订标准征求意见稿中的"禁止"修改为"未"。

提出单位：环境保护部政策法规司

处理情况和理由：采纳。减少标准中用词强硬语气。

意见十：建议将"未经洗舱的废油船禁止进口"修改为"进口废船舶中不含有未经洗舱的废油船"。

提出单位：环境保护部政策法规司

处理情况和理由：采纳。将"未经洗舱的废油船禁止进口"修改为"进口废船舶中不包含未经洗舱的废油船"，修改后用词更准确。

意见十一：将废电机标准中"a）放射性废物"修改为"a）禁止混有放射性废物"。

提出单位：环境保护部核电安全监管司

处理情况和理由：采纳。修改为"废电机中未混有放射性废物"。

意见十二：一般夹杂物控制指标 0.3%过于严格，很难达到，应有相应数据支撑；建议对废纸分不同品种适当加严，将一般夹杂物控制指标调整为 0.5%和 1%；建议废有色金属夹杂物控制指标调整为 1.5%，废电机、废电线电缆、废五金电器夹杂物控制指标调整为 0.5%。

提出单位：国家质量监督检验检疫总局（以下简称国家质检总局）、中检公司、废纸协会、中国有色金属工业协会再生金属分会等

处理情况和理由：部分采纳。将废有色金属标准中一般夹杂物控制指标调为 1.0%，废塑料、废船标准一般夹杂物要求不变，其他标准中一般夹杂物限值要求定为 0.5%。普遍加严标准控制要求是落实国务院《改革实施方案》中明确"提高固体废物进口门槛，进一步加严环境标准，加严夹杂物控制"的要求。对于调整夹杂物指标，在保持公平的原则下，大多数标准中的一般夹杂物采用 0.5%的限值要求，但考虑废有色金属范围中已不包含金属氧化物和盐类物质，与原标准 2%的限值要求相比，执行 1.0%的限值已明显从严，而且考虑到有色金属废料利用价值高、我国需求缺口大并且是当前《非限制进口类可用作原料的固体废物目录》中主要保留的废物类别等实际情况，适当区别对待，可减少口岸由此带来的不合格废物退货风险。

意见十三：供拆卸的船舶及其他浮动结构体标准征求意见稿中"曾经承运过 4.4 条所列货物以及其他危险化学品物质专用运输船舶需进行清洗"修改为"……必须进行清洗"。

提出单位：浙江宏鹰拆船公司

处理情况和理由：采纳。将"需"修改为"必须"，修改后更严谨和严格。

2．有关国际组织提出的意见情况

此次征求意见收到了美国废料回收产业协会、国际回收局、欧洲废物回收产业联盟、英国回收协会的反馈意见。对标准征求意见稿中一般夹杂物 0.3%的限值要求认为太严。经综合分析研究，将废有色金属标准中夹杂物限值调整为 1.0%，其他废物标准（废船标准除外）中一般夹杂物限值修改为 0.5%。其他一些不属于标准本身内容的意见，不予采纳，通过其他方式进行沟通。

六、环控标准主要控制指标的可行性及影响分析

2017 年 9 月 27 日，环境保护部召开了环控标准报批稿的部长专题审查会，要求编制单位进一步对各标准中一般夹杂物限值进行可行性分析，对加严限值要求产生的影响进行分析。编制组结合进口废物检验和鉴别案例情况，补充了以下内容。

1．进口废塑料环控标准

（1）进口废塑料环控标准中一般夹杂物 0.5%限制指标可行性分析

①进口废塑料鉴别案例中夹杂物情况

废塑料产生来源复杂多样，与塑料制品广泛使用和产品种类非常多有关。口岸海关或检验机构委托的废塑料鉴别案例同样表现出非常复杂的情形，有以下几种典型情况：

一是回收的以产品类废塑料为主的混合废塑料（包括生活垃圾），常具有混杂、废碎、脏污、非塑料组分明显等特征，拆包分拣夹杂物含量可达到 3.5%～8%或更高，对这类货物基本上鉴别为禁止进口的"城市垃圾"或生活垃圾。

二是以废聚丙烯编织袋为主的废塑料，编织袋外表脏污，而且拆包查看编织袋内情况，往往发现夹杂各类被包装物的残余物以及人为掺混进入的各类杂物、废碎塑料等，对这类货物也鉴别为禁止进口的废物。

三是以废塑料膜为主的货物，鉴别结果要视货物干净程度和拆包整体状况来确定，对明显脏污不堪的货物，鉴别为禁止进口的废物；对分拣出夹杂物种类较少，超过 0.5%要求且超标又不严重的货物（一般在 0.5%～3%），根据《固体废物进口管理办法》的要求，鉴别为不得进口的废物；对外观整体干净、基本规整、夹杂物不超过 0.5%的废塑料鉴别为限制进口类的废塑料。

四是以工业塑料包装容器为主的废塑料，如果非常脏污并含有化工和化学物质应鉴别为禁止进口的废物；如果没有明显的杂物、基本规整干净应鉴别为限制进口类废塑料。

五是农业生产中使用后回收的塑料，一般会表现出材质和形状单一但明显脏污，对这类废塑料鉴别为禁止进口的废物。

六是经过简单分类或加工处理之后仍没有改变废物属性的回收废塑料，通常夹杂物含量很低或基本不含夹杂物，鉴别属于限制进口类的废塑料。

七是塑料制品加工生产中的机头机尾料、边角碎料、破碎料、残次品等，只要不是脏污混杂物，鉴别属于限制进口类的废塑料等。

总之，废塑料鉴别情况复杂，那些外观整洁、形状规整、成分一致、夹杂物少的废塑料适合进口。鉴别经验表明，只有对废塑料来源进行严格限制，做好境外源头废塑料分拣分类工作和分类报关工作，才能够符合环控标准中 0.5%的限值要求。

②进口废塑料检验基本情况

废塑料是口岸重点检验的废物，根据国家质检总局有关统计材料，废塑料进口量是排名废纸之后的进口量第二多的废物类别，2013 年进口废塑料 786.8 万 t，占当年进口废物总量的 14%；2016 年进口量 738 万 t，占当年进口废物总量的 15.72%。

口岸废塑料检验批次是历年各类进口废物中最多的，表 4-3 是 2013 年废塑料检验情况，检验批次达 11.856 万批，不合格批次占废塑料检验总批次的 0.22%，重量仅占

0.18%，货值仅占 0.17%。表 4-4 是 2010—2013 年进口废塑料检验不合格批次情况，有明显增长趋势。检验不合格的原因有：废塑料未有效破碎或清洁，进口属于禁止进口的农膜、废编织袋、废渔网，夹杂带有金属涂层的废塑料、热固性塑料、使用过的完整塑料容器等。

表 4-3　2013 年废塑料检验情况

项目	总批次	不合格批次	占比/%	不合格重量/万 t	占比/%	不合格货值/亿美元	占比/%
指标	118 561	256	0.22	1.41	0.18	0.101	0.17

表 4-4　进口废塑料检验不合格批次率

项目	2010 年	2011 年	2012 年	2013 年	2013 年不合格批次	占 2013 年不合格批次比例
指标	0.13%	0.12%	0.12%	0.22%	256	57.92%

③进口废塑料调研中发现的有关问题

结合修订进口废物目录工作，2017 年上半年编制组成员参加了对进口废塑料利用企业的调研，发现很多进口废塑料存在脏污、混杂、分类不细等情况，导致废塑料进入利用企业后还必须人工二次挑拣和机械清洗，这表明进口废塑料企业在境外源头把关很不严，也表明如果进口废塑料不按照品种和形态分别收集、装运、分类报关的话，则难以符合我国环控标准的要求。

④修订标准征求意见反馈情况

此次修订进口废塑料环控标准反馈意见中最强烈的是，环保部门应说清什么是"生活来源"废塑料。"生活来源"废塑料是在 2017 年 7 月 18 日环境保护部向世界贸易组织（WTO）通报的文件清单中明确提到的，也是在 2017 年新发布的《禁止进口固体废物目录》中明确提到的。编制组认为企业进口"生活来源"废塑料确实存在，是导致不符合进口废物环控标准要求的最重要原因之一，实际上为生活来源的混合废塑料，表现出混合、混杂、脏污的基本特征，但由于生活来源范围太广并具有不确定性，修订进口废物环控标准时还难以给出各方都能接受的准确定义，所以修订标准文本中没有给予定义、编制说明中也没有刻意予以解释，只是强调以《进口废物管理目录》中的废塑料类别或范围为准。

有关管理部门确实有必要对"生活来源废塑料"、"混合废纸"、"二次加工产品"等一些重要概念制定易于操作的判定准则或技术规程，来解决口岸遇到的具体而棘手的问题。

（2）加严进口废塑料环控标准要求对进口废塑料行业的影响分析

从管理实践上看，都不可能是单一的进口废塑料标准的限制因素对进口废塑料利用行业产生重要影响，而是国家法律规定、政策要求和标准限值共同发挥作用，环控标准加严要求只是其中影响因素之一，标准本身也是落实进口废物管理政策的要求。由于此次修订废塑料标准中夹杂物限值为 0.5%，与 2005 年环控标准中的夹杂物限值一致，所以，夹杂物限值对废塑料加工利用行业的影响不是主因。但环控标准中执行了《限制进口类可用作原料的固体废物目录》中的 5 个废塑料类别，所以其影响与环控标准又有关联。

有关统计数据表明，2016 年我国回收利用废塑料 1 878 万 t，其中进口废塑料 734.7 万 t。以 734.7 万 t 进口废塑料为基数，按照生活来源废塑料占 40% 估算的话，那么，执行新目录和新标准后，一年可减少 294 万 t 废塑料进口，对废塑料行业的影响还是比较大的；当然，如果全面实施禁止进口废塑料，其影响更大，会加剧塑料制品和废塑料加工利用行业的竞争程度。

缓减塑料原材料供需矛盾的有效措施之一，是适当允许境外废塑料加工成初级形状的塑料原料进口，可避免由于夹杂物和不干净的废塑料造成的不利影响。据废塑料行业和利用企业反映，2016 年下半年以来确有一些国内企业着手在东南亚国家办厂，生产再生塑料粒子之后进入国内。

总之，此次修订进口废塑料环控标准、保持 2005 年环控标准中一般夹杂物 0.5% 的限值不变，是综合衡量的结果，目的是要促使进口废塑料外观良好、环境污染风险小、有利于加工利用。在全面禁止洋垃圾入境的形势下，环控标准不是影响废塑料行业发展的关键因素，废塑料种类调整以及国家主管部门严格控制审批进口量导致的进口数量大幅下降才是影响行业发展的关键因素。但只要还允许废塑料进口，废塑料环控标准的作用便难以被取代，废塑料分类装运、分类报关是保证进口废塑料符合环控标准要求的根本性措施。

2．进口废纸环控标准

（1）进口废纸标准中一般夹杂物 0.5% 限制指标可行性分析

①环控标准中夹杂物限值与国外废纸分类要求中的杂物限值比较分析

正如前面所说，欧美废物标准本质上是废物商品交易用的分类标准，不是从环境保护、污染防控角度设定的标准，其目的是规范废物商品交易市场、实现废纸目标产物利用效率最大化，与我国有关部门或各行业协会制定的废物分类标准类似，如《废钢铁》（GB 4223—2004）、《铜及铜合金废料》（GB/T 13587—2006）、《铝及铝合金废料》（GB/T 13586—2006）、《废纸分类等级规范》（SB/T 11058—2013）、《废玻璃分类》等。

美国出口废纸交易分类指南（PS—2017）中，对不同来源和用途的废纸中禁有物质量占比以及不可利用废纸和禁有物质量之和的占比进行了细化指标要求（见本书附录三），绝大部分废纸不允许有禁止混有的杂物，只有难挑选的办公室废纸、混合废纸、居民消费后的废纸等少数废纸的禁有物含量允许超过 0.5%，同时该指南中还对不可利用废纸和禁有物含量之和进行了指标限定。

与欧美废纸分类标准中禁有物含量相比较，此次修订进口废纸环控标准中夹杂物比例定为 0.5%，总体上合理可行。

②进口废纸鉴别案例中夹杂物情况

［案例 73］：废纸边料

2009 年 3 月，对泰州海关缉私分局查扣的一批申报为纸浆的货物样品进行鉴别。样品为白色碎条状，无明显杂物。经鉴别为造纸过程中产生的边角料、下脚料，判断属于废纸。显然，造纸过程中产生的边角废料，干净且无明显夹杂物，三个样品外观见图 4-1～图 4-3。判断鉴别样品属于废纸。

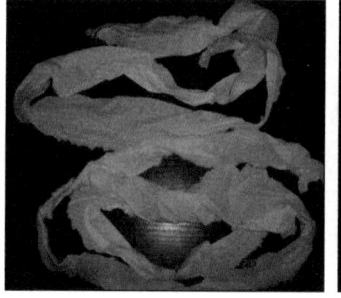

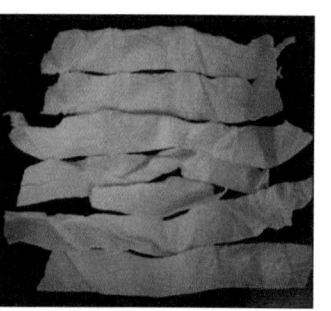

图 4-1　1 号样品　　　　图 4-2　2 号样品　　　　图 4-3　3 号样品

［案例 74］：混合废碎纸

2012 年 3 月，对张家港海关缉私分局查扣的一批从荷兰进口的申报为废旧报纸的货物进行鉴别。拆包分拣的六包货物中，第 1 包外观较整洁，以干净书报纸为主，仅夹杂极少量的塑料膜和塑料袋，该包货物的夹杂物比例只有 0.08%；第 3、第 4 两包货物含有各种各样的碎纸、碎塑料等混杂物，严重霉变腐烂，大部分货物都粘黏在一起，无须分拣；第 2、第 5、第 6 三包货物表面均污渍明显，散发霉味，拆散后内部有发霉、腐烂现象，含有各种各样的碎纸、塑料，压瘪的塑料瓶、易拉罐、罐头盖、碎线路板、碎玻璃、碎砖头、碎木头，使用过的卫生用品等。综合判断鉴别货物为禁止进口的城市垃圾，分拣结果见表 4-5。

表 4-5　废纸分拣结果

拆包分拣编号	分拣出的夹杂物所占比例/%
1	0.08
2	＞26.39
3	无须分拣便可判断非常脏污、废碎
4	无须分拣便可判断非常脏污、废碎
5	＞4.57
6	＞5.69

[案例 75]：混合废碎纸

2012 年 3 月，对张家港海关缉私分局查扣的一批从荷兰进口的申报为废旧报纸的货物进行鉴别。随机拆包分拣的 10 包货物中除第 6 包为整洁废报纸并明显夹杂有废塑料外，其他各包货物脏污明显，散发霉味，主要有各种废碎纸、腐烂的纸、复合纸、锡箔纸，还明显含有碎木棒、碎光盘、碎玻璃、碎衣架，生锈的铁丝、金属罐、金属管，沾满污渍的棉被、衣服、无纺布、其他纤维，废电池，塑胶手套、橡胶管等。鉴别货物主要是来自家庭、商业、办公、餐饮等单位回收的以废纸为主的混合物，综合判断鉴别货物属于禁止进口的城市垃圾，现场分拣情况见表 4-6。

表 4-6　分拣结果

拆包分拣编号	粗略分拣出的夹杂物所占比/%
1	3.81
2	6.27
3	3.32
4	无须分拣便可判断非常脏污、废碎
5	9.61
6	1.04
7	4.42
8	4.21
9	3.41
10	3.88

[案例 76]：不合格废纸

2012 年 4 月，对上海洋山海关缉私分局查扣的一批从荷兰进口的申报为未漂白废旧瓦楞纸的货物进行鉴别。开箱查看 50 个集装箱货物，并对 12 个集装箱货物实施掏箱查看，基本上为废瓦楞纸，少量的办公纸、书报纸。随机拆包分拣非纸类杂物，所拆 23 包货物中有 6 包货物夹杂物含量超过 1.5%，22 包分拣货物平均夹杂物含量达 4.34%，分拣夹杂物含量最高的为 18.67%，集装箱前、中、里的货物夹杂物含量逐渐增多。夹杂物为成卷的塑料、塑料薄膜、塑料边条、彩色塑料、塑料编织条，以及少量木片、易拉罐、纸塑装饰复合材料和墙纸，少量货物有潮湿、发霉的现象。鉴别货物不符合进口废纸标准要求，综合鉴别为不得进口的废纸，现场鉴别分拣结果见表4-7。

表 4-7　拆包货物分拣结果

集装箱	拆包分拣编号	夹杂物含量/%
1	1	0.30
	2	0.06
2	3	0.32
	4	0.34
3	5	0.07
	6	0.10
4	7	0.07
	8	0.06
5	9	0.16
	10	0.01
6	11	0.82
	12	1.32
7	13	8.80
	14	0.04
8	15	0.11
	16	5.82
9	17	0.35
	18	5.53
10	19	18.67
	20	11.30
11	21	10.40
	22	0.55
12	23	无须分拣便可判断非常脏污、废碎
平均值		4.34

[案例77]：混合废碎纸

2012年7月，对广州黄埔海关缉私局查扣的一批申报为废杂纸的货物进行鉴别。现场对5个集装箱全部开箱查看并对3个集装箱实施掏箱查看，货物非常混杂、脏污，包括旧报纸、瓦楞箱板纸片、办公碎纸、广告宣传纸、杂志、书、包装纸、腐烂霉变的纸、锡箔纸、卫生用纸；各种未清洗的塑料，包括各种颜色、大小不一的塑料瓶、塑料袋、塑料膜、泡沫、尼龙网、药瓶、输液管；还有大量的易拉罐、橡胶片、发霉的鞋、脏衣服、袜子、内裤、木块、碎光盘、碎玻璃、衣架、电线、海绵、棉花、毛发、玩具、带锯齿的刀、纸尿裤、卫生巾等。现场鉴别分拣结果见表4-8。货物非常脏污、混杂、废碎，鉴别为禁止进口的城市垃圾。

表4-8 拆包分拣结果

拆包分拣编号	1	2	3	4	5	6
杂物占该包货物重量的比例/%	3.77	13.68	4.65	6.04	5.52	7.73

总结进口废纸鉴别案例，有三类典型情况：一是非常脏污、混杂、废碎的货物，夹杂物严重超标，可达到5%～10%甚至更高，感观上很差，适用于海关"3825100000 城市垃圾"或混合生活垃圾，鉴别为禁止进口的废物；二是货物干净、相对规整，夹杂物种类较少，但含量不符合我国环控标准要求，很多属于废纸收集过程中掺混进入，或者分拣不细所致，根据《固体废物进口管理办法》鉴别为不得进口的废纸；三是纸制品生产中的边角废料、回收的经过分拣分类的废纸，这类废纸干净，夹杂物种类及其含量均较少，完全可以达到0.5%的夹杂物限值要求，鉴别属于限制进口类的固体废物。

③进口废物调研中有关废纸夹杂物问题

2016年第5期《环境与可持续发展》"加强进口废纸风险防控促进进口废纸资源最大化"一文中，作者通过对来自日本和美国的废纸进行分选发现，来自日本的废纸和其他废纸，未发现夹杂物超标现象，而来自美国的其他废纸超标严重，超标4倍。表明夹杂物超标主要是来自混合废纸，在境外属于已经挑选出好的废纸之后的剩余碎屑；当然，其他来源废纸如果不做预分拣或随意掺杂，也可引起夹杂物超标。

新修订标准中对混合废纸加以限制是有道理的，因为混杂的废碎纸在境外再挑选的余地不大、成本更高，必定会含有众多夹杂物，从而利用价值小、环境污染风险大。

④造纸协会的反馈意见

此次修订废纸标准反馈意见中，中国造纸协会建议夹杂物限值分品种适当加严的意见具有参考意义，提出商品编号47071000的废纸中夹杂物不超过1%，47072000不超过0.5%，47073000不超过0.5%。由于47071000为回收废碎的未漂白牛皮纸或纸板及回收废碎的瓦楞纸和纸板，多属于大型商品包装的废纸，其夹杂物很容易挑选出来，废纸本身体积也较大，因此 0.5% 的指标可以达到；另外两个编号（47072000、47073000）的废纸为以白板纸为主的废纸、以新闻纸为主的废纸、以书刊为主的废纸，收集过程中加以分类分拣，也可以达到标准要求。因为三个编号废纸中均包含纸板，而且海关商品注释中也明确提出各类废纸中均可含有少量其他类别的废纸，所以，再对这三个编号废纸的夹杂物分别执行不同限值要求其意义不大。

综上所述，废纸标准中一般夹杂物限值修定为 0.5% 合理可行，从标准上阻止实践经验反复证明环境风险大、利用价值低的混杂废碎纸、未经分拣的混合废纸的进口。

（2）加严进口废纸环控标准对进口废纸行业和造纸行业的影响分析

①进口废纸状况

根据《中国再生资源行业发展报告（2016—2017）》，2015 年和 2016 年我国纸和废纸情况见表 4-9。

表 4-9　我国纸和废纸行业总体情况

类别	2015 年	2016 年	同比/%
纸及纸板生产量/万 t	10 710	10 855	1.35
纸及纸板消费量/万 t	10 352	10 419	0.65
废纸回收利用/万 t	4 832	4 963	2.7
回收价值/亿元	642.7	744.5	15.8
废纸进口量/万 t	2 928	2 849.8	−2.7
纸浆进口量/万 t	1 984	2 106	6.15
纸及纸板进口量/万 t	287	297	3.48

2016 年消费量中箱板纸占比 22.69%、瓦楞纸占比 21.80%、未涂布印刷书写纸占比 16.21%、白板纸占比 12.14%、生活用纸占比 8.20%、包装用纸占比 6.61%、涂布印刷纸占比 5.85%、新闻纸占比 2.54%、特种纸占比 2.16%、其他纸占比 1.80%。2016 年我国消耗废纸浆 6 329 万 t，占我国纸浆消耗总量的 65%，其中进口废纸浆 2 308 万 t，占纸浆总消耗量的 23.6%。这些数据表明进口废纸在纸和纸板行业中具有重要的作用。

②进口废纸中环保不合格原料的占比

根据国家质量监督检验检疫总局对各口岸进口废纸的统计，2013 年进口废纸不合格批次、不合格重量、不合格货值占比均是比较低的，检验不合格批次占比只有 0.05%，不合格重量占比只有 0.08%，不合格批次废纸的货值只占 0.08%（表 4-10 和表 4-11）。

表 4-10 2013 年环保不合格废纸原料占比

种类	总批次	不合格批次	占比/%	不合格重量/万 t	占比/%	不合格货值/亿美元	占比/%
废纸	89 212	48	0.05	2.30	0.08	0.045	0.08

表 4-11 2013 年进口废纸原料环保项目不合格批次率

类别	2010 年	2011 年	2012 年	2013 年	2013 年不合格批次
不合格批次率/%	0.02	0.01	0.03	0.05	48

以往口岸进口废纸退货的比例较低，也表明环控标准是保证废纸质量的"稳定器"。那么，加严环控标准指标对境外废纸出口者和国内进口者提出了更高的要求。环控标准的影响远低于废纸类别调整带来的影响，控制住未经挑选的混合废碎纸的进口、促使国外源头对进口废纸进行必要的分拣分类与处理，才是抓住了进口废纸环境风险的主要矛盾。

对国内进口废纸利用企业实地调研了解到，大型企业在口岸海关的信誉度较高，这主要是因为企业自身就重视废纸质量的源头把关，同时也不希望看到进口退货、遭遇处罚导致企业在海关系统的诚信度降低。

（3）加严废纸环控标准对我国废纸行业的影响

标准征求意见中，有人认为环控标准加严，可能导致未来不合格进口废纸造成的退货量大幅增加，影响行业的发展，这一观点看似合理，实则不然。第一，环控标准中 0.5%夹杂物限值指标并没有比欧美废纸分类要求中的杂物指标更严，废纸在境外收集过程中进行必要的分拣分类后，便可以达到环控标准要求，这本是企业应该做到的，如果说退货增多，其责任不仅是标准严的问题，更是企业根本不重视环控标准的问题；废纸鉴别案例很好地证明了以往查扣的不少进口废纸不但不符合我国的环保要求，也不可能符合欧美废纸分类指南的要求。第二，环控标准中废纸种类执行的是《非限制进口类可用作原料的固体废物目录》中的废纸范围，新标准中减少了 4707900090 其他废纸，即未分选的混合废纸，按照 2016 年进口废纸四个品种平均分配的话，将减少 700 余万 t 废纸进口，对全国 2016 年 1.085 5 亿 t 的纸和纸板产品产量而言，其影响无疑是存在的，但不可怕，可以通过去除过剩产能、提高纸制品的质量、用境外废纸浆替代等方式化解出现的矛盾。

总之，进口废纸环控标准中 0.5%的夹杂物限值合理可行，不是影响行业发展的关键因素，进口废纸类别调整才是关键因素。

3．进口废钢铁环控标准

（1）我国废钢消耗和进口废钢铁总体情况

2011—2015 年世界主要国家废钢铁消耗情况见表 3-8 和图 4-4，我国是废钢铁消耗量最大国，占世界废钢消耗比例达 1/4，消耗总量稍低于欧盟 28 国的消耗量之和，稍低于美国和日本消耗量之和，稍高于韩国、土耳其、俄罗斯三国消耗量之和，但我国消耗的废钢铁主要来自国内产生的废钢铁。我国进口废钢铁数量逐年下降，从高于我国台湾的进口量到低于其进口量，而且占世界进口废钢铁的份额逐渐下降，从 2011 年的 11.25% 下降到 2015 年的 5.16%。

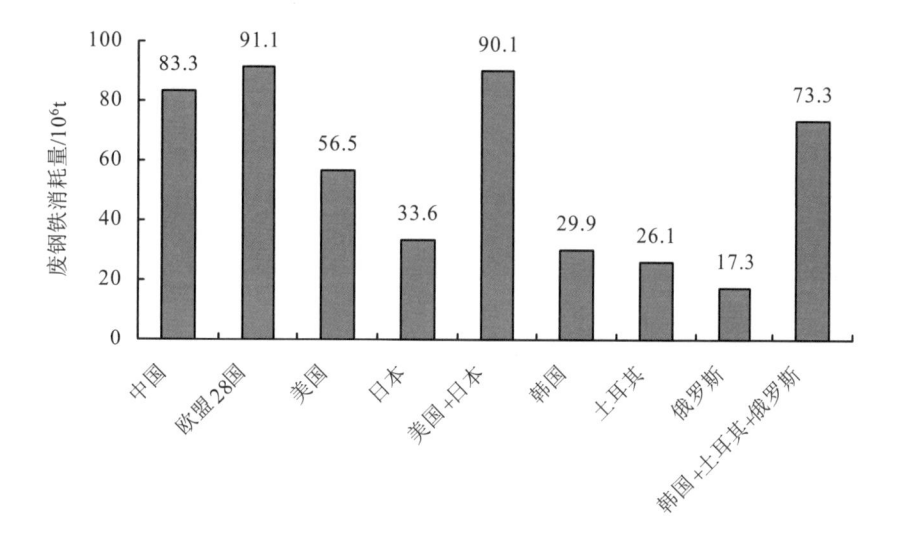

图 4-4　2015 年世界主要国家废钢铁消耗情况

（2）进口废钢铁标准中一般夹杂物限制指标可行性分析

①加严夹杂物限值要求的理由

此次修订标准对废钢铁中夹杂物的要求进行了较大的调整，修改为"废钢铁中应限制其他夹杂物（包括木废料、废纸、废玻璃、废塑料、废橡胶、废织物、粒径不大于 2 mm 的粉状物、剥离铁锈等废物）的混入，总重量不应超过进口废钢铁重量的 0.5%，其中夹杂和沾染的粒径不大于 2 mm 的粉状物（除尘灰、尘泥、污泥、金属氧化物等）的总重量不应超过进口废钢铁总重量的 0.1%"。该要求有两层含义：一是非钢铁组成部分即夹杂物的限值为 0.5%，比 2005 年环控标准中 2%的要求严了不少；二是在 0.5%的夹杂物限值要求中还包含 0.1%的粉状物限值，是新的要求。加严夹杂物限值要求的理由简要分析如下：

第一，符合减少废钢铁中夹杂物的携带，减少环境污染风险，提高废钢铁利用率的总要求。

第二，目前中国、美国、俄罗斯、日本、韩国、罗马尼亚等国家制定了废钢铁的标准，分类要求是标准的核心内容，包括有害杂质含量要求、对废钢铁中易燃易爆有毒品的处理、对废钢铁的化学成分进行规定等，如美国钢铁废料（FS-91）对"清洁度"的要求是无污物、无有色金属、无外来材料、无过量铁锈，只允许有微量的夹杂物等；美国废钢铁分类很细，根据尺寸、有害元素含量、合金物质含量、材料使用炉型等不同而不同。虽然我国进口废钢铁环控标准不同于废钢铁的分类标准，但有关夹杂物限定要求上有相似之处，应从严要求。

第三，将废钢铁粉状物的要求与一般夹杂物限值要求一并考虑，是加严标准的重要表现，防止在装运等操作中的粉尘污染和健康危害。

第四，2009 年中国废钢铁应用协会力推废钢铁加工配送中心建设并制定了相关建设规范，目的是通过分拣等预处理向钢铁厂直接供应精品优质废钢，进口废钢毕竟来自境外，更应保证废钢铁的品质。

②金属和合金废料检验情况

2018 年之前，几乎没有废钢铁鉴别案例，国家质检总局进口废物检验汇总报告中也没有将废钢铁检验情况单独作为一类进行总结，进口废钢铁的检验数据很少。根据 2012 年 3 月国家质检总局编写的有关报告，2011 年进口金属和合金废料检验有 64 批次不合格货物，占全部不合格废物原料总批次的 24%，不合格原因见表 4-12。

表 4-12　2011 年进口金属和合金废料检验不合格情况

序号	不合格原因	批次	比例/%
1	夹杂禁有物（如爆炸性物质子弹、炮弹）	23	35.9
2	一般夹杂物超标	16	25.0
3	放射性超标（废钢铁、铜废碎料）	15	23.4
4	品名不符	6	9.4
5	夹杂超标严控夹杂物（夹杂禁止进口机电产品、线路板）	2	3.1
6	其他	2	3.1
	合计	64	100

（3）加严进口废钢铁环控标准对行业的影响分析

根据行业相关资料，我国粗钢市场已趋饱和，目前钢铁蓄积量已达到 80 亿 t，预计 2020 年将达到约 100 亿 t，国内废钢蓄积量增加，届时每年产生废钢量可达 2 亿 t，废钢供应量大幅上升，对进口废钢而言今后必定要转移到进口优质废钢资源上来。

2016 年我国粗钢产量 8.083 7 亿 t、生铁产量 7.007 4 亿 t、钢材产量 11.38 亿 t，分别同比增长 0.6%、1.3%、1.3%。2016 年我国消耗废钢铁 6 720 万 t，其中进口废钢 216

万 t，仅占废钢消耗量的 3.21%，因此，进口废钢对行业的作用远没有废纸、废塑料和废有色金属大。那么，环控标准夹杂物限值要求加严对进口废钢铁及其利用市场产生的影响也没有那么突出，加严进口废物环控标准反而是规范进口废钢的有效措施之一。

总之，进口废钢铁环控标准一般夹杂物执行 0.5%的限值，对废钢铁利用市场造成的影响非常有限。

4. 进口废有色金属环控标准

（1）进口废有色金属标准中一般夹杂物限制指标可行性分析

①加严夹杂物限值要求的理由

废有色金属环控标准中的夹杂物控制要求包含两层含义，一是夹杂物的限值由原环控标准的 2%调整为 1.0%；二是在 1.0%的夹杂物限值要求中还包含 0.1%的粉状物限值，并明确粒径要求不大于 2 mm。加严夹杂物的理由简要分析如下：

第一，符合减少废有色金属中包括粉状废物在内的夹杂物的携带，减少环境污染风险，提高废物利用率的总要求。

第二，2016 年以来，海关查扣了多批次进口废铝，部分货物出现脏污不堪等现象，经鉴别，由于粉末物质和夹杂物超标判为不得进口的废物，这类货物具有很强的代表性（参见第一章案例 2～4）。为减少口岸检验纠纷有必要规定粉末物质的粒度要求。同时，在口岸现场鉴别时，也有一些明显干净的、大块的废铝中夹杂物和粉尘都不超标的情况，表明只要在境外对回收废铝进行预分类和分拣处理，完全可以达到 1.0%的夹杂物限值要求。

第三，在标准适用范围中增加"不包括废有色金属的氧化物、盐类物质及氧化物和盐类物质的混合物"，主要目的是保证进口有色金属废碎料为金属或合金状态。从海关商品归类注释以及物质特性角度考虑，有色金属废碎料不应包括上述这些化合物，如果含有过多的金属氧化物或其他化合物的话，基本上属于泥、渣、灰的范畴，当然应从严控制。

第四，我国和美国都有有关有色金属废料的分类标准，如我国《铜及铜合金废料》（GB/T 13587—2006）在各类废铜中规定了金属铜的含量要求，明确规定废铜中不允许混有密封容器、易燃、易爆物品、有毒、腐蚀性、医疗废物和带有放射性的物品；废铜中对环境造成影响的夹杂物和放射性污染的控制按照 GB 16487.2—2017、GB 16487.7—2017、GB 16487.9—2017 进行；废旧武器零部件应由供方做安全检查处理后方可供货；废铜表面的杂物应予以清除；废铜中的铜含量指以金属状态存在的铜的含量，不含铜的化合物（铜灰渣、泥除外）；混入废铜中的文物，应按照国家有关规定处理。美国废料回收产业协会制定了 45 种铜废料标准，规定了铜的最低含量和物质状态。如前面阐明的，这些标准本质上是废物分类标准，分类标准中的杂物含义也不同于环控标准中夹杂物的含义，只具有参考意义，不可机械套用。

第五，根据行业统计数据，我国废有色金属工业还需要依赖再生原料的进口，其价值远高于其他再生资源；在 2017 年颁布的《进口废物管理目录》中，有色金属废物种类最多，远超出其他废物类别，并且属于《非限制进口类可用作原料的固体废物目录》中的废有色金属达 15 种，从目录上体现了差别化要求。因此，环控标准中对有色金属夹杂物限值总体严格的前提下，适当差别化对待有其合理性，也可以实现环境污染风险可控。

②有色金属废料检验情况

国家质检总局没有单独对有色金属废料检验情况进行分类和分析，而是放在前面金属和合金废料中统计分析，见表 4-12。

（2）加严进口废有色金属环控标准对行业的影响分析

根据行业相关资料，2016 年，我国 10 种有色金属产量为 5 283.2 万 t，其中原铝产量 3 187.3 万 t、精炼铜 843.6 万 t、锌产量 627.3 万 t、精铅 466.5 万 t。

2016 年，我国再生有色金属 Cu、Al、Pb、Zn 总产量 1 245 万 t，其中再生铜产量 300 万 t（国内回收再生铜占 60%）、再生铝产量 630 万 t（国内回收再生铝占 70.3%）、再生铅产量 165 万 t、再生锌产量 150 万 t。

2016 年，我国进口含铜、含铝、含锌废料共计 527.5 万 t，其中含铜废料 334.79 万 t、含铝废料 191.75 万 t、含锌废料 0.988 万 t。

随着国外废料资源逐渐下滑及周边国家竞争力增强，再生有色金属企业对国内原料的重视和依赖程度更加明显。那么，修订标准在总体保持夹杂物加严的前提下，适当区别对待废有色金属夹杂物含量限值要求，对获取境外好的再生资源和保持行业竞争力有益。

5. 进口废汽车压件环控标准

（1）进口废汽车压件标准中一般夹杂物限制指标可行性分析

①进口废汽车压件环控标准执行情况

2002 年，国家环保总局启动制定进口废汽车压件环控标准，2005 年颁布实施，主要是解决当时江苏省张家港市建设废汽车压件拆解园区、进口废汽车压件缺乏检验标准的问题。由于多方面的原因，长期以来该园区建设和运行不畅，直至 2017 年，园区仍只有两三家企业，每年仅进口很少量的废汽车压件，远没有达到当初项目规划和设计的目标，造成巨大浪费和厂房闲置。当地建设运营和管理机构错误地认为是废汽车压件环控标准太严造成的。

2012 年环境保护部科技标准司组织有关单位对该标准进行评估，2013 年 2 月完成评估任务，结论是：现阶段与该标准有关的环境保护政策和法律法规并未出现大幅调整，目前该标准仍基本适用，标准执行中遇到的主要问题是废汽车压件国际贸易中不规范的市场行为造成的，标准并不是园区发展的主要障碍，尚不需要修订《进口可用作原料的固体废物环境保护控制标准—废汽车压件》（GB 16487.13—2005）。评估报告中提出的 3 条意见如下：

第一，物态标准（指境外废汽车压件压制程度或切割程度）不属于环境保护控制标准的内容，其主要目的是预防走私，建议由海关和质检部门明确废汽车压件的物态标准，环保部门在解释或修订标准 GB 16487.13—2005 时引用海关、质检部门的相关规定。

第二，标准对废轮胎的限制要求符合国家禁止废轮胎进口的政策，修订或调整标准对废轮胎的限制要求涉及我国《固体废物进口管理办法》的修订或调整，短期内不太容易实现。同时废轮胎资源价值不高而且环境污染风险较高，放宽进口废汽车压件中对夹带废轮胎的限值要求将会有较大的政策风险，因此建议不修改这一要求。

第三，标准对未引爆安全气囊的限制要求符合《国家危险废物名录》的管理要求，修订或调整标准对未引爆安全气囊的限制要求涉及《国家危险废物名录》的修订或调整，短期内不太容易实现。

②此次修订标准对夹杂物限值的要求

根据 2013 年的评估材料和对张家港报废汽车压件拆解园区的现场调研，此次修订标准对废汽车压件的含有物和夹杂物进行了适当修改。

第一，增加"废汽车压件中应清除废汽车本身构成的轮胎、座椅、靠垫等非金属材料，这些组成部分的总重量不应超过废汽车压件总重量的 0.3%"。在保证标准限值仍然较严的前提下，适当放宽了废汽车自身构成的废金属材料要求，属于合理的调整。

第二，对废汽车压件其他夹杂物控制要求适当从严，从原环控标准中的 1%限值要求加严为 0.5%的要求。调研发现，进口废汽车压件夹杂的非金属废物还是非常明显，感官上差，不能将国外自动拆解、破碎流水线下来的东西全部进口，通过严格的标准可以倒逼境外进行必要的分类分拣处理，图 4-5～图 4-10 是该园区某企业车间货物状况。

图 4-5　废汽车压块　　　　图 4-6　拆解的含铜电线　　　　图 4-7　拆解的钢铁粉碎料

| 图 4-8　拆解的废发动机 | 图 4-9　拆解的废海绵杂物 | 图 4-10　拆解的废催化剂 |

（2）加严进口废汽车压件环控标准对行业的影响分析

①我国汽车和报废汽车回收拆解概况

根据有关行业协会的报告，2016 年我国汽车保有量 1.94 亿辆（民用），千人汽车保有量为 142 辆；2015 年美国汽车保有量 2.58 亿辆，千人汽车保有量为 797 辆；2015 年日本汽车保有量 7 718.8 万辆，千人汽车保有量为 591 辆。目前我国汽车消费更多集中在城市，比例超过 80%，而美国、日本汽车消费在城市不足 40%，60% 以上汽车消费是在城市郊区和乡村。

根据商务部的统计数据，2016 年，我国回收拆解报废汽车 159.3 万辆，占汽车保有量的 0.82%，占汽车注销量的 25.8%。2016 年全国回收拆解报废机动车合计 300.6 万辆，拆解再生资源总量 721.3 万 t，基本属于微利行业，经营较为困难。

②修订环控标准夹杂物对进口废汽车压件的影响

我国只有张家港园区的企业可以进口废汽车压件，其他地方并没有放开。以 2012 年为例，张家港园区三家企业进口废汽车压件 1.37 万 t，还不到园区规划能力的 1/200。多年来，园区运行效果很不好，难以为继，其根本原因不是废汽车压件环控标准严的问题，而是国内废钢铁回收利用市场供大于求的问题，是企业投资决策失误和当地园区规划失当的问题。基于我国已进入汽车时代，报废汽车数量还将迅猛增加，国内废钢铁保有量大，从环境保护角度不宜鼓励报废汽车压件进口。

6．进口木、木制品废料环控标准

（1）进口木、木制品废料（以下简称木废料）及其环控标准主要修订内容

目前，除了海关进口商品注释中对锯末、木废料、软木废料、木屑棒有简单并不全面的描述外，其他资料非常少，也没有找到相关研究性材料。再生资源行业也没有木废料方面的统计资料。

此次修订木废料环控标准有两方面的内容：一是将环境保护部、商务部、国家发展和改革委员会、海关总署、国家质检总局 2014 年第 80 号公告《非限制进口类可用作原

料的固体废物目录》中的三类废物替换原标准中已失效的废物类别和编号，包括4401310000 木屑棒，4401390000 其他锯末、木废料及碎片，4501901000 软木废料。二是加严环控标准一般夹杂物的限值要求，由原来的 1.5% 修改为 0.5%。

（2）加严进口木废料环控标准的影响分析

根据国家质检总局的相关统计数据，2011 年我国各口岸进口木废料 836 批，重量2.36 万 t，货值 157.34 美元（表 4-13），分别占进口废物总批次、重量和货值的 0.23%、0.04%、0.004%；2011—2013 年进口木废料情况见表 4-14。由此看出，木废料是进口量非常小的一类废物，进口口岸很少。

表 4-13　2011 年进口木废料情况

直属局	国家或地区	批次	重量/t	金额/万美元
深圳局	香港	755	15 013.4	136.65
广东局	香港	14	5 345.2	13.97
黑龙江局	俄罗斯	67	3 253.2	6.71
总计		836	23 611.8	157.33

表 4-14　2011—2013 年进口木废料情况

年份	批次	同比/%	重量/万 t	同比/%	货值/亿美元	同比/%
2011	836	—	2.36	—	0.015 7	—
2012	452	−45.93	0.90	−61.86	0.01	−36.30
2013	249	−44.91	0.50	−44.44	0.005	−50.00

修订标准加严夹杂物限值要求主要是执行进口废物总体加严的政策要求，由于以往审批进口的木废料非常少，因而加严标准对该类废物进口造成的影响可忽略不计。

另外，根据国家质检总局 2017 年 1 月 18 日《关于明确进口木及软木废料检验监管有关问题的公告》（2017 年第 6 号），进口用作燃料的木屑棒等废料存在被查扣退运的风险，主要是因为《固体废物进口管理办法》（环境保护部等部门，第 12 号令）第八条第2 款规定"禁止以热能回收为目的进口固体废物"。

7．进口冶炼渣环控标准

长期以来，我国对冶炼渣进口实行了非常严格的管制政策，在众多有利用价值的冶炼渣中只有钒渣、锰渣、氧化皮、渣钢铁可以进口。此次修订标准、执行新颁布的进口废物目录，只有轧钢产生的氧化皮（2619000010）、含锰量大于 25%的冶炼钢铁产生的粒状熔渣（2618001001）、含铁量大于 80%的渣钢铁（2619000030）三种废物允许进口，冶炼渣中一般夹杂物的限值从 1%降为 0.5%。

在中国环境科学研究院完成的进口废物属性鉴别案例中，每年与冶炼渣相关的样品（包括灰、渣、泥混合物）比例远高于其他样品，但绝大多数都属于禁止进口的固体废物，偶尔也有允许进口的渣钢铁、钒渣等样品。从鉴别角度看，各类冶炼渣的样品鉴别难度比较大，关键是不容易找到有利于来源判断的特征依据，进行准确识别难。根据经验，在国内各类冶炼渣的产生、收集、贮存、转运等过程中，很容易混入其他物质，如建筑垃圾、损毁设备、多余原料、清扫垃圾、污泥、砂石等，不经分拣预处理很难直接进行再利用。某口岸海关曾查扣一个申报为锰矿的货物，外观像锰矿，也像锰渣，但经过鉴别是属于电解锰生产中产生的阳极泥，鉴别判断为禁止进口的废物。

在国家质检总局的进口废物汇总材料中，2013 年进口冶炼渣总重量只有 432.82 万 t，比上年有所增加；2013 年进口冶炼渣不合格批次只有 10 次，占比 1.05%；2010—2013 年各年冶炼渣不合格批次率都较低，但有增加趋势。情况见表 4-15～表 4-17。

表 4-15 2013 年进口废物原料种类概况

废料种类	批次	同比/%	重量/万 t	同比/%	货值/亿美元	同比/%
废纸	89 212	1.48	2 925.30	−3.25	59.37	−4.69
废塑料	118 561	−8.11	786.80	−11.56	59.45	−4.96
混合废金属	66 360	−7.55	588.86	−8.57	86.47	−8.40
金属和合金废料	72 593	1.41	553.51	−6.71	115.27	−9.30
冶炼渣	948	−7.33	432.82	2.69	5.79	−3.66
废船舶	289	−9.40	179.21	−31.93	7.23	−32.18
废纺织原料	7 376	−20.62	47.25	−8.47	3.43	20.35

表 4-16 2013 年进口冶炼渣环保不合格占比

废料种类	总批次	不合格批次	占比/%	不合格重量/万 t	占比/%	不合格货值/亿美元	占比/%
冶炼渣	948	10	1.05	9.88	2.28	0.126	2.18
所有废物合计	355 588	442	0.12	15.31	0.28	0.564	0.17

表 4-17　2010—2013 年进口冶炼渣环保项目不合格批次率

类别	2010 年	2011 年	2012 年	2013 年
冶炼渣	0.12%	0.08%	0.29%	1.05%

由于在进口冶炼渣的属性鉴别案例以及这类废物的进口统计材料和文献资料中，均很少关注其中的夹杂物含量，因此，目前难以给出此次修订标准夹杂物指标的直接依据。但从此次修订标准加严各类废物环控标准要求来看，冶炼渣中夹杂物限值降低到 0.5% 更有利于提升进口冶炼渣的质量。

8．进口废船环控标准

此次修订进口废船环控标准，夹杂物限值要求本身没有进行修改变动。其他修改在前面内容中已进行了说明，不再重复。

我国进口废船拆解行业很小，只有 30 多家企业，受进口废钢铁市场不景气的影响，近 10 年以来，行业发展每况愈下、艰难维系。但废船拆解如同报废汽车拆解一样，是一个需要存在的行业，行业发展有其自身的特殊性，在遵循市场竞争规律的前提下，今后企业应以拆解国内废船为主，有关部门应适当扶持拆船行业的发展，一个无序发展的行业或原料供给不稳定的企业均难以做好环境保护工作。

9．进口废电机、废五金电器、废电线电缆环控标准

进口废电机、废五金电器、废电线电缆三类废物在我国进口废物管理早期统称为"第七类废物"，因为列在 1996 年发布的《废物进口环境保护管理暂行规定》附件中的第七类；2010 年以来，国家质检总局组织编写的进口废物检验汇总报告中都没有单独按照这三类废物或商品编号进行统计分析，而是并入"混合废金属"中；在环保部门的有关统计材料以及固体废物管理中心的有关资料中多简称为"废五金类"。因此，下面将这三类废物的夹杂物情况一并简要分析。

（1）相关鉴别案例

在中国环境科学研究院所完成的进口废电机、废五金电器、废电线电缆鉴别案例中，基本上鉴别判断为禁止进口的电子电器废物，无论是正常申报进口还是走私查扣，均为混合废物，既不符合限制进口废物目录要求，也不符合环控标准要求，是海关重点查扣和打击的对象。

［案例 78］：含大量线路板的废五金

2015 年 11 月，对连云港海关缉私分局查扣的一批"以回收铜为主的废五金电器"进行鉴别。货物主要是回收的各种废弃电子产品设备及其拆散件，明显具有破损、脏污、变形、混杂等特征，含有大量拆下来的废线路板，其中堆放在货场的货物中也含有一些设备拆下的电缆线。鉴别判断货物不是以回收铜为主的废五金电器，而是禁止进口的电子电器类固体废物，而且属于危险废物。部分货物图片见图4-11～图4-19。

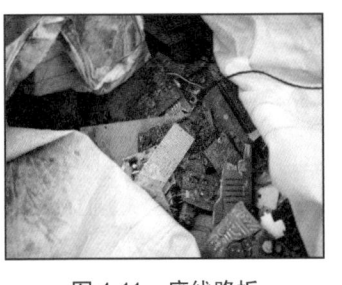

图4-11　废线路板

图4-12　电子器件和设备

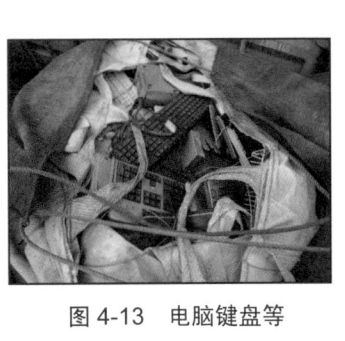

图4-13　电脑键盘等

图4-14　线路板等电子器件

图4-15　电子设备

图4-16　音响功放设备

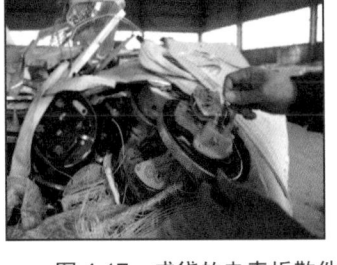

图4-17　成袋的电表拆散件

图4-18　电子设备连接电线

图4-19　带线路板的电子设备

[案例79]：废电源

2012年6月，对南京海关缉私分局查扣的一批"以回收铜为主的废电机"进行鉴别。货物主要为电子计算机上拆卸下来的稳压电源，由金属外壳、开关、电源接头、风扇、电阻、电容、电感线圈、线路板、保险丝、整流桥、小变压器等元器件组成，金属外壳锈迹斑斑、变形和破损严重、电线剪断，且为不同品牌、不同型号；在掏箱货物中有成包的塑料外壳接线盒，还混有少量破损的光驱、光盘、电子显示屏、电缆、高压线绝缘子、塑料板、各种线路板、碎玻璃等。鉴别该批货物不是以回收铜为主的废电机，而是我国禁止进口的固体废物。部分货物图片见图4-20～图4-25。

图4-20　各种型号的电源

图4-21　接线盒

图4-22　线路板

图4-23　破碎元器件

图4-24　带有元器件的线路板

图4-25　电子显示屏

（2）混合废金属检验情况

在国家质检总局有关进口废物检验检疫汇总材料中，混合废金属多年来进口量每年基本维持在约600万t，其中废电机、废五金电器、废电线电缆三类废物每年在500万t左右（注：混合废金属无准确范围，不止这三类废物），表4-18～表4-20基本可以反映出三类废物进口的总体情况。

检验不合格的原因：一是一般夹杂物超标，占不合格批次的60%，包括含有禁止进口的废旧机电产品；二是夹杂有严禁进口的废物，如未清除绝缘油材料的变压器、镇流器和压缩机，油封、铅皮电缆、光缆、爆炸性物质等，约占不合格批次的30%；三是含放射性物质，占不合格批次比例3%；四是伪报品名，占比约为3%。

表4-18　2012—2013年进口混合废金属检验概况

年份	批次	同比/%	重量/万 t	同比/%	货值/亿美元	同比/%
2012	71 777	8.73	644.05	8.56	94.40	-2.26
2013	66 360	-7.55	588.86	-8.57	86.47	-8.40

表 4-19　2013 年进口混合废金属环保不合格废物占比

总批次	不合格批次	占比/%	不合格重量/万 t	占比/%	不合格货值/亿美元	占比/%
66 360	54	0.08	1.38	0.23	0.117	0.14

表 4-20　2010—2013 年进口混合废金属环保项目不合格批次占比

年份	2010 年	2011 年	2012 年	2013 年
不合格批次占比/%	0.07	0.07	0.06	0.08

（3）加严进口废物夹杂物限值要求后对行业的影响分析

进口废电机、废五金电器、废电线电缆三个环控标准中一般夹杂物限值从 2%修改为 0.5%，主要理由：一是落实进口废物管理制度改革实施方案中加严环境保护标准的明确要求；二是从以往进口这三类废物来看，争议不断，货物确实鱼龙混杂，好坏都有，国外预处理做得很差，必须要施重拳才能改变这种状况或者引起企业的足够重视；三是如果按照 2016 年进口废物量减少约 40%进行估算，这三类废物大约可减少 200 万 t 进口量（500 万 t 的 40%），再按照平均含铜 12%和含铝 17%估算的话，年可减少约 24 万 t 铜（200 万 t 的 12%）和 34 万 t 铝（200 万 t 的 17%）的进口，占前面进口废有色金属一节中分析的全国 300 万 t 再生铜的 8%和 630 万 t 再生铝的 5.4%，应该说对行业产生的影响比较小。

虽然目前缺乏进口废五金类废物夹杂物的翔实支持数据，但加严进口废物夹杂物要求无疑是提高环境准入门槛的有效措施。而且，对这类废物的管理趋势是越来越收紧，甚至禁止进口。

第五章　制定固体废物鉴别标准[①]

　　固体废物属性鉴别是固体废物管理的一项基础性工作，尤其在阻止洋垃圾入境以及打击违法处理处置固体废物方面发挥着重要作用。固体废物鉴别是对固体废物概念内涵和外延演化的判断准则的运用，鉴别必须依据国家制定的鉴别准则来判断，因此，建立鉴别判断准则非常重要。鉴别准则是固体废物鉴别技术体系中的核心内容，所有判断准则都要能归属到固体废物这个原点或者能够明确予以排除在这个原点之外，能够反映出物品、物质是不是固体废物；反过来说就是确定哪些情形下物品、物质属于固体废物，哪些情形下不属于固体废物；判断准则既要具有广泛的适应性和覆盖范围，又要不超出现行固体废物管理范畴，防止将废物范围扩大化。2012—2017 年中国环境科学研究院全程参加了《固体废物鉴别标准　通则》（GB 34330—2017）的申请、起草、征求意见、报批等过程，该标准是我国固体废物鉴别判断的新依据（标准文本见本书附录二）。2017 年 12 月 29 日，环境保护部发布《关于推荐固体废物属性鉴别机构的通知》（环土壤函〔2017〕287 号），重新推荐了 20 家鉴别机构名单，下面是该标准编制的基本情况和内容说明，有利于大家全面理解鉴别标准。

一、固体废物鉴别标准制定过程

1. 任务来源

　　过去 10 多年来，我国在口岸进口货物管理环节越来越多地出现了需要鉴别进口货物是否属于固体废物的需求，固体废物属性鉴别成为打击非法进口固体废物的技术依据。另外，随着我国固体废物管理工作的不断深化和加强，国内对固体废物尤其是危险废物的环境管理越来越重视，而有些企业有意回避本应按照固体废物或危险废物管理的副产物，因此在监督管理过程中，也需要对这些产物进行固体废物属性鉴别。

　　2006 年实施的《固体废物鉴别导则（试行）》是以往较长时期内固体废物鉴别不可或缺的依据。同时，2008 年环境保护部、海关总署、国家质检总局联合发文指定了三家

[①] 本章内容主要来自 2017 中国环境科学研究院完成的固体废物鉴别标准通则编制说明。

固体废物鉴别机构，随着鉴别工作的开展，需要鉴别的固体废物种类逐渐增多，《固体废物鉴别导则（试行）》应用中逐渐显现出有些准则过于笼统、含混不清、存在异议、例证太少等弊端，出现各鉴别机构对鉴别原则的不同理解导致对同一物质得出不同结论的情况。环境保护部于 2013 年年初下达了《固体废物鉴别标准　通则》的编制任务，由中国环境科学研究院承担该标准的编制工作。

2. 标准编制主要工作过程

编制组在承接标准编制任务后，对我们所完成的数百项固体废物鉴别案例进行归纳总结，确定了本标准制定的重点内容。对我国固体废物鉴别情况、需求、发展过程、必要性、作用及相关政策规范进行了调研，将相关法规、文件中固体废物概念进行了归纳总结和整理，并提出制定本标准的工作思路。对我国利用固体废物的多家企业和口岸固体废物进口情况进行了现场调研，包括进口废纸、废塑料、铜渣、废钢铁、粉末涂料、粒化高炉矿渣粉、聚酯多元醇树脂、三元乙丙橡胶、糖蜜等，分析了国内固体废物的需求、利用以及管理过程等情况。

掌握了美国、日本、欧盟、《巴塞尔公约》的固体废物定义、分类、范围、豁免、不属于固体废物的条件、固体废物虽然经过了加工处理仍属于固体废物的条件等基本情况，了解了主要发达国家及国际组织有关固体废物管理及固体废物越境转移需要考虑的因素。同时，还与国内其他鉴别机构进行了固体废物属性鉴别技术交流和讨论。在这些工作基础上，形成了该标准开题报告和草案文本。以下是一些重要的时间节点：

2014 年 3 月 12 日，环境保护部科技标准司组织召开标准开题论证会，修改后形成了鉴别标准征求意见稿。

2014 年 6 月 20 日，环境保护部科技标准司向 95 家相关单位和部门发函征求意见，收到了 149 条书面意见和建议，修改后形成了标准送审稿。

2014 年 10 月 28 日，环境保护部科技标准司组织召开了鉴别标准送审稿的专家审议会，修改后形成了报批稿。

2015 年 5 月 5 日，环境保护部科技标准司组织召开了鉴别标准报批稿的司务会，会议通过了对该标准的审查，修改后形成了报批稿。

2016 年 9 月 21 日，环境保护部土壤环境管理司召开了鉴别标准报批稿的司务会，会议通过了对该标准的审查。

2016 年 11 月 2 日再次征求部机关相关司局意见，修改后形成正式报批稿。2017 年 4 月 1 日，召开了鉴别标准最终报批稿的部长常务会议，审议并原则通过了该标准。

2017 年 4 月 19 日，根据有关律师对标准文本的法律审查意见，编制组进行了修改和完善。2017 年 8 月 31 日该标准发布并于 2017 年 10 月 1 日起实施。

二、国内固体废物鉴别管理体系

1. 固体废物的相关定义

固体废物环境管理始终是围绕着其产生来源、处置和利用过程的管理，这一管理体系中固体废物的概念是中心，还包括固体废物的相关概念。

（1）固体废物和工业固体废物

《固体废物污染环境防治法》中定义固体废物为：在生产、生活和其他活动中产生的丧失原有利用价值或者虽未丧失利用价值但被抛弃或者放弃的固态、半固态和置于容器中的气态的物品、物质以及法律、行政法规规定纳入固体废物管理的物品、物质。该定义体现了固体废物两个最基本的特征，即丧失原有利用价值和被抛弃。

该法中还定义了工业固体废物：指在工业生产活动中产生的固体废物。

（2）危险废物

《固体废物污染环境防治法》中定义危险废物是指列入《国家危险废物名录》或者根据国家规定的危险废物鉴别标准和鉴别方法认定的具有危险特性的固体废物。

（3）再利用和资源化

2009 年 1 月实施的《循环经济促进法》中定义再利用是指将废物直接作为产品或者经修复、翻新、再制造后继续作为产品使用，或者将废物的全部或者部分作为其他产品的部件予以使用。该法律中的资源化定义是指将废物直接作为原料进行利用或者对废物进行再生利用。

（4）电子废物和工业电子废物

2008 年 2 月实施的《电子废物污染环境防治管理办法》中定义电子废物是指废弃的电子电器产品、电子电气设备（以下简称产品或者设备）及其废弃零部件、元器件和国家环境保护总局会同有关部门规定纳入电子废物管理的物品、物质。包括工业生产活动中产生的报废产品或者设备、报废的半成品和下脚料，产品或者设备维修、翻新、再制造过程产生的报废品，日常生活或者为日常生活提供服务的活动中废弃的产品或者设备，以及法律法规禁止生产或者进口的产品或者设备。该办法中还定义工业电子废物是指在工业生产活动中产生的电子废物，包括维修、翻新和再制造工业单位以及拆解利用处置电子废物的单位（包括个体工商户）在生产活动及相关活动中产生的电子废物。

（5）医疗废物

2003 年 6 月《医疗废物管理条例》中定义医疗废物是指医疗卫生机构在医疗、预防、保健以及其他相关活动中产生的具有直接或者间接感染性、毒性以及其他危害性的废物。

2.《固体废物鉴别导则》的基本情况

《固体废物鉴别标准　通则》（以下简称《通则标准》）实施前，2006 年发布的《固体废物鉴别导则（试行）》一直是固体废物鉴别的最重要依据，《固体废物进口管理办法》第二十八条中明确指出进口固体废物的鉴别应当以《固体废物鉴别导则》（以下简称《导则》）为依据，因而，《导则》对固体废物属性鉴别和管理发挥了重要作用。主要内容如下：

（1）适用范围

适用于《固体废物污染环境防治法》所定义的固体废物鉴别，但不适用于确定其海关商品编码。

（2）鉴别程序步骤

固体废物鉴别首先应根据《固体废物污染环境防治法》中的定义进行判断；其次可根据《导则》所列的固体废物范围进行判断；根据上述定义和固体废物范围仍难以鉴别的，可根据第 3 部分固体废物与非固体废物的鉴别原则进行判断。对物质、物品或材料是否属于固体废物的判别结果存在争议的，由国家环境保护行政主管部门会同相关部门组织召开专家会议进行鉴别裁定。在进口环节，进口者对海关将其所进口的货物纳入固体废物管理范围不服的，依照《固体废物污染环境防治法》第二十六条的规定，可以依法申请行政复议，也可以向人民法院提起行政诉讼。

（3）固体废物的范围

《导则》中列明了 13 种废物来源情况，包括从家庭收集的垃圾；生产过程中产生的废弃物质、报废产品；实验室产生的废弃物质；办公产生的废弃物质；城市污水处理厂污泥，生活垃圾处理厂产生的残渣；其他污染控制设施产生的垃圾、残余渣、污泥；城市河道疏浚污泥；不符合标准或规范的产品，继续用作原用途的除外；假冒伪劣产品；所有者或其代表声明是废物的物质或物品；被污染的材料（如被多氯联苯 PCBs 污染的油）；被法律禁止使用的任何材料、物质或物品；国务院环境保护行政主管部门声明是固体废物的物质或物品。

同时，还明确固体废物不包括下列五种情况的物质或物品：放射性废物；不经过贮存而在现场直接返回到原生产过程或返回到其产生过程的物质或物品；任何用于其原始用途的物质和物品；实验室用样品；国务院环境保护行政主管部门批准的其他可不按固体废物管理的物质或物品。

（4）固体废物鉴别的综合判断

一是根据废物的作业方式和原因进行判断，二是根据物质的特点和影响进行判断，两方面都列出了一些具体情形。

3．危险废物鉴别

我国对固体废物是否属于危险废物的鉴别，首先依据《国家危险废物名录》判断，凡列入《国家危险废物名录》的，属于危险废物；未列入《国家危险废物名录》的，依据危险废物鉴别标准进行鉴别，凡具有腐蚀性、毒性、易燃性、反应性等一种或一种以上危险特性的，属于危险废物。我国危险废物鉴别标准由以下七个标准组成：《危险废物鉴别标准　腐蚀性鉴别》（GB 5085.1—2007）、《危险废物鉴别标准　急性毒性初筛》（GB 5085.2—2007）、《危险废物鉴别标准　浸出毒性鉴别》（GB 5085.3—2007）、《危险废物鉴别标准　易燃性鉴别》（GB 5085.4—2007）、《危险废物鉴别标准　反应性鉴别》（GB 5085.5—2007）、《危险废物鉴别标准　毒性物质含量鉴别》（GB 5085.6—2007）、《危险废物鉴别标准　通则》（GB 5085.7—2007）。

危险废物的前提是属于固体废物，如果一个物质不属于固体废物，那么它就不属于危险废物。近年来，有些企业为了规避监管部门对危险废物的严厉监管，有意将属于固体废物的物质认为是属于生产过程的中间产品，而不属于固体废物，从而导致国内固体废物鉴别的需求。

4．固体废物属性鉴别情况

从 2001 年开始，中国环境科学研究院承担了固体废物属性鉴别工作，到 2016 年完成了数百项鉴别实例，促进了我国固体废物管理，为口岸固体废物监管起到了重要的技术支持作用，支持了海关系统打击废物走私和违法进口专项行动的开展。

从对 319 例固体废物属性鉴别实例进行分析来看，有 71 例鉴别为不属于固体废物，248 例鉴别为属于固体废物，其中 218 例是根据物质的产生来源分析得出固体废物属性鉴别结论，30 例为固体废物经过再加工之后仍然属于固体废物。固体废物属性鉴别必须立足于物质的产生来源鉴别，以及处置和利用的过程鉴别，鉴别结论是综合判断的结果。

（1）产生来源鉴别

进行物质的产生来源鉴别时，应掌握形成废物的原始物料、生产工艺或基本过程、非废物部分或生产目的等基本内容或知识点，只有分析清楚这三个节点，才能掌握物质的产生来源。在通过产生来源分析得出固体废物鉴别结论的 218 项案例中，有 70 例属于丧失原有利用价值的产品类固体废物，106 例属于生产过程中产生的副产物类固体废物，42 例属于环境治理和污染控制过程中产生的固体废物。在鉴别过程中不能机械地使用产品标准，因为对于有些物质（如有些矿产品）没有可适用的规范或标准，此时要立足于物质产生来源进行综合判断。

（2）固体废物处置和利用的过程鉴别

固体废物管理是一个过程管理，在收集、贮存、运输、处理、处置、利用等管理过程中需要搞清楚物质类别及其特性，制定鉴别准则时应着重考虑以下两方面的情况：①固体废物在填埋、焚烧、施用于土地、用于生产燃料等处置过程中的鉴别；②固体废物经过再加工后，加工到什么程度以及满足什么样的最低环境风险时不再属于固体废物的鉴别。

固体废物加工产物的固体废物属性鉴别要把握以下几个要点：①产物是否符合国家、地方或行业通用的所替代原料生产的产品质量标准。②产物是否符合相应的国家或行业的固体废物综合利用污染控制标准。这里要注意，一是不应使用某些企业为了规避环保监管所制定并在当地技术监管部门备案的企业标准，除非企业标准可代表行业的水平。二是应考虑使用固体废物综合利用过程和产物的污染控制标准，因为固体废物中存在污染物，以其为原料生产的产品中可能会带入污染物。同相应的替代原料相比，以所得产物作为原材料使用时，应考虑是否会产生更大的环境污染风险和健康危害风险和所得产物中是否含有对环境有害的成分——这些成分通常在所替代的原料或产品中没有且在再循环过程中不能被有效利用或再利用。③是否存在市场需求和价值、固定或特定用途。

5．固体废物属性鉴别管理体系

固体废物属性鉴别管理是遵循"从摇篮到坟墓"的全过程管理体系，包括从原材料到产品生产加工的过程，从产品使用到废弃的过程，以及从废物再到加工成原材料及产品的过程，过程的每一个环节都会产生固体废物，固体废物产生节点和主要类别见图 5-1。

三、国外或国际公约有关固体废物的定义和鉴别判断

国外没有建立固体废物的专门鉴别标准，通过相关法规建立固体废物定义、范围、豁免排除和名录等对固体废物进行鉴别，当遇到是否属于固体废物纠纷时通过法院进行裁决（可参见《固体废物鉴别原理与方法》第二章）。

1．《巴塞尔公约》

《巴塞尔公约》总体要求是严格控制危险废物转移，尤其转移到发展中国家，但并非绝对禁止危险废物的转移，应该遵循事先通知和符合接受国的法律法规等先决条件。《巴塞尔公约》对固体废物关注的焦点在于它的处置（包括利用）过程，对废物的管理以分类管理为基础。《巴塞尔公约》附件四的废物处置（包括利用）方式对我们制定鉴

别标准也具有较强的借鉴作用。

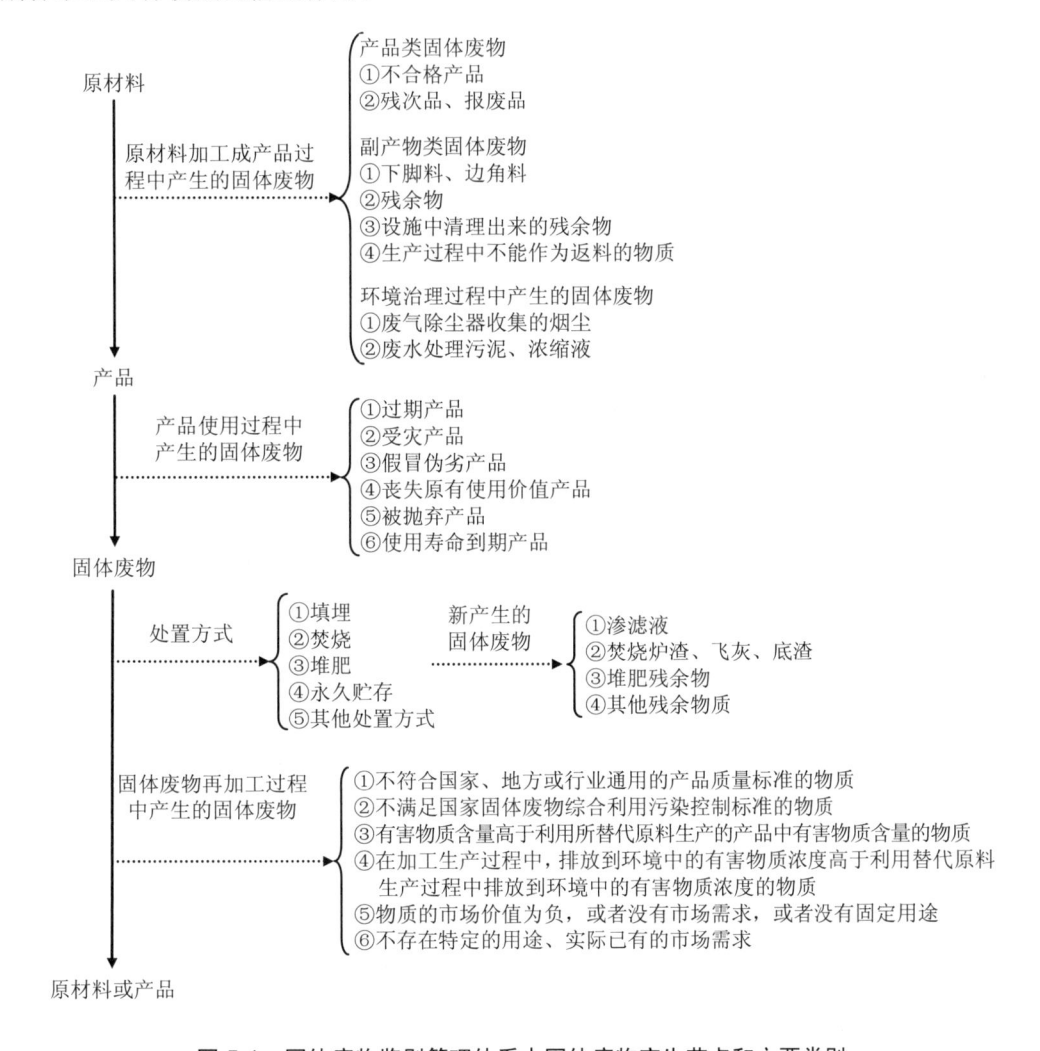

图 5-1　固体废物鉴别管理体系中固体废物产生节点和主要类别

2．美　国

美国固体废物鉴别的依据是固体废物的法律定义和规章定义、排除和列举范围，也列出了固体废物的决定条件以及原材料与固体废物的关系，列出了 25 类不属于固体废物的物质，还列出了 20 类属于固体废物的物质。这 20 类物质根据产生来源可以归为丧失原有使用价值的固体废物、生产过程中产生的副产物类固体废物、环境治理和污染控制过程中产生的固体废物、其他类固体废物四类。

（1）固体废物定义：在美国联邦法典的 40CFR 261.2 中对固体废物的定义强调了处置和利用过程，即处置、焚烧、在处置或焚烧之前的堆积、贮存或处理（但不是再循环），列出了一些固有的属于固体废物的物质，另外在 40CFR 266.202 中定义了军用品作为固体废物的限定条件。

（2）在 40CFR261.2（d）（3）中列出了判断一种物质的固体废物属性，需要考虑：a）管理过程；b）是否含有所替代原料或产品中不会出现的有毒组分；c）再循环利用时能否对人体健康和环境产生危害等三个方面的因素。

（3）在 40CFR261.2（e）（1）中列出了当物质再循环利用时，不属于固体废物的情况：a）物质作为配料被用于或再利用于产品工业生产过程；b）物质作为工业品的有效代替物被利用或再利用；c）物质作为供给原料的替代品被返回到原始生产过程。

（4）在 40CFR 260.34 和 260.43 中指出有害再生材料不属于固体废物需要同时满足的条件：a）有害再生材料被合法的再生；b）有害再生材料的化学和物理特性与商业产品或中间产物相当；c）在加工生产过程中，排放到环境中的有害物质浓度不高于利用所替代原料生产过程中排放到环境中的有害物质浓度；d）依据已有的实践、市场容量、性质、合同安排进行综合判断，在合理的时间内使用有害再生材料的能力，同时保证不被抛弃；e）依据目前价值、稳定的需求、合同安排进行综合判断，有害再生材料被作为产品或者中间产物而不是固体废物进行处理。

（5）在 40CFR261.2（e）（2）中列出了当物质即使被利用、再利用、返回到原始产生过程等再循环，仍属于固体废物的情况：a）以相当于处置的方式利用，或用于生产施用于土地的产品的物质；b）为了能量回收的燃烧，或用于生产燃料或包含于燃料中的物质；c）投机性堆积的物质。

（6）40CFR261.2（f）中列出了固体废物豁免情况：当物质有已知的市场或去向，则该物质不是固体废物或将这种物质从法规中有条件地豁免。

（7）由于国家政策、经济影响、其他法律管理、缺少资料（没有充分的证据证明某物质属于固体废物）、为了循环利用某些物质、作为固体废物管理是不切实际的等原因，在 40CFR 261.4（a）中列出了不属于固体废物的 25 类物质（固体废物排除）。

（8）在 40CFR 261.4（b）～（g）中列出了 20 类固体废物。

3. 欧盟

欧盟固体废物鉴别的法律文件是 2008/98/EC 指令和《欧洲废物名录》，其中 2008/98/EC 指令中指出了固体废物定义、副产品需要满足的条件、固体废物不再属于固体废物的情况，此外定义中详细列出了 16 类废物并列出了固体废物处置和利用的方式。16 类废物依据产生来源实际上可以总结为四大类固体废物，即丧失原有使用价值的产品类废物、生产过程中产生的副产物类固体废物、环境治理和污染控制过程中产生的固体废物、其他类固体废物。

2008 年年底，出于鼓励废物回收和建设循环型社会的目的，欧盟颁布了废物新指令 2008/98/EC，该指令于 2010 年 12 月 12 日起全面取代指令 75/439/EEC、91/689/EEC 和 2006/12/EC，将废物定义为"持有者丢弃或准备丢弃或被要求丢弃的物质"。

（1）2008/98/EC 指令中不属于固体废物的物质

a）排放到大气中的气态污染物；b）未挖掘的受污染的土壤和与建筑物永久相连的原位土地；c）未污染的土壤，以及在建筑活动中挖掘出的并且在挖掘场所以其自然状态用于建筑的其他天然材料；d）放射性废物；e）退役/销毁的炸药；f）在农业、林业或能源生产中以对环境或人体健康无害化方式利用的粪便、稻草（秸秆）、其他非危险农业或林业天然材料（如果不属于 h）的情况）；g）废水；h）不用于焚烧、填埋、生产沼气或堆肥的动物排泄物；i）死亡动物尸体，而不是屠宰（包括为了根除流行病而被宰杀）的动物尸体；j）矿产资源勘探、开采、处理和贮存过程中产生的废物；k）不违背相关法律规定，以水域和水路（航道）管理，或者防止洪水，或减轻洪水、干旱影响，或开垦荒地为目的的非危险性地表水的沉淀物；l）对于特殊案例，或者该指令的补充，或者特殊类别废物的管理规则，应该制定单独的指令。

（2）2008/98/EC 指令中不属于固体废物的副产品需要满足的条件

某一物质，如来自主要生产目的不是生产该物质的生产过程，只有满足下述条件才能被认为是副产品而不是固体废物：a）该物质肯定会进一步利用；b）除了正常的工业操作，不需要进一步加工就可直接利用的物质；c）作为生产过程中不可分割的一部分而产生的物质；d）进一步利用是合法的，即物质满足所有相关产品、环境和健康保护的具体使用要求，不会对环境或人类健康产生不利影响。

（3）2008/98/EC 指令中废物不再属于固体废物的标准

当某些指定的废物依照下述条件，经历了回收，包括再循环、操作、按照明确标准的开发时，将不再属于废物：a）通常用于特定用途的物质；b）物质存在市场或需求；c）物质满足特定用途的技术要求，并符合现行法律和产品的适用标准；d）物质的利用不会对环境或人类健康造成不利的影响。

4．日本

（1）废物定义

在《日本促进建立循环型社会基本法》中"废物"是指使用过的物品，没有使用过的废料（目前正在使用中的除外），或在产品的生产、加工、维修和销售过程中，能源供应、民用工程和建筑业、农业和畜牧业产品的生产和其他人类活动中产生的残次品。

在《日本资源有效利用促进法》中"废旧物品"是指曾被使用过、或未经使用就被收集、或被废弃的物品（放射性物质及被放射性物质污染的物品除外）。

在《日本特定家用机器再商品化法（家电再生利用法）》中关于"报废"是指下列行为：①从报废的机械器具中分离出零部件和材料，作为自己产品的零部件或原材料来利用的行为；②从报废的机械器具中分离出零部件和材料，使其成为可以有偿或无偿转让给他人作为产品的零部件或原材料来利用的状态的行为。

日本对废物进行系统化的定义是在 1970 年制定并于 1974 年、1976 年和 2002 年修订的《废弃物管理和公共清洁法》（以下简称《废物管理法》）中，该法的废弃物是指脏污的或不要的物品，仅对固体和液体为对象，气态污染物及其不要的物品并不在该法中的废弃物范畴之内。该法第 1 款第 2 条规定的废物是指液态或固态的垃圾、粗大的废弃物、燃烧灰烬、污泥、粪便、废油、废酸、废碱、动物尸体，以及其他的污染物或废弃物。放射性废物及其污染的物质除外。

日本的法律中有特别管理废物、特别管理产业废物、一般废物等概念，日本的特别管理废物是指那些有危害的废物，因此，相当于危险废物。《废物管理法》定义废物为"某种不能用作原来用途的或者无法出售给他人的被认为无用的物质"。1991 年《废物处理法》修订案中，把具有爆炸性、毒性、感染性等对人体健康和生活环境将会造成危害的废物区分为一般特别管理废物与特别管理产业废物。特别管理产业废物是指在产业废物中，有爆炸性、毒性、感染性，对人体和生活环境有危害性的，在相关政令中指定的废物。

（2）固体废物的判定

日本对废物实行分类管理制度，判定废物类别是日本废物进出口管理法律制度的基础，将根据废物判定结果确定需要遵循的相关法律及其管理要求。前述《废物管理法》只针对所谓的"没有价值"的废物，而《巴塞尔公约》负责管制"有循环利用价值但却具有危险特性的废物"。对于《废物管理法》与《巴塞尔公约》重叠定义的废物，应按照日本的相关法规控制进出口。

无价废物的判定主要依据其物理性质、生产情况、贸易价值和政府的相关规定等。日本最高法院对无价废物有最终判定权。日本环境省综合考虑物质的物理特性、生产条件、贸易等各方面的目的对物质进行评判。例如，1999 年日本最高法院对豆浆和豆腐生产剩余的豆渣的固体废物属性进行了终判。

废物进口者或者出口者提交了固体废物相关资料后，日本环境省将依据如下几点进行固体废物判定：①固体废物是否在《巴塞尔公约》的废物名录中，如果通过观察进行判断比较困难，应进行浸出试验或者有害物质含量测试；②固体废物是否属于《废物管理法》定义的无价废物，合同或是贸易文件能否证明其商业价值；③固体废物贸易的目的是进行再生利用还是处置。如果需要，出口者应提供相应的处理程序资料，并证明接收方是再生利用者而不是处置者。

四、制定固体废物鉴别标准的必要性

《固体废物污染环境防治法》是我国制定固体废物管理政策的基本依据，名录管理、危险废物分类管理、固体废物鉴别、审批管理、符合标准、严格限制、违法严惩等政策都是法律赋予的。

固体废物鉴别是固体废物管理的需要和基础，通过固体废物鉴别可确认固体废物管理的对象，确认固体废物进口管理的界限，因此，需要制定指导固体废物鉴别的强力标准。目前我国固体废物鉴别体系上，还没有建立完整的技术体系，如缺乏重要废物类别的系列鉴别标准，缺少细致完善的固体废物分级分类管理名录，缺少固体废物豁免管理技术规范，缺少固体废物转化为产品的完整判断依据等。以往的鉴别依据主要是固体废物法律定义和《导则》，从完善固体废物鉴别管理体系和有利于监督管理实际需求出发，非常有必要制定固体废物鉴别标准。当然，首先要制定鉴别标准通则，将一些根本性的判断准则固定下来，今后根据实际需要再制定专门类别的固体废物鉴别标准，如混合废物的鉴别标准、固体废物加工产物的鉴别标准等；然后，还需要制定固体废物属性鉴别程序和鉴别技术规范，明确固体废物属性鉴别的采样与结果判断等相关技术要求；同时，还应制定特定类别废物的处理利用污染控制技术规范，制定固体废物经过处理利用后的产物的质量标准，为固体废物管理和属性鉴别提供依据。

五、制定标准采用的原则和方法

1. 采用的原则

（1）根据固体废物的产生来源以及处置和利用过程制定固体废物鉴别准则。

（2）由于本标准是固体废物鉴别的通用要求，所以内容不可能涵盖各类具体的废物种类，仅列举我国环境管理中的重点固体废物类别，通则应具有广泛的适应性。

2. 采用的方法

（1）从固体废物管理实践和鉴别案例中总结出一些规律性的反映固体废物概念本质的原则。最近 10 余年各鉴别技术机构广泛开展了固体废物鉴别工作，积累了大量的鉴别经验，通过归纳总结，将一些规律性的原则提炼出来，尤其将一些具有基础性、广泛适应性、较强实用性的判断准则固定下来，确定为本标准的内容。

（2）我国固体废物鉴别工作主要集中在进口领域，因此，标准编制组人员到进口固体废物量多的省份（如广东、浙江、江苏等）调研我国固体废物进口情况和对进口固体废物的需求情况。我国对进口废物实行非限制、限制和禁止进口的分类管理政策，即我国禁止进口不能用作原料或者不能以无害化方式利用的固体废物，但是调研发现，除了合法贸易，由于利益驱动以及管理存在的漏洞，各口岸每年仍会发现许多进口国明令禁止进口的固体废物和倒卖固体废物的情况。因此，我国需要借鉴国外对固体废物的管理情况，制定符合我国固体废物管理特色的鉴别标准，将大量不符合我国法律、政策和环控标准要求的固体废物拒之国门外。

（3）通过文献调研，掌握国外固体废物管理情况。国际组织和发达国家强调固体废物是被物品的拥有者抛弃这一根本特征，也强调固体废物的产生来源、处置过程和利用过程，另外也列出了固体废物范围、固体废物排除、固体废物转移需要考虑的因素等。我国制定固体废物鉴别标准，应借鉴国外一些好的原则和经验，再结合我国的管理实际情况，进而确定该标准的框架结构。

（4）广泛吸纳行业专家和各部门管理专家的意见。标准编制过程中，严格履行标准编制程序，召开了多次会议，广泛吸纳各方面专家的意见，形成了一个既充分体现废物基本内涵又简单明了、易于操作的判断标准。例如，在标准征求意见过程中有的单位提出增加大宗工业固体废物的列举，编制组采纳了该意见，在标准的某些条款中列举了常见的、典型的固体废物，所列举的典型固体废物产生量占我国固体废物产生总量的90%左右。

六、标准主要内容说明

经过反复讨论后确定了《通则标准》框架结构和内容，包括前言、适用范围、规范性引用文件、术语和定义、依据产生来源的固体废物鉴别、在利用和处置过程中的固体废物鉴别、不作为固体废物管理的物质、不作为液态废物管理的物质、实施与监督等9个方面。

1．前言

前言部分是环境保护标准中的通常内容，包括制定标准的依据、目的、标准内容、提出和组织制定单位、起草单位等。

2．适用范围

根据固体废物的产生来源，确定了依据产生来源的固体废物鉴别的准则；根据固体废物管理过程（收集、贮存、运输、处理、处置、利用等），确定了在利用和处置过程中的固体废物鉴别准则；根据我国固体废物管理实践以及借鉴美国固体废物的豁免和排除情况，确定了不作为固体废物管理的准则和不作为液态废物管理的准则。

《通则标准》适用于物质（或材料）和物品（包括产品、商品）（以下简称物质）的固体废物鉴别。实际上包括国内管理中的固体废物鉴别，以及口岸进口货物管理的固体废物鉴别。

由于我国有专门的《放射性污染防治法》《放射性废物安全管理条例》《放射性废物的分类》（GB 9133—1995）、《放射性废物管理规定》（GB 14500—2002），同时借鉴美国、欧盟、日本对放射性废物的管理方法，为避免重复监管，放射性废物的鉴别不适用于《通则标准》。

对于有专用固体废物鉴别标准的物质的固体废物鉴别，不适用于《通则标准》。

3．规范性引用文件

指标准文本第6.2a）条中引用的文件名称，即《一般工业固体废物贮存、处置场污染控制标准》（GB 18599—2001）。

4．术语和定义

《通则标准》的术语和定义包括固体废物、固体废物鉴别、利用、处理、处置、目标产物和副产物。

（1）固体废物

采用了《固体废物污染环境防治法》中的定义：固体废物是指在生产、生活和其他活动中产生的丧失原有利用价值或者虽未丧失利用价值但被抛弃或者放弃的固态、半固态和置于容器中的气态的物品、物质以及法律、行政法规规定纳入固体废物管理的物品、物质。

（2）固体废物鉴别

定义固体废物鉴别是指判断物质、物品是否属于固体废物的活动。分析如下：

日常管理中，绝大部分固体废物管理对象不需要进行鉴别，通过专业知识、管理经验、现场调查和法规要求就能确定其需要按照固体废物来管理和处理。例如，家庭、商业、办公等场所产生的生活垃圾，工业生产中的废渣、粉尘、尾矿、废水处理污泥，医疗废物，建筑垃圾等均是社会普遍认可的废物，其废物属性没有疑问，不需要经过鉴别后才去管理。

问题在于：在严格执法的情形下，尤其是在涉及较大经济利益处罚和承担刑事责任的情形下，物质是不是固体废物确实不能仅凭认知经验来确定，需要进行专门鉴别判断。无论是查扣的进口货物是否属于废物，还是国内废物管理中一些工业副产物是否属于废物，两者都出现了废物和非废物（产品、商品、正常原材料）的判断需求。

那么，鉴别显然针对的是管理当中物质被执法者或监管者怀疑为固体废物的情况，或者废物类别和属性不明确的情况，如违法走私、违法处置、有意逃避废物监管等复杂情况，监管部门怀疑为固体废物是鉴别前提。当被怀疑为废物的物品废弃特征非常明显时，可依靠固体废物的法律定义来判断；当被怀疑为废物的物品废弃特征不明显或非常复杂时，必须依靠由固体废物定义进一步衍生的鉴别标准中的准则来判断；鉴别过程不是随意或简单给出"是"或"不是"的判断结论，而是一个复杂的综合评判过程。

（3）利用

采用《固体废物污染环境防治法》中利用的定义：利用是指从固体废物中提取物质作为原材料或者燃料的活动。与利用类似的概念还有再利用、固体废物资源化利用、循环利用或再生利用、综合利用、回收利用等，是不同角度的固体废物利用。

固体废物利用具有下列特点：第一，利用是将废物作为原料或替代原料的材料进行再循环，即通过作为生产其他产品的原材料得到进一步利用，获得资源利用价值或经济价值。第二，有的固体废物虽然以处理为目的，如预处理和初级加工，但经过处理后可导致资源回收、再循环、直接再利用或其他用途，从而使材料得到利用，这种情况是利用的过程。第三，固体废物作为原料或者燃料或其他有用资源得以利用时，废物实际上转变成生产原料或资源，当生产产品时，产品也要满足一定的质量要求，不能由于使用了替代的原材料而在产品中带入更多的有害物质或危险组分。第四，固体废物利用过程中应该尽可能减少利用产生的污染物和环境污染，这是一条很重要的原则，即做到无害化利用。第五，废物利用是基于废物具有的经济价值，废物蕴含的经济价值是导致废物商业化利用的一个普遍原则，政府应因势利导通过制定鼓励政策措施促进废物的循环利用。

（4）处理

由于《固体废物污染环境防治法》中没有"处理"的定义，而"处置"的定义中包含了处理的内容，造成对固体废物的处理和处置概念认识上有些复杂和模糊不清。另外，在我国相关法律、法规、规范性文件中均没有对处理进行定义，为了规范处理和处置的定义，也为了统一人们对处理和处置的理解，有必要在该标准中对处理进行定义。通过分析固体废物产生工艺和总结经验得出：处理的目的是使固体废物适合于运输、贮存、资源化利用和最终处置，包括物理、化学、生物、焚烧、热解及固化处理等处理方法。那么，《通则标准》中定义"处理"是指通过物理、化学、生物等方法，使固体废物转化为适合于运输、贮存、利用和处置的活动。

（5）处置

采用了《固体废物污染环境防治法》中处置的定义，处置是指将固体废物焚烧和用其他改变固体废物的物理、化学、生物特性的方法，达到减少已产生的固体废物数量、缩小固体废物体积、减少或者消除其危险成分的活动，或者将固体废物最终置于符合环境保护规定要求的填埋场的活动。

固体废物处置概念有以下几层含义：第一，处置方式多种多样，包括填埋场处置，土地处理，焚烧处理，深层灌注处置，矿井回填处置，海洋倾倒以及其他物理、化学、生物等方法，当然固体废物管理当中经常会有合法处置和非法处置之争。第二，处置目的是要改变固体废物的数量和性质，即减少数量、减少污染和消除危害影响。第三，处置包括一些过程环节，通常所说的固体废物处理或预处理，可以看作是处置或利用的一个中间环节或预处理环节。第四，最终处置非常重要，不可或缺，从管理的角度一定是在规范设施或场所中进行，这些设施或场所必须满足技术标准要求，如满足《一般工业固体废物贮存、处置场污染控制标准》（GB 18599—2001）、《危险废物填埋污染控制标准》（GB 18598—2001）、《危险废物焚烧污染控制标准》（GB 18484—2001）的要求，以保证最终处置对环境是安全无害的。第五，废物处置实行"产生者处置"和"强制处置"原则，产生者应当承担对其所产生的废物进行适当处置的义务，无论是采取直接形式（自行处置）还是间接形式（委托他人），产生者的处置义务是法定的强制义务，而不能置之不理。

（6）目标产物、副产物

之所以要定义目标产物和副产物，是因为在固体废物管理中和人们日常的理解中，对产品、副产品、副产物、废物缺乏统一认识，例如，很多著作、文献资料、手册甚至政府发布的规范性文件中，基本上都对副产物和副产品概念没有区分，使用非常混乱、随意，有的将废渣、废水、废气归为副产品，也有的将主产品归为副产品或副产物。

通过实践经验总结出"目标产物"定义，是指在工艺设计、建设和运行过程中，希望获得的一种或多种产品，包括副产品。这里明确了目标产物就是产品。

参考美国《联邦法规》40CFR 261.1（c）（3）中副产物的定义，我们定义副产物是指在产品生产过程中伴随目标产物产生的物质。

《通则标准》通过定义"目标产物"和"副产物"，将产品、副产品、副产物和废物有机联系在一起，同时进行了明确的区分，副产品是产品，副产物属于固体废物。这一区分非常有利于统一废物和产品的认识，减少各种歧义，尤其对海关查扣货物的固体废物属性鉴别活动非常有必要、有用。

5. 依据产生来源的固体废物鉴别

通过总结300多项固体废物鉴别实例，得出固体废物鉴别的要点在于分析物质的产生来源以及利用和处置过程。根据物质的产生来源和对固体废物本质内涵的分析，得出固体废物的产生来源鉴别包括丧失原有使用价值的物质、生产过程中的副产物、环境治理和污染控制过程中产生的物质、其他等四大方面，成为鉴别标准首先应考虑的准则。

（1）通过借鉴国外固体废物管理情况、对我国《导则》中内容和鉴别案例的总结，《通则标准》4.1 节中列举出了 9 个属于丧失原有使用价值的固体废物的情况。

a）在生产过程中产生的因为不符合国家、地方制定或行业通行的产品标准（规范），或者因为质量原因，而不能在市场出售、流通或者不能按照原用途使用的物质，如不合格品、残次品、废品等。但符合国家、地方制定或行业通行的产品标准中等外品级的物质以及在生产企业内进行返工（返修）的物质除外。

参考了《导则》中"不符合标准或规范的产品"以及固体废物定义的内容。如各类消费品生产中都会产生大量不合格的报废品等，这方面有鉴别案例支持，例如，灰分和金属铁含量超过《工业用精对苯二甲酸》（SH/T 1612.1—2005）的要求，而对羧基苯甲酸含量满足 SH/T 1612.1—2005 要求的对苯二甲酸；部分粉粒的粒度超过 125μm 的粉末涂料；聚苯硫醚生产过程中产生的未提纯的物质。

在该条中列出了两种排除情况：一是符合国家、地方制定或行业通行的产品标准中等外品级的物质不作为固体废物管理，这方面也有鉴别案例支持，例如，满足《天然橡胶　烟胶片、白绉胶片和浅色绉胶片》（GB/T 8089—2007）中等外级要求的烟胶片；二是在生产企业内进行返工（返修）的物质不作为固体废物管理，这是指没有从生产企业转移出厂，而是在进行合格性检测时发现一些质量问题，在生产企业内部直接返工（返修）达到合格品要求的情况。

［案例80］：不合格对苯二甲酸粉末

某海关委托中国环境科学研究院对报关名称为"氯乙烯聚合物的废碎料及下脚料"的货物样品进行固体废物鉴别。样品为干燥的白色细粉末，有极少量类似砂粒的物质，偶见杂色颗粒，550℃灼烧后有极少量残余物，样品外观见图 5-2。经鉴别，样品为对苯二甲酸生产过程中产生的不合格精对苯二甲酸（PTA）、残次品，属于固体废物。

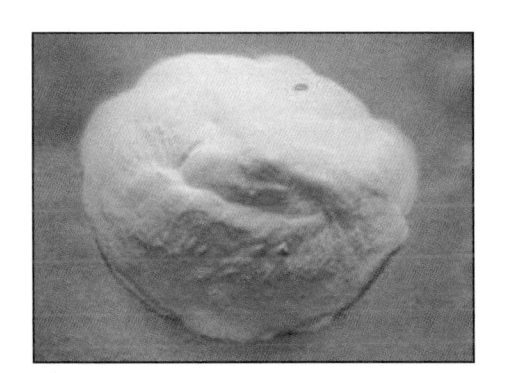

图 5-2　PTA 样品外观

b）因为超过质量保证期，而不能在市场出售、流通或者不能按照原用途使用的物质。

借鉴欧盟固体废物定义中的"过期产品"，主要是指产品生产后因积压超期、超期变质、积压过时、积压失去市场等而成为固体废物，如发生霉变的食物、超过质量保证期的药品。实际中也有案例支持，如已经结块的粉末涂料产品。

［案例81］：废粉末涂料

某海关委托中国环境科学研究院对申报名称为"粗体粉末涂料"的货物样品进行固体废物鉴别。样品为灰色、黄色、蓝色不均匀的极细粉末，明显可见大小不一的结块，有的结块为灰色，有的结块为蓝色，样品照片见图 5-3。经鉴别，样品为回收的不合格粉末涂料的混合物，属于固体废物。

c）因为沾染、掺入、混杂无用或有害物质使其质量无法满足使用要求，而不能在市场出售、流通或者不能按照原用途使用的物质。

参照欧盟固体废物定义中"被污染的材料或即使按照既定操作却同样被污染的材料（如清洗作业、包装材料、容器等的残留物）"和"掺入次品的材料［如被多氯联苯（PCBs）污染的油等］"；也参考了我国《导则》中有关固体废物范围的内容，如被 PCBs 污染的油以及物品报废的原因中明确包括的"不再好用的物

图 5-3　废粉末涂料

质或物品，如被污染的酸、被污染的溶剂"。此类情况实际中比较多见，如被尘土污染的食品、被污染的酸碱和有机溶剂、被多氯联苯污染或含有多氯联苯的物质等，均符合这条规则的要求。鉴别中也有案例支持，如混入了灰分、水分、机械杂质等的使用后回收的润滑油。

［案例 82］：以润滑油为主的混合废液

某出入境检验检疫局委托中国环境科学研究院对申报为"燃料油"的进口货物样品进行固体废物鉴别。样品为黑色液体油，较稠，在滤纸上扩散较慢并有分层阴影，边缘浅黑、中间深黑，滤纸上可观察到有少量细粉物质；手捻润滑无明显颗粒感，有类似煤油的气味，样品照片见图 5-4 和图 5-5。经鉴别，样品可能来自高级润滑油的生产配制过程或是使用后回收的润滑油和其他物质的混合物，样品属于"被污染的材料"、"不再好用的物质"，属于固体废物。

图 5-4　燃料油样品照片　　　　图 5-5　燃料油样品在滤纸上的浸润状况

d）在消费或使用过程中产生的，因为使用寿命到期而不能继续按照原用途使用的

物质。

本条是我国固体废物法律定义中涵盖的内容，也是固体废物的本质特点，任何产品都有使用寿命期限，当产品的使用时间超过了其使用寿命期限就有可能丧失原有使用用途而成为固体废物，如过期并失效的干电池、催化剂。鉴别中也有案例支持，如燃煤电厂使用失效的脱硝反应后产生的废催化剂（SCR催化剂）。

e）执法机关查处没收的需报废、销毁等无害化处理的物质，包括（但不限于）假冒伪劣产品、侵犯知识产权产品、毒品等禁用品。

保留了《导则》固体废物范围中"假冒伪劣产品"内容，法律层面假冒伪劣产品不能让其流通使用，需要销毁处理的假冒伪劣商品属于固体废物比较好理解。包括执法机构查处的假冒伪劣衣服、钞票、烟、酒、电子产品、农药、化肥、种子、饲料、毒品、涉黄音像制品等。

我国在2011年颁发的《国务院关于进一步做好打击侵犯知识产品和制售假冒伪劣商品工作的意见》（国发〔2011〕37号）和2012年颁发的《国务院办公厅关于印发2012年全国打击侵犯知识产权和制售假冒伪劣商品工作要点的通知》（国办发〔2012〕30号），均指出在食品、药品、化妆品、农资、建材、机电、汽车配件等直接关乎人民群众切身利益的重点商品，需要加大打击假冒伪劣行为的行政执法力度。2012年7月环境保护部颁发了《关于做好侵犯知识产权和假冒伪劣商品环境无害化销毁工作的通知》（环办发〔2012〕126号），指出根据假冒伪劣商品的性质，选择合适的无害化销毁方式（如焚烧、填埋、拆解）对假冒伪劣商品进行销毁。

f）以处置废物为目的生产的，不存在市场需求或不能在市场上出售、流通的物质。

在国内生产中经常有一种情况，即脱硫过程中生产的H_2SO_4溶液长时间内没有销售市场，即便价值很低也难以卖出，此时造成厂内H_2SO_4溶液大量积压，就应该按照固体废物进行妥善管理；还有处理高盐度废水时产生的渣盐，它是以处置高盐度废水为目的生产的，不符合产品质量要求，不能在市场上出售，应属于固体废物。

g）因为自然灾害、不可抗力因素和人为灾难因素造成损坏而无法继续按照原用途使用的物质。

各种自然灾害和人为灾难在生产和生活中是难以预知、不可避免的，时有发生，发生时往往导致毁灭性的破坏，造成重大损失，大量物品、产品、原材料成为废物，很多成为混合废物。在日常生产或生活中广泛存在，如在火灾中被烧损的房屋、家具等；鉴别中也有案例支持，如因在储存、运输过程中发生了火灾而被烧焦的橡胶。

h）因丧失原有功能而无法继续使用的物质。

这是对我国固体废物定义中"丧失原有使用价值"的进一步延伸，产品类废物丧失原有功能是丧失原有利用价值的具体表现，比丧失原有利用价值更好理解，也容易达成共识。生产和生活实际当中几乎所有的产品、物品都可能由于各种原因失去原有产品功能而报废、无法继续使用，如破损的餐饮具、家具、家用电器、废渔网、废缆绳等。实际中也有不少这类废物的案例，如查处的各类走私电子电器废物等，均是回收的报废破损物品。

［案例 83］：废渔网和废塑料膜等混合物

某海关委托中国环境科学研究院对申报为"废聚乙烯 PE 碎料"的货物进行固体废物鉴别。货物主要为破损且杂乱缠绕的渔网和缆绳，还有成捆的塑料膜，部分货物外观见图 5-6 和图 5-7。经鉴别，货物属于已经丧失了原有产品的功能和利用价值，是回收的废弃物质，属于固体废物。

图 5-6　废塑料膜

图 5-7　废渔网

i）由于其他原因而不能在市场出售、流通或者不能按照原用途使用的物质。

这是除上述丧失原有使用价值的 8 种情况以外的其他情况，不能穷尽举例。

（2）通过分析国外固体废物管理情况、对我国《导则》中内容和鉴别案例的总结，得出生产中的副产物废物是固体废物来源的又一大类。《通则标准》4.2 节列举了 13 个属于在生产工艺过程中产生的副产物废物的情况。

a）产品加工和制造过程中产生的下脚料、边角料、残余物质等。

这类物质反映了固体废物的本质特点，来源广泛，如机加工的切屑、衣服加工的边角碎料、食物加工的残余物、造纸生产中分离出的残渣、籽棉轧花过程中落地脏污的细棉绒、多晶硅生产中的碳头料、单晶硅棒拉制过程中的锅底料、有机物合成过程中的釜底渣等。鉴别中也有案例支持，如支数、长短、直径不同的混合胶丝；大小不同、有明显锯切、裁切痕迹的橡胶碎片；含有明显清扫杂物的不同颗粒形状的氧化聚乙烯蜡；明显有苫帚枝条、石块、玻璃、塑料等杂物的多种颜色的聚酯碎片等。

［案例 84］：废橡胶边角料

某海关委托中国环境科学研究院对申报为"未硫化复合橡胶"的货物样品进行固体废物鉴别，样品为咖啡色矩形片状，长边边缘呈不规整的原始状态，短边边缘具有明显锯切、裁切痕迹，厚薄基本均匀，大小不同，表面有污渍，样品外观见图 5-8。经鉴别，样品为未硫化的天然橡胶，是天然橡胶制品生产中混炼和压制成型工艺产生的边角废料，属于固体废物。

图 5-8 废橡胶

b）在物质提取、提纯、电解、电积、净化、改性、表面处理以及其他处理过程中产生的残余物质，包括（但不限于）以下物质：在黑色金属冶炼或加工过程中产生的高炉渣、钢渣、轧钢氧化皮、铁合金渣、锰渣；在有色金属冶炼或加工过程中产生的铜渣、铅渣、锡渣、锌渣、铝灰（渣）等火法冶炼渣，以及赤泥、电解阳极泥、电解铝阳极炭块残极、电积槽渣、酸（碱）浸出渣、净化渣等湿法冶炼渣；在金属表面处理过程中产生的电镀槽渣、打磨粉尘。

该部分主要是冶金工业中得到原料之后的剩余物质（但不排除其他工业过程的剩余物），列举出了最常见、典型的固体废物和以下最基本的工艺过程：

"提取"是指从矿物原料中提取金属或金属化合物，用各种加工方法制成具有一定性能的金属材料的过程和工艺，提取过程中的残余物质属于固体废物，如冶炼生铁时从高炉中排出的高炉渣。

"提纯"是指除去某种物质所含的杂质，提高其纯净度的过程，提纯过程中的残余物质是固体废物，如将生铁炼成钢的过程中排出的钢渣。

"电解"是将电流通过电解质溶液或熔融态电解质（又称电解液），在阴极和阳极上引起氧化还原反应的过程。矿物电解是电流通过矿物引起化学变化，从矿物中提取金属的过程。电解过程中的残余物质是废物中的一大类，如电解过程中的阳极泥、采用冰晶石-氧化铝融盐电解法生产电解铝时得到的阳极炭块残极。

"电积"就是将萃取富集后的含金属离子的溶液电解沉积产出阴极金属的过程，电积过程中的残余物质是固体废物，如在湿法炼锌的电积工艺中产生的浮渣。

"净化"主要是指去除溶液中不需要的杂质，除掉的杂质属于净化过程中的残余物质，如利用活性炭吸附电镀废水中的 Cr^{6+} 以达到净化电镀废水的目的，其中吸附 Cr^{6+} 的活性炭属于净化电镀废水过程中的残余物质。

"改性"是指通过物理或化学手段改变材料物质形态或性质的方法，改性过程中的残余物质属于固体废物，如将聚丙烯与玻纤（或碳纤维）或无机填料（滑石粉、碳酸钙、石棉粉、云母）通过混炼、切粒，得到增强改性的聚丙烯过程中，产生的机头机尾料、落地料就属于聚丙烯改性过程中的残余物质。

"表面处理"是各类金属材料、非金属材料、产品成型等的表面处理工艺，处理中残余物质属于固体废物，如为了清除镁合金表面的氧化层以及各种油污和吸附的杂质，用丙酮对镁合金进行脱脂处理，然后用 NaOH 溶液浸泡，接着用氧化铬（CrO_3）和 Na_2SO_4 溶液浸泡，最后用蒸馏水洗涤，可将镁合金表面污物处理干净。在此，镁合金脱脂处理后的丙酮，以及浸泡后的 NaOH、CrO_3、Na_2SO_4 等的混合废液，属于镁合金表面处理的残余物质。当然，还包括物质提取的其他处理过程中产生的残余物质。

［案例 85］：提钒之后的镍渣

某海关委托中国环境科学研究院对申报为"镍精矿"的货物样品进行固体废物鉴别，样品主要为蓝绿色粉末，潮湿，有结团结块，样品含水率为 23.05%，样品干基烧失率为 2.05%，样品外观见图 5-9。经鉴别，样品不是镍精矿，是石油精炼废催化剂提取钒（V）、钼（Mo）之后残余的镍渣，属于固体废物。

图 5-9　镍渣

c）在物质合成、裂解、分馏、蒸馏、沉淀、溶解以及其他过程中产生的残余物质，包括（但不限于）以下物质：在石油炼制过程中产生的废酸液、废碱液、白土渣、油页岩渣；在有机化工生产过程中产生的酸渣、废母液、蒸馏釜底残渣、电石渣；在无机化工生产过程中产生的磷石膏、氨碱白泥、铬渣、硫铁矿渣、盐泥。

该部分主要是化工产品生产中得到目标产物之后的剩余物质（但不排除其他工业过程的剩余物），国内外固体废物分类中广泛包含这些工艺中产生的残余物质，本条款中列举了固体废物最基本的工艺过程残余物：

物质合成过程中的残余物，如在甲苯液相氧化生产苯甲酸的过程中，产生大量的主要含有苯甲酸、苯甲酸苄酯、芴酮和氧杂蒽酮的苯甲酸釜残液。

物质裂解过程中的残余物，如利用甲基氯仿热裂解脱氯化氢法生产偏二氯乙烯过程中，产生的 1,1,1-三氯乙烷、氯乙烯、氯化氢、三氯乙烯、二氯乙烯、1,2-二氯乙烷。

物质分馏过程中的残余物，如在石油分馏过程中，对原油进行预处理得到的石油气、水、盐类和泥沙等混合杂质。

物质蒸馏过程中的残余物，如在蒸馏水生产过程中产生的过滤杂质。

物质沉淀过程中的残余物，如生产 $BaSO_4$ 产品过程中产生的钡渣。

物质溶解过程中的残余物，如利用原皮生产皮革产品过程中，用化工材料溶解原皮时产生的含有毛发的化学废料。

d）金属矿、非金属矿和煤炭开采、选矿过程中产生的废石、尾矿、煤矸石等。

借鉴了美国固体废物范围中的"矿石采矿、选矿、加工（采选）过程中产生的废物"和欧盟《固体废物名录》中的"勘探、采矿、采石和矿物物理化学处理产生的废物"，这部分固体废物约占我国工业废物的 1/5，其中包括：

采矿过程中的废石。如各种金属和非金属矿石均与围岩和夹石共同构成，在矿石开采过程中必须剥离围岩和夹石，被剥离的围岩和夹石统称为矿山废石。对于坑采矿来说，矿山废石就是坑道掘进和采场爆破开采时所分离出的不能作为矿石利用的岩石；对于露天矿来说，矿山废石就是剥离下来的矿床表面的围岩或夹石。

选矿过程中的尾矿。许多原矿开采出来后，品位一般较低，需要经过选矿处理，将富集有价元素的矿物作为精矿、价值很低的部分成为丢弃的尾矿。

煤炭开采和洗选过程中产生的煤矸石。如煤炭开采过程中会产生井下开掘岩巷或半煤岩巷排出的矸石，以及露天矿剥离物。另外，在原煤洗选过程中也会产生煤矸石。

［案例86］：金矿提金后的尾渣

某海关委托中国环境科学研究院对申报为"低品位黄金矿砂"的货物样品进行固体废物鉴别，样品为土黄色粉末，并含有大小不均、可用手捏碎的团块，发现少量石块，样品外观见图 5-10。经鉴别，样品不是天然产物，也不是金精矿，而是金矿氰化浸出得到的尾渣，属于固体废物。

图 5-10　金矿尾渣

e）在石油、天然气、地热开采过程中产生的钻井泥浆、废压裂液、油泥或油泥砂、油脚和油田溅溢物等。

能源原材料开采和矿物开采采用的工艺技术是不一样的，因此，将能源开采产生的副产物废物单列一类废物。在美国固体废物范围中包括"石油、天然气、地热能探测、开发或生产过程中产生的钻探泥浆、水及其他废物"和欧盟固体废物定义中的"原料提取和处理过程中的残余物质（如采矿余渣、油田溅溢物等）"。石油、天然气和地热埋藏在地下几十米到几千米深度不等的有空隙、裂缝或溶洞的岩石中，石油、天然气和地热开采主要包括勘探、钻井、井下作业、油气开采、油气集输和处理、储运。在钻井过程中，钻头在破碎岩层的同时，需要通过空心的钻杆向地下注入钻井泥浆；井下作业主要包括射孔、酸化、压裂、下泵、试油、洗井、修井、除砂、清蜡，会产生废压裂液、油泥、油脚；发生井喷、管线断裂等生产事故时，在油井中会产生未进入集输管线而散落在地面的油田溅溢物。

f）在火力发电厂锅炉、其他工业和民用锅炉、工业窑炉等热能或燃烧设施中，燃料燃烧产生的燃煤炉渣等残余物质。

燃烧残渣是生产废物的另一大来源，各国废物分类中一般将其单列出来，如燃煤电厂产生的底渣、家庭生活使用煤球产生的煤渣和工厂燃煤锅炉烧渣。鉴别中也有案例支持，如在发电厂燃烧发电过程中产生的煤渣煤灰和生物质发电厂产生的稻壳灰，但这类稻壳灰经过特殊处理并具有特定用途功能的产品除外。

g）在设施设备维护和检修过程中，从炉窑、反应釜、反应槽、管道、容器以及其他设施设备中清理出的残余物质和损毁物质。

本条主要是针对生产设施检修中的废物，几乎是所有工业生产中普遍存在的，生产设施运行一段时间，或者同一设施生产不同牌号产品时，需要对生产设施进行检修和清理，清理出的物质包括耐火材料、设施中粘连黏结的物质。这类物质也有鉴别案例，如在氧化聚乙烯蜡生产工艺的不同过程和时段，从反应釜、管线、泵等设备中清理出的不同成分、不同形状和不同颜色物质的混合物；在生产不同颜色粉末涂料过程中，从冷却、破碎工序设备中清理出的碎片和粉末混合物。

［案例87］：废聚乙烯蜡

某海关委托中国环境科学研究院对申报为"聚乙烯蜡"的货物样品进行固体废物鉴别。样品由白色蜡质物料与多块黄白色无规则小块物料组成，白色硬块有一弧面，表面粘有黑色物质，其他面可见明显切割后的痕迹，样品内部可见黑色斑点；黄白片状固体中有一面为黄色且表面光滑，其余表面为白色且为蜂窝状，质轻强度小，可用手掰开，样品外观见图5-11和图5-12。经鉴别，样品来自聚乙烯蜡生产工艺中的不同阶段，设备运行开始、运行中不正常停车或设备维修时清理出的锅底料/釜底料，是回收的混合物料，为固体废物。

图5-11　聚乙烯蜡样品　　　　　　图5-12　聚乙烯蜡样品

h）在物质破碎、粉碎、筛分、碾磨、切割、包装等加工处理过程中产生的不能直接作为产品或正常的原材料或作为现场返料的回收粉尘、粉末。

本条主要是原材料机械预处理中产生的残余物质，是生产中广泛存在的现象，比较好理解，如烟草废料粉碎处理过程中产生的粉尘；木材切割过程中产生的锯末（粉末）；在汽车制动鼓生产中，制动摩擦片磨削产生的粉尘；金属研磨过程中产生的粉末。但是有一种情况可特殊对待，在海关查扣的鉴别货物中，经常发现有炼铁厂之前的球团、烧结等工序产生的粉料、碎料，其主体成分和物相构成与高温烧结后的铁矿成分基本无异，也不含有害物质，由于这类物质一次进口量高达数千至数万吨之多，铁的含量相当高，其用途也是替代铁精矿本身，我们通常不判为固体废物，仍作为人造富矿对待，但由于各口岸存在争议，最好由相关主管部门统一认可。

i）在建筑、工程等施工和作业过程中产生的报废料、残余物质等建筑废物。

本条主要是指建筑和施工废料，在日常生活中、施工作业中广泛存在、普遍可见，如楼房建造时场地清理废物，建构筑物爆破、拆毁、拆解残生的垃圾和残骸等。

j）畜禽和水产养殖过程中产生的动物粪便、病害动物尸体等。

本条主要是指养殖业的废物，容易理解。其中病害动物尸体包括已死畜禽的躯体（完整或部分）、腐败肉类，如2013年上海黄浦江漂浮的死猪。

k）农业生产活动过程中产生的作物秸秆、植物枝叶等农业废物。

本条主要是指种植业固体废物，在我国《固体废物污染环境防治法》中简单提到了农作物秸秆的管理，即"禁止在人口集中地区、机场周围、交通干线附近以及当地人民政府划定的区域露天焚烧秸秆"，在美国固体废物范围中包括"农作物生长和收割、动物养殖过程中产生并作为肥料（包括牲畜粪便）返回土壤的固体废物"。

l）教学、科研、生产、医疗等实验过程中产生的动物尸体等实验室废弃物质。

本条是指实验室的固体废物，在《导则》的固体废物范围中明确列出了"实验室产生的废弃物质"。例如，用于生物实验的白鼠、白兔、鱼类等，生物实验结束后产生的须无害化处理的动物尸体；化学实验产生的废酸、废有机溶剂等；用于试验、实验、分析、研究目的，实验结束后的残余物、无用的剩余样品等。

m）其他生产过程中产生的副产物。

本条也是对不能穷尽举例的其他生产中的副产废物的总结，如由矿粉、火法冶炼渣、湿法冶金渣组成的成分复杂的混合物和竹材生产竹原纤维过程中原料预处理的下脚料。

（3）通过分析国外固体废物管理情况、我国《导则》中内容和对实际鉴别实例的总结，得出环境治理和污染控制过程是固体废物产生的另一主要来源，具有很强的代表性。当然，如果将环境治理和污染控制设施作为产品生产的主体设施的有机组成部分的话，很多环境治理和污染控制过程产生的固体废物也可以列入前述副产物固体废物或产品类废物类别中。但如果将所有环境治理和污染控制过程中产生的固体废物都视作副产物废物或产品类废物的话，则不妥，会导致固体废物来源分类上出现一定的混乱，也可能出现归类真空，例如，废物焚烧处置产生的残余物、垃圾填埋处置产生的渗滤液、城市污水处理产生的市政污泥、污染河道的疏浚淤泥、水体清理打捞的漂浮物、公共环境维护的清扫物、居民粪便等无论如何不宜归为产品类废物或产品生产中的副产物废物。将这一大类废物单列出来，有利于对废物来源合理分类和对鉴别规则合理使用，《通则标准》中 4.3 节列举了 14 个属于环境治理和污染控制过程中产生的废物的情况。

a）烟气、废气净化、除尘处理过程中收集的烟尘、粉尘，包括粉煤灰

国内外普遍将主体生产设施配套的除尘净化设施产生的回收粉尘、烟尘作为固体废物管理，是工业生产中无法回避的并广泛存在的回收废物。鉴别中也有案例支持，如电弧炉熔炼废钢产生的除尘灰、粉末涂料生产过程中旋风分离产生的通过袋滤器进行回收的超细粉、含钨锡矿物火法熔炼过程中布袋除尘或电除尘回收的烟尘。

运用该条标准时，不能与下面的非废物情形相混淆：一是就地作为生产原料返回配料系统的粉末物质，例如，通常所说的冶炼中的返粉、收集的粉尘或矿粉残余物不经贮存直接返回本厂配料系统；二是专门通过还原挥发原理和工艺得到的并且符合目标产物质量要求（行业通行的要求）的回收烟尘或粉尘，如冶炼厂烟化炉或回转窑专门通过挥发分离工艺生产的富集产物；三是粉末冶金生产中专门生产的超细粉；四是其他专门生产的粉末物质。

b）烟气脱硫产生的脱硫石膏和烟气脱硝产生的废脱硝催化剂。

这既是生产中的副产物废物，也是典型的环保设施产生的回收废物，脱硫石膏和废脱硝催化剂不是生产的目标产物，其产生目的是不污染大气环境，国内外废物名录中均包含这类废物，如燃煤电厂利用石灰水对烟气进行脱硫处理得到的废石膏。

c）煤气净化产生的煤焦油。

煤焦油是煤在干馏和气化过程中得到的黑褐色、黏稠油状液体，可分为低温煤焦油（干馏温度 450～600℃）、中温煤焦油（干馏温度 700～900℃）、高温煤焦油（干馏温度1 000℃左右）。低温煤焦油密度较小，主要成分是高级酚、软蜡、短链的脂肪族饱和烃和烯烃；中温煤焦油和高温煤焦油是低温煤焦油在高温下二次裂解的产物。高温煤焦油主要是芳香烃所组成的复杂混合物，其组分总数有上万种，目前已查明的有 500 多种，含量在 1%左右的组分只有 10 多种。因此，煤焦油组成成分非常复杂，含有大量有毒有害组分。

我国煤焦油产生量大，仅仅根据钢铁冶炼行业焦炭利用量推算，煤焦油的产生量达1 000 万 t 左右，还有大量小企业煤气净化中产生的劣质煤焦油，难以再循环利用，去向较为复杂。

在欧盟《固体废物名录》中也有"煤焦油和涂了焦油的产品"。

当然，如果生产的煤焦油是专门作为提取化工产品的重要原料，这种情况下建议可以例外，但一定要建立在环境保护主管部门书面认可的基础之上，同时还应符合一定的

质量标准要求。

[案例88]：煤焦油

某海关委托中国环境科学研究院对申报为
"煤焦油"的货物样品进行固体废物鉴别。样品为
黑色黏稠液体，有特殊气味，样品外观见图5-13。
经鉴别，样品中含有煤焦油萘，样品的密度、甲
苯不溶物、水分、灰分、黏度、萘含量等指标结
果符合煤焦油特征，判断样品为高温煤焦油，属
于固体废物。

d）烟气净化过程中产生的副产硫酸或盐酸。

例如，利用铅精矿、锌精矿、铜精矿等矿物冶
炼所产生的 SO_2 烟气，进一步得到副产 H_2SO_4，其
目的是防止 SO_2 污染环境。

图5-13 煤焦油样品外观

原因是这类特定产物产生量大、质量差、成分
复杂、国内销售市场有限，常造成产物积压，也容易造成二次环境污染风险等。但是，
如果副产 H_2SO_4 或副产 HCl 符合鉴别标准不作为固体废物管理物质的条款，则可不作为
固体废物管理。因此，遇到这类物质的废物属性鉴别时，应正确运用该规则，尤其不能
鼓励进口质量低劣、国内大量产生的物质，相反还应该严加控制进口。

e）水净化和废水处理产生的污泥及其他废弃物质。

该类物质是固体废物的一大来源，种类非常多，成分复杂，多属于混合废物，如印
刷线路板生产或电镀生产中的含铜废水处理污泥。在《导则》中包含"城市污水处理厂
污泥，生活垃圾处理厂产生的残渣"和"其他污染控制设施产生的垃圾、残余渣、污泥"，
在各国固体废物定义和范围中均明确包含污泥废物。鉴别中也有实例支持，如电镀铜锡
合金时产生的不含 Cr、Ni 的废水处理电镀污泥。

由于有些污泥本身含有较高的有色金属物质，具有较高的回收利用价值，很多企业
单纯从经济效益角度考虑而忽略环境政策、环境污染风险，造成不少违法进口事实，应
引起重视。工艺废水处理污泥、混合废水处理污泥、各种电镀污泥、有机污泥等或多或
少具有回收利用价值，鉴别工作中遇到产生来源不清的污泥，要判断是什么污泥、是怎
样产生、是不是副产品均有很大的难度。

[案例89]：电镀污泥

某海关委托中国环境科学研究院对申报为"铜矿砂"的货物样品进行固体废物鉴别。
样品为潮湿的大小不一的颗粒和块状，颗粒和块状外表为蓝绿色，掰开样品内部有的为
深褐色、有的为均匀蓝绿色，样品外观见图5-14和图5-15。经鉴别，样品不是铜矿砂，
样品为电镀铜锡合金时产生的废水处理污泥，是不含铬镍的电镀污泥，属于固体废物。

图 5-14　含铜污泥样品

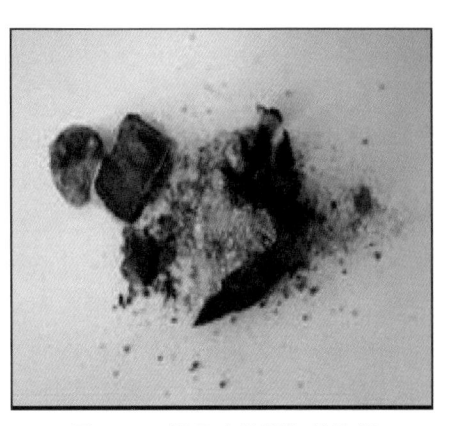

图 5-15　样品中的褐色的块状

f）废水或废液（包括固体废物填埋场产生的渗滤液）处理过程中产生的浓缩液。

废水或废液处理过程中产生的浓缩液是一类特殊的应按照固体废物管理的物质，是指以处置废水/液为目的产生的浓缩废液。该条准则是《固体废物污染环境防治法》适用于液态废物管理的具体表现，不少工业生产设施产生的浓缩废液，如利用生物膜处理电镀废水得到的浓缩液、不能直接进入废水处理厂处理的高浓度有机废液再经过浓缩处理的液体、垃圾填埋场产生的渗滤液进一步浓缩处理后的液体等，都难以按照废水进行管理。实际鉴别中也遇有这类废物，如以医药或农药中间体为主、在有机化工合成过程中产生的含溴化钠废水经处理的浓缩液；用糖蜜生产酵母、味素、酒精等产品过程中的高浓度有机废水经进一步浓缩处理的浓缩糖蜜发酵液。

利用膜渗透法或蒸发浓缩法的处理工艺，对有机物浓度高、可生化性差、氨氮浓度高、C/N 比严重失衡的固体废物填埋场渗滤液进行处理得到浓缩液，该浓缩液污染物的浓度远高于渗滤液，若排入环境，会造成严重的环境污染，因此，不应按照废水进行管理，应按照固体废物进行管理和无害化处置。

g）化粪池污泥、厕所粪便。

本条也是环境设施产生的典型废物，在美国固体废物范围中包括"来自家庭环境中的垃圾、废物、化粪池中的卫生废物等物质"，在日本固体废物定义中也包括这类废物。城市居民生活中产生的污水、粪便等进入化粪池进行沉淀，去除一定量的悬浮物，沉淀下来的污泥经过一定时间的厌氧发酵分解，使污泥中的有机物分解成稳定的无机物，将易腐败的生污泥转化为稳定的熟污泥，该污泥为化粪池污泥。

h）固体废物焚烧炉产生的飞灰、底渣等灰渣。

焚烧是固体废物的一种处置方式，适应于有机废物的无害化处置，对不再具有循环利用价值的废物是一种减少体积和数量的最佳方式。焚烧灰渣是固体废物燃烧处理产生的典型废物种类。在美国固体范围中明确包括"煤或其他化石燃料（如石油、天然气等）

燃烧产生的飞灰、底灰、炉渣和烟气排放控制废物",如从垃圾焚烧炉中排出的体积只有原来垃圾体积约10%的灰渣,以及烟气进入除尘器被收集下来的飞灰。

i)堆肥生产过程中产生的残余物质。

很多固体废物尤其是有机废物可以进行堆肥处理,在堆肥处理中产生的各种残余物质,包括筛分出的不适合作为堆肥利用的部分或者不满足肥料标准的部分,仍然属于固体废物。

j)绿化和园林管理中清理产生的植物枝叶。

枯枝败叶是典型的固体废物。在欧盟《固体废物名录》中明确包括"废弃的植物枝叶"和"林业活动产生的废物"。例如,园林养护中产生的废弃枝叶(植物凋落物)、树枝修剪物、草坪修剪物等。

k)河道、沟渠、湖泊、航道、浴场等水体环境中清理出的漂浮物和疏浚污泥。

这条准则由《导则》中的"城市河道疏浚污泥"进一步扩展而成。在河道、沟渠、湖泊、航道、浴场的建设工程中,以及为了能够维持正常的泄洪能力和保证航道的畅通,在清淤过程中都会产生大量的疏浚污泥。为了确保水面整洁,需对河道、沟渠、湖泊、航道、浴场的漂浮物,比如水葫芦和过江藤等水生植物、生活垃圾、油污、枯枝树叶等进行清理,因而得到大量的漂浮物垃圾。

l)烟气、臭气和废水净化过程产生的废活性炭、过滤器滤膜等过滤介质。

在烟气治理、脱臭处理、空气净化、废水净化等环境治理和污染控制设施中经常使用活性炭、滤膜、滤管等过滤材料,使用一段时间便会报废,成为固体废物。在欧盟《固体废物名录》中明确包括"过滤材料"。例如,用于废水处理中的活性炭,可以脱色、脱臭、脱氯、去除有机物及重金属并去除合成洗涤剂、细菌、病毒及放射性等污染物质,但是当活性炭达到饱和吸附容量时,其吸附功能将大大降低,需要进行更换,更换的活性炭属于失效的废活性炭。

m)在污染地块修复、处理过程中,采用下列任何一种方式处置或利用的污染土壤:填埋,焚烧,水泥窑协同处置,生产砖、瓦、筑路材料等其他建筑材料。

本条在过去的废物种类以及废物管理中不是很突出,但在国家非常重视污染地块修复、治理的新形势下,具有重要意义,体现了甚至解决了污染地块、污染土壤和固体废物的内在关系,明确了属于固体废物的前置条件。在欧盟《固体废物名录》中包括"土壤(包括从污染地块挖掘的土壤)、石头、疏浚废土"。以填埋、焚烧、水泥窑协同处置、生产建筑材料等四种方式处置或利用土壤时,被挖掘出来的污染土壤已经丧失了土壤的原有功能,成为固体废物。其中:以填埋方式处置的污染土壤,如在铬污染地块修复过程中,利用异位清洗加还原稳定化技术处理重污染土壤后,使被污染土壤达到填埋场的要求进行填埋;以焚烧方式处置的污染土壤,如在DDT、六六六污染地块修复过程中,利用异位焚烧技术焚烧的污染土壤;以水泥窑协同处置方式处置的污染土壤,如在以石油为主的污染地块修复过程中，采用水泥窑协同处置技术处置的污染土壤；以生产砖、瓦、筑路材料等其他建筑材料方式利用的污染土壤，如在重金属污染地块修复过程中，采用土壤固化稳定化处理技术和水泥窑协同处置技术处理污染土壤，将处理后的土壤用于生产建筑材料。

n）在其他环境治理过程中和污染修复过程中产生的各类物质。

这是对无法穷尽列举废物的兜底条款。

（4）固体废物的其他来源，又包括下面两条：

a）法律禁止使用的物质；b）国务院环境保护行政主管部门认定为固体废物的物质。

这两条是采用了《导则》中的"被法律禁止使用的任何材料、物质或物品；国务院环境保护行政主管部门声明是固体废物的物质或物品"。

6．在利用和处置过程中的固体废物鉴别

鉴别标准第 5 部分规定了在利用和处置过程中的固体废物鉴别准则，是根据固体废物的全管理过程特点进行鉴别的情况，包含两方面的内容：一是根据固体废物的利用和处置方式进行鉴别，即明确以所列出的利用和处置为目的的物质，在利用和处置过程中均属于固体废物；二是固体废物作为生产原料加工到什么程度不再属于固体废物。在确定物质是否属于固体废物时，两方面均有很强的代表性和适应性。

（1）固体废物具体处置方式下仍属于固体废物的鉴别准则

借鉴《巴塞尔公约》、美国、欧盟和经济合作与发展组织对固体废物的利用和处置方式，明确：

固体废物按照以下任何一种方式利用或处置时，仍然作为固体废物管理（但包含在6.2 条中的除外）

a）以土壤改良、地块改造、地块修复和其他土地利用方式直接施用于土地或生产施用于土地的物质（包括堆肥），以及生产筑路材料。

固体废物的这一大类去向，在生产中是广泛存在的现象，如粉煤灰直接施入土壤后，属于土壤改良；将不符合我国《一般工业固体废物贮存、处置场污染控制标准》（GB 18599—2001）的一般工业固体废物填埋场所，按照该标准进行改造的全过程中，其中填埋的一般工业固体废物仍然作为固体废物管理；以基于地下水流场控制的原位淋洗加还原稳定化技术，进行轻度铬污染地块修复的全过程中，含铬固体废物一直作为固体废物进行管理。实际中也有鉴别案例支持，如以生活垃圾和植物枝叶为主，添加N、P、K 等无机物，生产花卉种植基质产品，在生产该产品过程中，生活垃圾和植物枝叶仍然作为固体废物管理。

b）焚烧处置（包括获取热能的焚烧和垃圾衍生燃料的焚烧），或用于生产燃料，或包含于燃料中。

这种情况是有机废物典型的处置方式或处置性利用方式。例如，在分类收集的垃圾中，对燃烧值较高的进行高温焚烧，高温焚烧中产生的热能转化为高温蒸气，推动涡轮机转动，使发电机产生电能；在这里，垃圾焚烧发电属于为了能量回收的燃烧，垃圾在该过程中应作为固体废物管理。

c）填埋处置。

本条是规定固体废物在进行填埋处置的全过程中作为固体废物进行管理。填埋本身是一个多步骤操作过程，包括收集、暂存、破碎、分拣、压缩、运输、入场检验、填埋倾倒、整理压实、黏土覆盖等环节或处理过程，在整个过程中的流转对象都应按照固体废物来管理，即仍属于固体废物。

d）倾倒、堆置。

在现实活动中，经常出现违法转移、非法倾倒固体废物的行为，成为我国固体废物违法处置、污染环境的主要方面，近些年违法处置（倾倒）危险废物已成为公检法机关重点打击对象。

e）国务院环境保护行政主管部门认定的其他处置方式。

上述几种固体废物处置或处置性的利用仅是常见固体废物处置方式，但并不是固体废物全部的处置方式，在国外以往还包括永久贮存、海洋处置、深井灌注等。因此，从我国固体废物管理角度，有必要把将来由国家环境保护行政主管部门认定的其他处置方式的固体废物包含进来，从标准上留一个出口。

（2）固体废物生产的产物不属于固体废物的鉴别准则

借鉴美国、经济合作与发展组织、欧盟的固体废物管理，《通则标准》5.2 节列举出了利用固体废物生产的产物不作为固体废物管理，按照相应的产品管理需要同时满足的三个条件：

a）符合国家、地方制定或行业通行的所替代原料生产的产品质量标准。

这里强调符合国家、地方或行业通用的所替代原料生产的产品质量标准，是为了防止有些企业为了规避固体废物管理，制定约束条件很少的企业标准，并仅到当地质量技术监督部门进行备案，就将其作为固体废物生产的产品标准的情况。

b）符合相关国家污染控制标准或技术规范要求，包括该产物生产过程中排放到环境中的有害物质含量标准和该产物中有害物质的含量标准；当没有相关国家污染控制标准或技术规范时，该产物中所含有害成分含量不高于利用所替代原料生产的产品中的有害成分含量，并且在该产物生产过程中，排放到环境中的有害物质浓度不高于利用所替代原料生产产品过程中排放到环境中的有害物质浓度，当没有所替代原料时，不考虑该条件。

该条强调国家污染控制标准或技术规范，是因为与正常原材料生产的产品相比，以固体废物为原料生产的产品中可能有多种污染物，因此，以固体废物为原料的生产过程和产品的污染控制标准或技术规范中应该对其中的污染物制订相应的控制指标。

借鉴了美国 40CFR 260.34 和 40CFR 260.43 中有害再生原料不属于固体废物中的两个条件，即"有害再生材料的化学和物理特性与商业产品或中间产物相当"和"在加工生产过程中，排放到环境中的有害物质浓度不高于利用所替代原料生产过程中排放到环境中的有害物质浓度"，也借鉴了《导则》中"该物质是否含有对环境有害的成分，而这些成分通常在所替代的原料或产品中没有发现，并且这些成分在再循环过程中不能被有效利用或再利用"和"同相应的原材料相比，在生产过程中该物质的使用不会对人体健康或环境增加风险，不会对人体健康或环境产生更大的风险"。

c）有稳定、合理的市场需求。

在欧盟列出的物质属于副产品需要满足的条件，以及美国确定有害再生材料属于产品而不属于固体废物的因素中，均提到了再生的合法性，结合欧盟列出的固体废物经过加工不再属于固体废物的条件，有稳定和合理的市场需求是衡量固体废物加工产物不属于固体废物的重要因素，也是其合法性的重要体现。

7．不作为固体废物管理的物质

不作为固体废物管理的物质包括两个方面：一方面是不属于《固体废物污染环境防治法》管理范围的物质，或者本不属于固体废物而易被误解为固体废物的物质，即固体废物排除；另一方面是一些有利于生态环境净化或还原的特定处置，且不会对环境产生不利影响的固体废物，即固体废物豁免。

（1）不作为固体废物管理的物质

《通则标准》6.1 节列出了以下不作为固体废物管理的 4 类物质。

a）任何不需要修复和加工即可用于其原始用途的物质，或者在产生点经过修复和加工后满足国家、地方制定或行业通行的产品质量标准并且用于其原始用途的物质。

参照《导则》中的"任何用于其原始用途的物质和物品"以及《导则》综合判断流程中的"物质使用前不需要修复和加工，或仅需要很小的修复和加工"，这种情况属于"非固体废物"，否则属于"固体废物"。本条的情形在居民的日常生活中比较常见，如在使用中遭到小的损坏的产品，维修后还是原来的用途，如补的衣服等；在工业生产中也存在本条的情况，如维修的车辆。

b）不经过贮存或堆积过程，而在现场直接返回到原生产过程或返回其产生过程的物质。

这条参照了《导则》中的"不经过贮存而在现场直接返回到原生产过程或返回到其产生的过程的物质或物品"，并借鉴经济合作与发展组织对固体废物排除的条件"固体废物必须直接从产生者传送到它将被利用的加工过程"和美国当"固体废物作为配料被用于或再利用于产品工业生产过程"时作为非固体废物管理的情况。例如，铁精矿生产烧结矿、球团矿、直接还原铁产品过程中产生的散料，即筛下粉料和部分未烧好的球团的混合物，这种混合物都会直接作为钢铁冶炼原料的配料过程，其成分和物相与烧结料或球团料没有本质区别，仍然是铁精矿的上好替代物料。

c）修复后返回到原产生点并且作为土壤用途使用的污染土壤。

参照固体废物定义以及《导则》中的"任何用于其原始用途的物质和物品"。例如，被重金属污染的土壤，被修复后又回到原产生点种植农作物时，不作为固体废物管理。

d）供实验室化验分析用或科学研究用的固体废物样品。

这是将《导则》中不属于固体废物范围中的"实验室用样品"进行了进一步的明确，并借鉴美国其他固体废物排除中的"废物表征样品和试运行研究"。例如，委托机构送至固体废物鉴别机构进行固体废物鉴别的样品。

（2）固体废物处置之后不作为固体废物管理的物质

借鉴经济合作与发展组织的固体废物管理，以及总结日常工作实践，《通则标准》6.2 节列出了经过 2 种特定处置方式后不再作为固体废物管理的物质。

a）金属矿、非金属矿和煤炭采选过程中直接留在或返回到采空区的符合 GB 18599—2001 中第Ⅰ类一般工业固体废物要求的采矿废石、尾矿和煤矸石。但是带入除采矿废石、尾矿和煤矸石以外的其他污染物质的除外。

该准则是由管理经验总结得出，我国矿物种类非常多，很多矿山地理位置和条件非常不好，对于一些可就近就地进入开采环境中的矿物性废物予以豁免管理具有很好的现实意义。在这里限定符合 GB 18599—2001 中第Ⅰ类一般工业固体废物要求的采矿废石和尾矿，是避免将危险性较大的第Ⅱ类一般工业固体废物和危险废物的采矿废石和尾矿也直接留在或返回到采空区，对环境造成污染，体现出有限豁免的管理原则。

b）工程施工中产生的可按照法规要求或国家标准要求就地处置的物质。

这是由日常工作实践总结得出的。例如，在挖掘隧道、野外管线铺设等施工作业过程中产生的可就地处置或进行生态恢复的土石。

（3）国务院环境保护行政主管部门认定不作为固体废物管理的物质

这是从法律和政府管理角度留出的特别情况。

8．不作为液态废物管理的物质

《固体废物污染环境防治法》第八十九条规定："液态废物的污染防治，适用本法；但是，排入水体的废水的污染防治适用有关法律，不适用本法。"因此，《通则标准》第 7 部分列出了不作为液态废物管理的物质。

（1）满足相关法规和排放标准要求可排入环境水体或者市政污水管网和处理设施的废水、污水。

（2）经过物理处理、化学处理、物理化学处理和生物处理等废水处理工艺处理后，可以满足向环境水体或市政污水管网和处理设施排放的相关法规和排放标准要求的废水、污水。

制定本条规则是避免与废水管理部门交叉管理和错位管理，例如，全国人大常委会通过了《水污染防治法》，我国住建部门制定了专门的《污水排入城镇下水道水质标准》（CJ 343—2015），废水当然不能归入固体废物或按照固体废物来管理。同时还参考了美国非固体废物范围中"生活污水和生活污水混合物，以及其他通过污水系统排入公共处理设施的废物"和"《清洁水法》管理的工业废水"。但是，即使利用物理处理、化学处理、物理化学处理和生物处理等废水处理工艺进行处理，也无法满足相关法规和排放标准要求的废水、污水、废酸和废碱，仍作为液态废物管理，需要按照本标准的具体条款对其是否属于固体废物进行鉴别。

（3）废酸、废碱中和处理后产生的满足 7.1 条或 7.2 条要求的废水。

酸或碱的使用范围非常广泛、使用量也较多，产生废物的情况也较为复杂，对于大量酸和碱通过中和处理之后产生的符合相关法规要求和达到相关排放标准的液体，不再作为固体废物管理，而是作为废水。

七、实施标准的效益分析及建议

1．实施《通则标准》的环境效益及经济技术分析

《通则标准》建立了固体废物的判定原则和方法。占我国固体废物产生量 90% 以上的固体种类都能在该标准中找到，操作性强。实施标准将带来良好的环境效益，主要表现在：

（1）标准实施有利于危险废物的鉴别。固体废物鉴别是危险废物鉴别的前提，程序上处于危险废物鉴别之前。在对危险废物定性前，首先必须进行固体废物鉴别，如果一个物质不属于固体废物，那么它就不属于危险废物。实施该标准有利于强化固体废物的管理，将有效阻止固体废物特别是危险废物的不合法利用，减少环境风险。

（2）标准实施有利于进口废物管理。该标准将有力地指导进口废物鉴别工作，遏止不符合我国《进口可用作原料的固体废物环境保护控制标准》或者低利用价值的洋垃圾入境，对保障我国生态环境安全发挥重要作用。

（3）标准实施有利于进一步明确固体废物管理对象。标准明确了工业生产过程中产生的副产物、副产品以及利用固体废物生产的产物是否属于固体废物的定义、鉴别原则和方法。

（4）标准实施可促进固体废物资源化再生和生态循环技术的发展，提高固体废物综合利用和处置效率，使其向综合利用产品转换更通畅。例如，金属矿、非金属矿和煤炭采选过程中直接留在或返回到采空区的符合 GB 18599 中第Ⅰ类一般工业固体废物要求的采矿废石、尾矿和煤矸石不按固体废物进行管理；促使高炉渣、钢渣、粉煤灰、锅炉

渣、煤矸石、尾矿等固体废物作为建材原料使用，减少堆存量。

2．对实施《通则标准》的建议

由于《通则标准》主要应用在口岸进口货物管理，因而起着非常重要的技术支撑作用。鉴别为禁止进口废物的案例往往会导致公检法机关的直接介入，并可能给当事人造成应承担违法进口废物的严厉处罚和严重责任。标准实施过程中，生态环境部和海关总署有必要加强对标准的培训和解释，加强对各鉴别机构的具体指导和监督管理，并出台配套的鉴别程序、鉴别技术规程、监督管理办法等指导性文件。

八、重要意见的采纳和处理

1．对征求意见的处理说明

在征求意见过程中，各单位提出了大量的意见和建议，主要集中在以下几个方面：

一是固体废物的范围归类要更合理，应列举出典型的固体废物种类；二是标准对副产品、副产物要有区分规则，不能相互回避；三是固体废物的鉴别准则即固体废物处置和利用过程中的产物如何鉴别非常重要，制定的准则应合理可行，既不能扩大化，又不能遗漏典型情况；四是当没有国家、地方或行业通用的产品质量标准时，可以执行企业标准；五是明确本标准与《导则》之间的关系；六是固体废物排除情况要合理，要有利于监督管理；七是修改或者增加相关术语定义；八是文字表述应严谨。以下为一些代表性意见的采纳和修改说明。

（1）关于列举出典型的固体废物种类

针对国家发展和改革委员会、环境保护部污染防治司提出的"增加粉煤灰、磷石膏、赤泥、冶炼渣等具有代表性的固体废弃物"和"增加建筑垃圾、工业副产 H_2SO_4、副产 HCl、各类锅炉窑炉炉渣等"的建议。编制组采纳该意见，分别在不同条款中列举一些常见的、典型的、产生量大的固体废物，使该条款更直接有效、更易理解，如冶金工业常见的固体废物：高炉渣、钢渣、有色金属冶炼渣、赤泥；化学工业常见的固体废物：电石渣、磷石膏、氨碱白泥、铬渣；废石、尾矿、煤矸石；燃煤锅炉窑炉产生的燃煤炉渣；建筑废物；禽畜养殖场产生的禽畜粪便和病害动物尸体；农业废物；粉煤灰；煤气净化产生的煤焦油；冶炼烟气净化过程中产生的副产 H_2SO_4 或 HCl；水净化和废水处理污泥；化粪池污泥、厕所粪便等。

（2）关于明确副产品和副产物的区分准则

针对国家发展和改革委员会、国家质检总局、环境保护部污染防治司、青海省环境保护厅、环境保护部环境工程评估中心、南京市环境保护局和广州海关提出的有关纳入固体废物管理和纳入产品管理的副产物的判别依据的建议。编制组综合考虑，标准中将5.1 条的题目修改为"在任何条件下，固体废物按照以下任何一种方式利用或处置时，仍然作为固体废物管理（但包含在 6.2 条中的除外）"，并且增加了 5.2 条"利用固体废物生产的产物同时满足下述条件的，不作为固体废物管理，按照相应的产品管理（按照5.1 条进行利用或处置的除外）"，至此，该标准中对于属于产品的物质的固体废物鉴别包括 3 个部分，即在 4.1 条中列出了属于固体废物的产品类物品，在 5.1 条和 5.2 条中分别列出了固体废物生产的产品作为和不作为固体废物管理的条件。

本标准对副产品和副产物进行了区分，是重要亮点之一。

（3）增加固体废物再加工产物的固体废物鉴别准则

针对海关总署办公厅提出的对编制说明中有关鉴别的原则性条款列入标准的建议，原则采纳该建议，将编制说明中的关于固体废物再加工之后得到的产物进行固体废物鉴别的原则性条款在标准文本的 5.2 条中列出。

（4）关于企业标准

针对山东省环境保护厅、云南省环境保护厅、新疆维吾尔自治区环境保护厅和南京市环境保护局提出，当没有国家和行业标准时，可以执行企业自行制定的标准的建议，编制组未采纳，因为在实践中，有些企业为了规避固体废物管理，制定约束条件很少的企业标准，仅到当地质量技术监督部门进行备案，类似企业标准不足以作为固体废物生产的产品标准。通常情况下，该类企业标准不能代表其约束的产物有正常的市场，并且在正常贸易过程中不起作用；另外，如果允许执行该类企业标准，将增加含有大量危害物质的固体废物进入我国的风险，也会造成危险废物在各省间转移造成的污染风险扩大。

但是，如果某一行业没有相应的国家、地方制定或行业通行的质量标准，那么该行业通行的企业标准、团体标准可使用，但必须谨慎地使用，必须建立在高质量的企业标准、团体标准基础之上。

（5）关于明确本标准与《导则》之间的关系

针对上海市环保局、云南省环境保护厅和环境保护部环境工程评估中心提出的明确本标准与导则之间的关系的建议，编制组采纳该建议，在编制说明中明确了本标准与导则之间的关系，新的标准取代导则，生态环境部已发文明确标准替代导则。

（6）关于固体废物排除情况应合理

针对环境保护部污染防治司和贵州省环境保护厅分别提出的"试运行用固体废物样品因数量较大，建议按固体废物进行管理"和"限定中试用样品以及试运行用样品使用量"的建议，编制组采纳该意见，删除了中试用样品以及试运行用样品的内容。

针对中国环境科学学会提出的废弃大型产品实验室样品（如机床、汽车等）应作为固体废物管理的建议，编制组认为可不做修改，因为用于实验的固体废物样品与实验产生的固体废物不同。

针对环境保护部污染防治司和江西省固体废物管理中心提出的 5.2 a）条的规定将无法实现对失效产品中危险废物的全过程管理，将此类失效产品中属于危险废物的按照固体废物进行管理的建议，编制组原则采纳，删除了该条，并列出了固体废物生产产品不作为固体废物管理需要满足的条件。

针对环境保护部环境工程评估中心提出的明确充填采矿法中掺入采矿废石和尾矿中的水泥、炉渣等物质是否也列入不作为固体废物进行管理的范围的建议，编制组认为充填采矿法中掺入采矿废石和尾矿中的水泥、炉渣等物质不宜作为固体废物管理，因此修改为"金属矿、非金属矿和煤炭采选过程中直接留在或返回到采空区的符合 GB 18599 中第 I 类一般工业固体废物要求的采矿废石、尾矿和煤矸石。但是带入除采矿废石、尾矿和煤矸石以外的其他污染物质的除外"。

（7）关于修改或增加相关术语的定义

针对国家质检总局、环境保护部污染防治司、南京市环境保护局和武汉市环境保护局提出增加液态废物的建议。编制组已在适用范围中增加相应内容。

针对环境保护部污染防治司提出的将"处置"修改为"处理处置"的建议。编制组原则采纳，没有将"处置"修改为"处理处置"，但是增加了"处理"的定义。

针对环境保护部污染防治司提出的增加"利用"定义的建议。编制组增加了该定义。

针对环境保护部环境工程评估中心提出的"处置"定义的修改建议，编制组已采纳。

针对国家质检总局和中国环境科学学会提出的将"首要产物（primary products）"修改为"目标产物（prime products）"的建议，编制组采纳，修改为"目标产物（target products）"。

针对上海市环境保护局提出的增加"副产物"定义的建议，编制组原则采纳。

针对国家质检总局和广州海关提出的增加"等外品"和"最终产品"定义的建议，编制组原则采纳，在相应条款中体现出产品标准中等外品级，将"最终产品"修改为"产品"。

（8）关于增加或调整的标准条款

针对环境保护部环境工程评估中心、武汉市环境保护局提出的合并 3.1 a）和 b）的建议，编制组已采纳。

针对河南省固体废物管理中心提出的在 3.3 条中增加烟气脱硝产生的脱硝催化剂的建议，编制组已采纳，在 4.3 b）条中列出了烟气脱硝产生的脱硝催化剂。

针对青海省环境保护厅提出的将"3.3 h）生活类化粪池污泥、厕所粪便"和"3.3 m）绿化及园林管理清理产生的植物树叶"不作为固体废物管理的建议，编制组未采纳，因为化粪池污泥、厕所粪便、绿化及园林管理清理产生的植物树叶是固有的固体废物。

针对青海省环境保护厅提出的将"3.3 l）动物尸体"不作为固体废物管理的建议，

编制组未采纳，因为在《畜禽养殖业污染防治技术规范》（HJ/T 81—2001）中明确包括病死畜禽尸体，另外，在《国家危险废物名录》中明确列出了"为防治动物传染病而需要收集和处置的废物"。

针对环境保护部环境工程评估中心提出的增加"失效的过滤介质（如废活性炭、过滤器滤膜等）"的建议，编制组已采纳，在4.3 1）条中列出了失效的废活性炭、过滤器滤膜等过滤介质。

（9）关于文字表述应严谨

针对国家质检总局和重庆市环境保护局提出的适用范围中"液态物质的废物属性鉴别"文字表述的修改，编制组已采纳，将其修改为"液态物质的固体废物鉴别"。

针对国家发展和改革委员会、海关总署办公厅和广州海关提出的将3.1条中产品（商品）修改为物品以及统一该标准中物质、物品、产品、商品等名词的使用的建议，编制组已采纳，在适用范围中明确指出物质、物品、产品、商品或材料（以下简称物质、物品），并且将4.1条中的产品（商品）修改为物质。

针对国家质检总局、南京市环境保护局、美国信息产业机构、美国信息技术产业理事会提出的3.1 a）条中关于不合格品归入固体废物的范围应该有更详细的规定，以及不应将不合格品、残次品列入固体废物的建议，编制组部分采纳该意见，认为在生产企业内进行返工（返修）的物品不应该属于固体废物，在4.1 a）中增加了"在生产企业内进行返工（返修）的物质除外"。

针对环境保护部污染防治司提出的3.1 f）条的文字修改意见，编制组已采纳，修改为"执法机关查处没收的需报废、销毁等无害化处理的物质，包括（但不限于）假冒伪劣产品、侵犯知识产权产品、毒品等禁用品"。

针对海关总署办公厅、中国环境科学学会和广州海关提出的将"火灾、地震……等灾难"统称为"自然灾害、不可抗力因素和人为因素"的建议，编制组已采纳，修改为"因为自然灾害、不可抗力因素和人为灾难因素造成损坏而无法继续按照原用途使用的物质"。

针对国家质检总局、湖南省环境保护厅、中国环境科学学会、美国信息产业机构（OSITO）、美国信息技术产业理事会（ITI）提出的4.1条标题文字表述的修改建议，编制组已采纳，修改为"在任何条件下，固体废物按照以下任何一种方式利用或处置时，仍然作为固体废物管理（但包含在6.2条中的除外）"。

针对国家质检总局和江苏省固体有害废物登记和管理中心提出的4.2 a）条的文字修改意见，编制组采纳意见，修改为"符合国家、地方制定或行业通行的产品质量标准"。

2．针对审议意见的修改说明

（1）2014年10月28日，环境保护部科技标准司组织召开标准审议会，审议会专家提出的意见为：a）对文字和结构进行必要的调整；b）对处理、处置的定义酌情进行修改。针对审议会专家意见，编制组对标准做了认真修改。

（2）2015 年 3 月 25 日，环境保护部污染防治司《关于〈固体废物鉴别标准　通则〉（报批稿）的意见建议》提出了"部分物质降级使用的物质不属于固体废物"、"堆肥的肥料不属于固体废物"、"垃圾衍生燃料应纳入产品进行管理"等意见，编制组没有采纳并解释了原因。对其他合理意见一一采纳，并给出了理由。

（3）2015 年 5 月 5 日，标准报批稿通过了科技标准司司务会的审查，提出了增加实验室产生的动物尸体和文字方面的一些修改意见，编制组一一落实情况并做修改。

（4）2016 年 9 月 21 日，标准报批稿通过土壤环境管理司司务会审查，司务会提出的意见和落实情况如下：

①提出的意见：增加实验室产生的动物尸体。

采纳，修改为"4.2 1）教学、科研、生产、医疗等实验过程中，产生的动物尸体等实验室废弃物质"。

②提出的意见：明确修复后污染土壤是否属于固体废物。

采纳，在 6.1 f）条中明确指出了"修复后返回到原产生点并且作为土壤用途使用的污染土壤"不作为固体废物管理。

③提出的意见：建议修改"利用环境影响评价评价固体废物生产产物的实际市场需求、固定用户、特定用途和市场价值等比较困难"。

采纳，将 5.2 c）条修改为"有稳定、合理的市场需求"。

④提出的意见：文字方面的修改。

采纳情况：全部采纳，已修改。

（5）2016 年 10 月 26 日，标准报批稿通过部长专题会审查，部长专题会提出的意见和编制组落实情况如下：

①提出的意见：文本中关于放射性废物的部分不明确。

采纳，在标准的适用范围中明确本标准不适用于放射性废物的鉴别。

②提出的意见：文本中关于液态废物的部分不明确。

采纳，增加第 7 条"不作为液态废物管理的物质"，明确该条目下各条款中所列物质不作为液态废物管理，而是作为废水管理。

③提出的意见：文字方面的修改。

采纳情况：全部采纳，已修改。

（6）2016 年 11 月 2 日，根据 10 月 26 日环境保护部部长专题会精神，向部内 11 个有关司局再次征求意见。截至 2016 年 11 月 15 日，收到了 8 家无修改意见和 3 条修改意见。意见及处理如下：

①政策法规司提出的意见：《固体废物鉴别标准 通则（报批稿）》对固体废物"利

用""处置"的定义与《固体废物污染环境防治法》中的定义不同，建议斟酌。

采纳情况：采纳。对于"处置"、"利用"的定义与《固体废物污染环境防治法》中保持一致。

②环境影响评价司提出的意见：固体废物的定义与4.2条中条文存在一定矛盾，已在废物管理实践中暴露出问题。部分企业产生有再利用价值的副产品却被认定为固体废物，不利于循环经济的实施。建议再次进行专题论证明确合理区分的标准。

采纳情况：未采纳。由于在固体废物管理中和日常理解中，对产品、副产品、副产物的理解缺乏统一的标准。在多次专家论证会上，针对此问题进行了详细论证，专家已达成一致意见。

本标准通过实际工作实践经验总结出"目标产物"和参考美国《联邦法规》40CFR 261.1（c）（3）中副产物的定义，将产品、副产品和副产物有机联系在一起，同时进行了明确的区分，副产品是产品，副产物归属于固体废物。尤其是参考美国40CFR 260.34和260.43、欧盟2008/98/EC指令Article 6、欧盟2008/98/EC指令Article5及OECD等相关法规标准，对利用固体废物进行生产的产物如果按照相应产品管理必须满足5.2相应的3个条件要求，目的是进一步加强对固体废物利用后产物的环境风险管理，防止借利用名义逃避对固体废物的监管。

③水环境管理司提出的意见：建议将"废酸、废碱中和处理后产生的满足7.1或7.2条要求的废水"的内容删除。理由是：根据《中华人民共和国水污染防治法》第二十九条规定，酸液和碱液属于禁止向水体排放的污染物之一，此款容易误导企业采取自行处理处置的方式后向水体排放酸液和碱液。

未采纳。废酸、废碱属于HW34、HW35类危险废物，《中华人民共和国水污染防治法》也禁止其向水体直接排放。如果删除7.3条，按照《危险废物鉴别 通则》中对危险废物处理后的判定规则，具有腐蚀性的废酸、废碱经处理后仍然属于固体废物或危险废物，这样废酸、废碱处理后的产物就无法从液态废物里排除出来，导致处理后产生的废水可能按固体废物进行管理。

如果在7.3条后面不加"满足7.1或7.2条"，更容易导致企业废酸、废碱处理后的产物没有标准依据可遵循，处理到什么程度也无法监管，更容易导致企业废酸或废碱处理后将产物随便排放的情况发生，风险更不可控。目前，企业对于废酸、废碱处理后的产物该按废物还是废水进行管理存在困惑。因此，为了防止企业将废酸、废碱中和后直接排放入水体，并区分废酸和废碱处理后的产物到底是废物还是废水，《通则标准》7.3条建立了判断原则。

（7）2017年4月1日，标准报批稿通过环境保护部部长常务会审查，部长常务会提出的意见和编制组落实情况如下：

①提出的意见：6.2 a）条中应包含煤矿采选过程中直接留在或返回到采空区的

煤矸石。

采纳，将 6.2 a）条修改为"金属矿、非金属矿和煤炭采选过程中直接留在或返回到采空区的符合 GB 18599 中第 I 类一般工业固体废物要求的采矿废石、尾矿和煤矸石。但是带入除采矿废石、尾矿和煤矸石以外的其他污染物质的除外"，与 4.2 d）条前后呼应。

②提出的意见：将适用范围中的"液态废物的鉴别，适用于本标准"修改为"液态废物的鉴别参照本标准"。

未采纳，在《固体废物污染环境防治法》中明确指出"液态废物的污染防治，适用本法"，因此标准中目前的写法没有问题。

③提出的意见：5.2 a）条中应包含企业标准。

采纳情况：原则采纳，5.2 a）条指出"符合国家、地方制定或行业通行的所替代原料生产的产品质量标准"，其中行业通行的所替代原料生产的产品质量标准包含在行业中通行的企业标准、团体标准和行业标准。

④提出的意见：删除 4.3 m）条。

采纳情况：未采纳。因为 4.3 m）条中处置或利用的污染土壤丧失了土壤的原有利用价值，属于固体废物，应该包含在本标准中。

（8）针对法律审查意见的修改说明

2017 年 4 月 19 日，邀请相关律师针对本标准进行法律审查情况如下：

①提出的意见：《通则》第 3.3 条对于"利用"的定义与《固体废物污染环境防治法》相冲突，建议作出调整。理由是：《固体废物污染环境防治法》第八十八条规定"利用，是指从固体废物中提取物质作为原材料或者燃料的活动。"《通则》第 3.3 条将"利用"定义为"从固体废物中提取物质作为原材料、燃料或获得能量等将固体废物转化为产品的活动"，与《固体废物污染环境防治法》相冲突。

采纳情况：采纳。与《固体废物污染环境防治法》中"利用"的定义相一致。

②提出的意见：《通则》前言部分不太符合《标准化工作导则　第 1 部分：标准的结构和编写》（GB/T 1.1—2009）的规定，建议作出修改。理由是：《标准化工作导则　第 1 部分：标准的结构和编写》第 6.1.3 条规定前言应视情况给出标准结构的说明："对于系列标准或分部分标准，在第一项标准或标准的第 1 部分中说明标准的预计结构，在系列标准的每一项标准或分部分标准的每一部分中列出所有已经发布或计划发布的其他标准或其他部分的名称"。根据《编制说明》，国家固体废物鉴别标准除《通则》外，后续可能还将制定其他部分的鉴别标准，因此，建议在前言部分增加对标准预计结构的说明，列出计划发布的其他标准的名称。另外，根据《标准化工作导则　第 1 部分：标准的结构和编写》第 6.2.2 条，对标准范围的说明应置于标准正文的起始位置。《通则》在前言中对标准的范围进行了说明，该说明与《通则》适用范围中的内容完全重复，建议

删除。

采纳情况：部分采纳律师提出的意见。

删除了对标准范围说明的内容。未增加后续需要制定的标准或技术规范名称，因为后续需要制定的标准或技术规范名称已在编制说明中列出，但目前并没有列入主管部门的制订计划中，前言中不宜直接列出。

③提出的意见：《通则》在形式上需要进一步完善。具体包括：第一，合并第 5.1 条 b）款和 e）款。这两款规定都是关于焚烧处置，包括为了获取热能而进行的燃烧或焚烧，或用于生产燃料，或包含于燃料中。第二，删除第 5.2 条 b）款中有关"产物中的有害物质含量"的规定。"产物中的有害物质含量"应是产品质量标准（有关规定见第 5.2 条 a）款）的内容，并非此款中污染控制标准或技术规范的内容。

采纳情况：第一条意见已采纳，将 5.1 b）和 5.1 e）合并为"焚烧处置（包括获取热能的焚烧和垃圾衍生燃料的焚烧），或用于生产燃料，或包含于燃料中"。

第二条意见未采纳，原因为：5.1a）中的产品质量标准是指固体废物生产的产物所替代的正常原料生产的产品质量标准，不会有固体废物额外带入的有害物质含量要求，而在以固体废物为原料生产产品过程中，不可避免会额外带入有害物质，因此，为了控制环境污染风险，必须要对其中的有害成分含量以及生产过程中排放到环境中的有害物质含量进行规定，这正是污染控制标准或技术规范的内容。

第六章　建立进口货物的固体废物属性鉴别程序^①

2008 年国家环境保护总局等部门发布了《固体废物属性鉴别程序（试行）》（环发〔2008〕18 号），由于该程序一些内容已不适应新形势下的管理要求，需要修改。2016 年编者起草了"固体废物鉴别程序草案"，该程序草案中包含"固体废物鉴别技术规程"，并将其写进了《固体废物鉴别原理与方法》一书中，虽然为固体废物属性鉴别机构提供了一定的鉴别规范，但并不是相关部门的规范性文件。2017 年，环境保护部开始组织修订鉴别程序，多次征求海关总署的意见，反复修改程序内容，两部门于 2018 年 12 月 26 日联合发布了《关于发布进口货物的固体废物属性鉴别程序的公告》（生态环境部、海关总署公告　2018 年第 70 号），新的程序更加有利于今后各口岸机构持续开展打击洋垃圾入境活动，更有利于规范进口货物的固体废物属性鉴别工作。

一、进口货物的固体废物属性鉴别程序

1．总则

（1）目的

为规范固体废物属性鉴别工作，依据《中华人民共和国固体废物污染环境防治法》《固体废物进口管理办法》等相关规定，制定本程序。

（2）适用范围

本程序适用于进口物质、物品的固体废物属性鉴别，以及相关部门对鉴别机构的管理。

（3）固体废物属性鉴别工作依据

①《中华人民共和国固体废物污染环境防治法》；

②《中华人民共和国进出口商品检验法》；

③《固体废物进口管理办法》；

④《进口废物管理目录》；

⑤《固体废物鉴别标准　通则》（GB 34330—2017）；

---

① 本章内容主要来自生态环境部和海关总署 2018 年 12 月 26 日发布的《进口货物的固体废物属性鉴别程序》，中国环境科学研究院为起草和修改单位。

⑥《中华人民共和国进出口税则》；

⑦《国家危险废物名录》。

（4）术语和定义

①固体废物属性鉴别。是指判断进口物质、物品是否属于固体废物以及判断其所属固体废物类别的活动。

②鉴别机构。是指接受海关、生态环境主管部门等的委托，从事固体废物属性鉴别的机构。

③委托方。是指向鉴别机构提出鉴别申请的机构或单位。

④委托鉴别。是指由委托方向鉴别机构申请进行固体废物属性鉴别的行为。

⑤复检鉴别。是指对已经出具鉴别结论的同一批进口货物再次进行固体废物属性鉴别的活动。

⑥样品。是指从整批进口货物中抽取，并能完整、真实地展示和反映货物属性特征的少量实物。

2．固体废物属性鉴别工作程序

固体废物属性鉴别工作程序主要包括鉴别委托和受理、鉴别、复检、分歧或异议处理等。

（1）鉴别委托与受理

①委托鉴别时，委托方应向鉴别机构提交以下材料：

委托鉴别申请函（需说明鉴别原因）；鉴别货物产生来源信息；申请复检鉴别时应提交自我申明以及已进行的检验或鉴别材料；鉴别机构要求的其他必要信息。

②鉴别机构同意受理委托，应告知委托方所需鉴别工作的费用和时间。

（2）一般鉴别

属于以下情形之一的，委托方可委托鉴别机构对物质、物品是否属于固体废物和固体废物类别进行鉴别：

①海关因物质或物品属性专门性问题难以做出是否将进口货物纳入固体废物管理范围决定的，可由海关委托鉴别机构进行固体废物属性鉴别；

②海关缉私部门查处的走私货物需要进行固体废物属性鉴别的；生态环境主管部门和其他政府机构等在监督管理过程中需要进行固体废物属性鉴别的；

③行政部门、司法机关受理收货人及其代理人有关行政复议、行政诉讼等后可视需求委托鉴别机构进行固体废物属性鉴别。

（3）复检鉴别

收货人或其代理人对海关将其进口货物纳入固体废物管理范围持有异议的，可申请复检鉴别，由海关委托鉴别机构进行固体废物属性复检鉴别。复检鉴别最多执行一次。

已承担过该批货物鉴别任务的鉴别机构原则上不接受复检鉴别委托。

复检鉴别时委托方应将海关判定依据（检验查验报告或鉴别报告）书面告知复检鉴别机构，该批货物已经过鉴别的，受理复检鉴别的机构应将复检鉴别受理行为书面告知首次鉴别机构。委托方没有进行告知的复检鉴别及其结论视为无效。鉴别机构应在鉴别报告中注明为复检鉴别。

（4）分歧或异议处理

复检鉴别与首次鉴别的结论不一致的，或者相关方对鉴别结论存在严重分歧的，或者没有合适的鉴别机构进行鉴别的，相关方（如海关、司法机关、收货人或其代理人等）可向海关总署提出书面申请，申请时需提交已进行的固体废物属性鉴别报告及相关材料，并书面说明各相关方对鉴别结论的不同意见及理由。海关总署就申请征求生态环境部意见。

生态环境部会同海关总署组织召开专家会议进行研究，专家组成员由生态环境部、海关总署推荐的专家组成，实施该进口货物的固体废物属性检验和鉴别机构的人员不应作为专家组成员。专家会议达成的一致意见应作为最终处理意见，因客观证据不充分导致专家会议难以达成一致意见的，需要提出具体的下一步工作要求，如补充分析检测数据；需要再次召开专家会议的，由生态环境部确定时间和地点。

3．固体废物属性鉴别技术规定

（1）采样要求

①原则上由海关负责对鉴别物质、物品进行采样，也可根据鉴别物质、物品的现场管理情况，由海关联合鉴别机构进行采样。

②采样时应做好采样记录并保存好样品。

③集装箱货物采样前应全部开箱进行观察，如各集装箱货物外观特征或物理性状一致，按照表6-1规定采用简单随机采样法进行采样；如货物外观特征或物理性状不一致，应分类采样、分开包装、分别送检。

表6-1　集装箱个数和采样份数

整批货物集装箱数量/个	1~3	4~8	9~17	18~30	31~55	56~80	81~120	>120
随机抽取集装箱数量/个（≥）	1	3	5	7	9	12	16	20
最小采样份数/份（≥）	2	3	5	7	9	12	16	20

④散装货物的采样份数按照每25 t折算为一个集装箱货物后，按照表6-1要求进行采样。

⑤容器盛装的液态货物，分别从容器的上部和下部采取样品混合成1份样品；多个盛装容器的液态货物参照表6-1进行采样。

⑥已经转移到货场或堆场的大批量散货（200 t以上，包括拆包后的散货），如果外观具有相对一致性和均匀性，表6-1的采样份数可适当减少，但不应少于3份，并做好相应的记录和情况说明。

⑦每份样品采样量应符合鉴别机构的要求，应至少满足实验室测试和留样的基本需求。固态样品推荐为4～5 kg，液态样品推荐为2～2.5 kg，具体采样量由鉴别机构自行设定。委托方保留相同备份样品。对于散装货物有取制样标准的，可以按照相应取制样标准采样、制样。

⑧通常情况下，所采样品保留不少于1年，相关记录保留不少于3年，涉案样品和记录应保存至结案。如属于危险品、易腐烂/变质样品以及其他不能长期保留的样品，则鉴别机构应告知委托方并进行无害化处理，保留相关记录。

（2）样品分析检测

①样品的分析检测项目选择应以判断物质产生来源和属性为主要目的，根据不同样品特点有选择性地进行分析检测，包括但不限于外观特征、物理指标、主要成分及含量、主要物质化学结构、杂质成分及含量、典型特征指标、加工性能、危险废物特性等。

②样品的分析检测应符合相关规范，鉴别机构的实验室管理规范、制度齐全；当需要分包进行分析检测时，应优先选择有计量认证资质的实验室，或者选择有经验的专业实验室。

（3）样品属性鉴别判断

①将鉴别样品的理化特征和特性分析结果与文献资料、产品标准等进行对比分析，必要时可咨询相关行业专家，确定鉴别样品的基本产生工艺过程；

②依据《固体废物鉴别标准　通则》对鉴别样品进行固体废物属性判断；

③同一份鉴别样品或同一批鉴别样品为固体废物和非固体废物混合物的，应在工艺来源或产生来源的合理性分析基础上，进行整体综合判断，当发现明显混入有害组分时应从严要求。

（4）现场鉴别

①对不适合送样鉴别的待鉴别物质、物品，鉴别机构可进行现场鉴别；

②现场鉴别时，应对该批鉴别货物全部打开集装箱进行察看，记录和描述开箱货物特征；

③现场鉴别掏箱查验数不少于该批鉴别货物集装箱数量的10%，根据现场情况，掏箱操作可实行全掏、半掏或1/3掏，以能够看清和掌握货物整体状况为准，记录和描述掏箱货物特征；如果开箱后的货物较少、不需要掏箱便可准确判断箱内货物状况，可以不实施掏箱；

④掏出的货物拆包/件的查验比例应不少于该箱掏出货物的 20%，记录和描述掏箱和拆包货物特征；

⑤对散装海运和陆运的固体废物现场鉴别，实施 100%查验，落地查验数量不少于该批鉴别货物数量的 10%。

（5）鉴别报告编写

①鉴别报告应包含必要的鉴别信息，如委托方、样品来源、报关单号、收样时间、样品标记、样品编号、样品外观描述、鉴别工作依据、鉴别报告签发时间、鉴别报告编号等，依据现场查验即可完成的鉴别报告可适当简化；

②鉴别报告应编写规范，条理清晰，分析论证合理，属性结论明确；

③鉴别报告至少应有鉴别人员和审核人员签字，加盖鉴别机构的公章；

④需要对已经发出的鉴别报告进行修改或补充时，应收回已发出的报告原件，并在重新出具的鉴别报告中进行必要的说明。

（6）鉴别时限要求

①接受委托后，鉴别机构应尽快开展鉴别工作，出具鉴别报告，对委托样品的鉴别时间从确定接收鉴别样品算起，原则上不应超过 35 个工作日；特殊情况可适当延长鉴别时间，但鉴别机构应及时告知委托方。

②对委托进行的现场鉴别，从完成现场查验算起，原则上不应超过 5 个工作日，但不包括采样与实验室分析检测所需要的时间；特殊情况可适当延长鉴别时间，但鉴别机构应及时告知委托方。

4．鉴别机构管理

（1）生态环境部、海关总署建立部门间的固体废物属性鉴别沟通机制，鉴别机构向各自的主管部门报送鉴别情况，包括鉴别案例任务、发现的主要问题、对策建议等；

（2）鉴别机构和委托方应采取保密措施，鉴别期间不得向相关当事方及其他无关人员泄露鉴别信息，鉴别报告或鉴别结论在保密期限内不得向其他无关人员泄露；

（3）生态环境部、海关总署对鉴别机构实行动态管理，对鉴别报告存在重大疑义或受到多次投诉举报的，进行重点检查，对发现业务水平低、管理混乱、弄虚作假、涉嫌违法违规鉴别的，依法依规进行处理；

（4）在固体废物属性鉴别费用没有纳入国家相关部门财政预算的情况下，鉴别费用按照委托鉴别样品数收取，或者由鉴别机构自行决定，原则上由委托方支付。

二、固体废物属性鉴别程序的修订过程

1. 任务来源和背景

以往我国是国际上进口废物的主要目的地国家，与之相伴的是不断查处曝光的违规违法进口废物事件及造成的环境污染现象，甚至积弊已久、积重难返，产生了恶劣的社会影响。

2017 年 4 月 18 日，中央全面深化改革领导小组第三十四次会议审议通过的《关于禁止洋垃圾入境推进固体废物进口管理制度改革实施方案》指出，要以维护国家生态环境安全和人民群众身体健康为核心，完善固体废物进口管理制度，分行业、分种类制定禁止固体废物进口的时间表，分批分类调整进口管理目录，综合运用法律、经济、行政手段，大幅减少进口种类和数量。2017 年 7 月 27 日，国务院办公厅印发了上述实施方案，对各项任务进行了明确分工安排，其中包括增加鉴别单位数量、解决口岸鉴别难等突出问题，为此环境保护部和海关总署于 2017 年 12 月 29 日发布了《关于推荐固体废物属性鉴别机构的通知》（环土函〔2017〕287 号），明确增加了 18 家固体废物属性鉴别机构。由于固体废物属性鉴别在整个打击洋垃圾入境行动中担负着基础性作用，生态环境部非常重视建立新的进口货物的固体废物属性鉴别程序，2017 年起就安排中国环境科学研究院修订固体废物属性鉴别程序，前后经过了 10 余次的修改。生态环境部和海关总署于 2018 年 12 月 26 日发布了新修订的鉴别程序。

2. 修订《固体废物属性鉴别程序》的必要性

固体废物属性鉴别是固体废物管理的技术基础之一，鉴别报告是固体废物进口管理的重要依据，那么固体废物属性鉴别过程中遵循一定的程序性要求和基本规范要求便非常重要，应建立新的鉴别程序促使各鉴别机构公平、公正、有序地开展这项工作。

以往有关文件中有一些关于固体废物属性鉴别程序的内容，如 2006 年国家环保总局发布的《固体废物鉴别导则（试行）》，不仅包含鉴别判断程序和步骤的内容，还包含大量鉴别判断规则，其不足之处是有的原则化要求在实际鉴别工作中不好理解，应用时存在歧义；2008 年国家环保总局发布了《固体废物属性鉴别程序（试行）》（环发〔2008〕18 号），其中行政管理、鉴别技术、鉴别机构内部管理等内容交织在一起；2011 年 4 月 8 日，环保部、商务部、国家发改委、海关总署、国家质检总局联合发布了《固体废物进口管理办法》，其中第二十八条明确规定有关固体废物鉴别程序和办法由国务院环境保护行政主管部门会同海关总署、国务院质量监督检验检疫部门制定。这三个文件均需要修改完善。

2017 年上半年国家对进口废物管理制度实行重大改革，执法机关明显加大了对违法进口固体废物的打击力度，鉴别机构承担的任务越来越多，2017 年年底环境保护部和海关总署发文增加了固体废物属性鉴别机构数量。这种情况下，又产生了一些新问题、新的矛盾纠纷，如对同一批货物出现不同鉴别结论、鉴别结论不明确、鉴别机构相互推诿、多头鉴别、检验和鉴别区分不清等情况。因此有必要修订《固体废物属性鉴别程序（试行）》，建立新的程序性机制确保鉴别工作有序开展。

3．修订原则

修订内容体现并坚持了以下基本原则：
（1）坚持依法依规的原则；
（2）坚持固体废物属性鉴别机构为承担鉴别工作主体的原则；
（3）坚持鉴别程序和技术规范有机统一的原则；
（4）坚持简明易行的原则。

4．进口货物的固体废物属性鉴别程序主要内容说明

在 2017—2018 年的一年多时间里，编制组修订《固体废物属性鉴别程序》时，有意将管理上的程序性内容和鉴别上的技术性规定内容分开考虑，即将鉴别技术性规定内容作为鉴别程序的附件，但在 2018 年 12 月，生态环境部经综合考虑，将鉴别技术性规定内容调回到总体程序中。新发布的程序包括总则、固体废物属性鉴别工作程序、固体废物属性鉴别技术规定、鉴别机构管理四大块内容。

（1）总则
①目的
明确本程序的制定依据和根本目的。依据是《中华人民共和国固体废物污染环境防治法》和《固体废物进口管理办法》，根本目的是规范固体废物属性鉴别工作。本程序主要是针对口岸固体废物属性鉴别面临的复杂情况而设定，是针对多年来口岸固体废物属性鉴别需要采取的措施。

②适用范围
明确指出适用于进口物质、物品的固体废物属性鉴别，以及相关部门对鉴别机构的管理。当然，本程序对口岸一些检验机构的固体废物检验职能不作明确要求，履行相关法规和规定即可。

③鉴别工作依据
包含鉴别工作所涉及的法律法规及技术依据，鉴别人员应知晓、掌握和运用这些内容，以及有些没有纳入进来的内容，以往很多鉴别机构和鉴别人员不太重视这项工作，应引起重视，鉴别绝对不是单纯的实验分析。

有一点须注意：2018 年生态环境部征求海关总署的意见时，海关总署建议删除《进口可用作原料的固体废物环境保护控制标准》（GB 16487—2017）和《进口可用作原料的废物检验检疫规程》（SN/T 1791—2006），根据多年的进口废物鉴别经验，在涉及进口废物环控标准中的固体废物鉴别判断时，两类标准的作用非常明显，在没有明确废止之前，仍是要使用的依据。

④术语和定义

由于修改后的文本没有单独的司法机关委托鉴别，因此该术语予以删除。本程序列出了六个术语和定义，包括：

a）固体废物属性鉴别。定义概括了固体废物鉴别的含义：一是判断进口物质、物品是不是废物；二是判断确定废物后的类别。比固体废物鉴别标准中的定义更深一层和全面。

废物类别判断非常重要：如果鉴别报告仅是判断至固体废物为止，鉴别报告及其结果将没有意义，因为委托机构或执法机关仍然没有得到物质的具体类别，就无从对货物及所涉案件进行后续处理。

b）鉴别机构。以 2017 年 12 月 29 日由环境保护部和海关总署新推荐的固体废物属性鉴别机构为承担鉴别工作的主体，鉴别机构目前不包含社会上的其他检验机构和技术机构，主要是因为固体废物属性鉴别不是单纯的检测分析，鉴别过程及其判断难度大、牵涉面广，鉴别结论产生的影响大，鉴别人员担负的责任大，现阶段不宜社会化。

c）委托方。强调申请要求进行鉴别的一方。

d）委托鉴别。强调委托方向鉴别机构的申请。

e）复检鉴别。指对已经出具鉴别结论的同一批货物再次进行鉴别的活动。

f）样品。是代表整批货物的鉴别对象，其代表性应由委托方负责。在征求海关总署意见时，海关总署提出可包含对整批货物中的部分货物进行鉴别判断，未采纳该意见，主要原因是容易引起更多的矛盾纠纷，鉴别对象应该是代表整批进口货物。如果整批货物中的部分货物具有隔离措施和独立包装，能否分开下鉴别结论，可由鉴别机构根据实际情况来确定。

（2）固体废物属性鉴别的工作程序

本部分是固体废物属性鉴别工作的重要内容，也是本程序应解决的基本内容，经过反复修改，从工作流程上考虑包括鉴别委托和受理、一般鉴别、复检、分歧或异议处理四方面要求。

①关于鉴别委托与受理，包括提交委托鉴别申请函等必需的材料和信息，并强调委托复检鉴别时应提交自我声明材料；鉴别机构接受委托时应告知委托方所需鉴别工作费用和时间。

②关于一般鉴别，实际上表示的是区分于复检鉴别的首次鉴别。根据以往委托鉴别

情况，重点包括海关委托鉴别、缉私机构委托鉴别，同时也给生态环境主管部门、其他政府机构、司法机关的委托留出了余地。

③复检鉴别是本程序的重点内容之一，是对首次鉴别结果有异议的基本要求，非常重要。自从生态环境部和海关总署发文重新推荐了 20 家鉴别机构之后，口岸关于鉴别结论的纠纷就越来越多，鉴别也越来越难进行，有必要对一些重要问题予以明确，如谁委托、执行次数、回避、告知等，其目的一是规范复检鉴别行为，二是减少后续处理纠纷发生。

④分歧或异议处理是本程序最重要的内容，在程序草案中强调为最终鉴别裁定，但在最后修订时不再强调最终鉴别裁定，但实质上为鉴别终裁。对此规定了两方面的要求，一是发生异议分歧时向海关总署提出申请，并由海关总署就申请征求生态环境部的意见；二是生态环境部会同海关总署组织召开专家会议进行研究，专家会议达成的一致意见作为最终处理意见。

由此看出，分歧或异议的最后处理权限在海关总署和生态环境部，其方式是由生态环境部会同海关总署开会研讨后决定。

（3）固体废物属性鉴别技术规定

在各次修改的鉴别程序草案中，都是将一些非管理程序性内容放在"固体废物鉴别规程"中，并作为程序的附件，编制单位的意图是使程序性内容和技术性内容相互独立又能体现出形式上的统一。但在最后的发布稿中，两方面的内容还是统一在"程序"中，更高效精练。这部分技术规定又包括采样要求、样品分析检测、属性鉴别判断、现场鉴别、报告编写要求、鉴别时限要求等 6 方面的要求。

①采样要求

我国制定了《工业固体废物采样制样技术规范》（HJ/T 20—1998）、《危险废物鉴别技术规范》（HJ/T 298—2007），由于进口货物进境一般都带有多层包装，且多为紧密地放置于集装箱中，或者装于运输工具中，这一特点区别于国内企业废物的产生和存放状态，这些规范不完全适合口岸进口废物属性鉴别时的采样。国内废物产生过程清楚，采样操作容易进行，而口岸货物管理非常复杂，有需要进一步流转的特点。装有不同批次货物的集装箱可能同时码放在一起，有的高达 4～6 层，货场吊装、移动、开启一个集装箱涉及多方面，程序烦琐，工作量大。现场鉴别不是一件随到随干的事，必须要事先计划和协调好。并且口岸货物还必须进行流转，口岸不是进口货物长期放置的地点。

同国内固体废物和危险废物采样要求相比，在进口废物属性鉴别采样要求中，应适当简化要求和减少采样份数。本部分技术规定中规定了由海关负责采样，并规定了采用简单随机方法抽取样品，对抽取集装箱数量、最低样品份数和推荐重量进行了最低限度的规定；采取的样品代表整批货物或代表相对独立部分的货物。根据十多年的鉴别实践总结的经验，固体废物属性鉴别的采样不是越多越好，坚持随机采样方法反而有利于确保"废物"的代表性，这里的代表性一定要与货物商品计价要求的样品均匀性和代表性区分开来。

本程序中采样要求规定虽多，但都容易理解和执行。

②样品分析检测

固体废物属性鉴别应以对鉴别物品进行特性分析为基础，包括外观特征、物理特性、化学特性、技术指标等，对特性分析在此不宜规定具体固定的指标项目要求，原则上以得到正确的鉴别结论为目的。但特性分析应尽量避免实验分析误区，即对样品进行全解析或按照产品质量指标进行全分析，因为固体废物属性鉴别并不能完全等同于商品质量检验，面对纷繁的货物样品甚至大多数是未知来源的货物样品，难以做精细化解析或全分析，从属性鉴别角度也不宜如此。

本程序对进行特性分析的实验室还进行了原则性的要求。

③样品属性鉴别判断

确定样品的物质产生来源属性是固体废物属性鉴别的主要工作，占了绝大部分的工作量，样品的产生来源搞清楚了，物质属性便基本搞清楚了，后续废物属性和分类判断就相对容易多了。

进行固体废物属性鉴别判断时，以《固体废物鉴别标准　通则》（GB 34330—2017）为基本依据，今后可能出台的专项固体废物鉴别标准或规范也可作为固体废物的判断依据。但有一点必须强调，对于明显符合固体废物的法律定义要求的也可以使用法律定义进行判断。

对于有证据或能找到证据确定具有正常商品特质或不属于固体废物的物质、物品应判断为正常产品或商品，对于不能归入正常商品范畴的物质、物品才判断为固体废物。判断为非废物时，要防止简单和片面地依据样品的物质结构和主体成分含量将本来来源复杂、成分复杂、环境污染风险较大、不能直接利用的物品归入正常产品或商品范围，应进行综合衡量。

废物和非废物混合物的判断应在工艺来源或产生来源的合理性分析基础上，进行整体综合判断，当发现明显含有或掺杂有害组分时应从严要求。

固体废物属性鉴别中明确固体废物的管理类别，在案件处理过程中非常重要，对鉴别为固体废物并需要确定废物分类的，鉴别机构应给出明确归属建议，否则，鉴别报告基本达不到能有效使用的目的。

④现场鉴别

现场鉴别主要是对无法或无必要采样送检的、废弃特征非常明确的进口货物的鉴别，通过现场快速查验获得快速鉴别结果。产品类的进口废物很适合现场快速鉴别。

现场鉴别的总体要求是：

一是鉴别过程完整、规范、依据明确；

二是快速查验和快速得出鉴别报告；

三是把握好开箱、掏箱、拆包后各环节所查验货物的基本特征，废弃特征非常明显的判断为废物；

四是鉴别依据仍然是《固体废物污染环境防治法》的定义、《固体废物鉴别标准　通则》的规则、《进口废物管理目录》的类别、《固体废物进口管理办法》的规定等。

⑤鉴别报告编写要求

编写固体废物属性鉴别报告总体要求是条理清晰，结论明确。

根据经验，鉴别报告应简明又不失全面，信息不全等过于简单的报告会导致后续使用鉴别报告的单位（如法院、检察院、缉私机构、公安局、当事人、委托人等）大量质询，需要反复解释或写补充说明。鉴别报告应包括以下主要内容：委托鉴别样品或货物的基本信息；鉴别依据；鉴别样品或货物的理化特征和特性；鉴别样品或货物的来源和物质属性；明确是否属于固体废物及其主要理由；属于哪一类固体废物的建议及其理由；报告编号、时间、声明、签字和公章等。

根据《刑事诉讼法》的要求，司法鉴定必须要有鉴别人员的签字。固体废物属性鉴别报告在打击洋垃圾入境行动当中起着重要的技术支持作用，缉私局、法院、检察院都要求鉴别人员不仅要有相应资质，还要在鉴别报告中签字，鉴别人员必须承担责任。

根据以往鉴别经验，有时对当事人不利的鉴别报告，当事人很可能会深入地研究鉴别人员的报告、文章、书籍。鉴别报告不严谨的话，遇到出庭作证时会在法庭上形成对鉴别机构不利的情形。有时鉴别人员甚至会受到生命安全威胁。

⑥鉴别时限要求

接受委托鉴别的，固体废物鉴别时限总体要求是快，但对有些复杂样品很难做到快速得出鉴别结果，本程序原则上规定不应超过 35 个工作日，但现场鉴别原则上不应超过 5 个工作日。

（4）鉴别机构管理

①鉴别机构之间的信息共享非常有必要，一是体现在接受委托鉴别时掌握必要的信息，有针对性地接受或不接受鉴别任务；二是将鉴别结果通报其他鉴别机构有利于减少判断失误和纠纷。但建立何种有效的共享机制则要具体研究，予以细化。

②信息共享的同时，不可忽略鉴别过程应采取必要的保密措施。

③根据鉴别工作的实际情况，主管部门对从事固体废物属性鉴别的机构实行监督管理和动态调整机制，对发现违规违法鉴别判断的机构应及时取消该鉴别机构和人员的资格。

④在国家相关部门还没有鉴别经费保证的情况下，鉴别机构可按样品数和工作量收取鉴别费用。

三、固体废物属性鉴别机构名单

根据《关于推荐固体废物属性鉴别机构的通知》（环土壤函〔2017〕287 号），推荐的固体废物属性鉴别机构名单如下。

（1）中国环境科学研究院固体废物污染控制技术研究所

联系人：周炳炎

电话：010-84915144

地址：北京市朝阳区安外大羊坊 8 号

（2）环境保护部南京环境科学研究所

联系人：王玉婷

电话：025-85287077

地址：江苏省南京市蒋王庙街 8 号

（3）环境保护部华南环境科学研究所

联系人：檀笑

电话：020-85546435

地址：广东省广州市天河区员村西街 7 号大院

（4）亚洲太平洋地区危险废物管理培训与技术转让中心

联系人：李金惠　刘丽丽

电话：010-62794351

地址：北京市海淀区清华大学环境学院/《巴塞尔公约》亚太区域中心

（5）广州海关化验中心

联系人：陈国耀

电话：020-81102542

地址：广东省广州市天河区珠江新城花城大道 83 号

（6）天津海关化验中心

联系人：邱越

电话：022-65205963

地址：天津市天津港保税区海滨五路 1 号

（7）大连海关化验中心

联系人：尹兵

电话：0411-87950510

地址：大连开发区东北大街 100 号

（8）上海海关化验中心

联系人：王晔新

电话：021-68890436

地址：上海市浦东新区富特西

（9）深圳出入境检验检疫局工业品检测技术中心再生原料检验鉴定实验室

联系人：梁烽

电话：0755-83886183

地址：深圳市南山区工业八路 289 号

（10）山东出入境检验检疫局检验检疫技术中心

联系人：于仕超

电话：0532-80885881

地址：山东省青岛市黄岛区黄河东路 99 号

（11）广东出入境检验检疫局检验检疫技术中心

联系人：肖前

电话：020-38290360

地址：广东省广州市珠江新城花城大道 66 号国检大厦 B 座 15 楼

（12）宁波出入境检验检疫技术中心

联系人：林振兴

电话：0574-87022669

地址：浙江省宁波市高新区清逸路 66 号（宁波检测认证园区）A 座

（13）天津检验检疫局化矿金属材料检测中心

联系人：宋义

电话：13821575522

地址：天津市滨海新区新港二号路 77 号

（14）江苏出入境检验检疫局工业产品检测中心

联系人：严文勋

电话：025-52345199

地址：江苏省南京市建邺区创智路 39 号

（15）广西防城港出入境检验检疫局综合技术服务中心

联系人：唐梦奇

电话：0770-2822212

地址：广西壮族自治区防城港市港口区兴港大道 91 号

（16）厦门出入境检验检疫局检验检疫技术中心

联系人：董清木

电话：0592-6806660

地址：福建省厦门市滨海沧区建港路 2165 号

（17）上海出入境检验检疫局工业品和原材料检测技术中心

联系人：方林

电话：021-38620720

地址：上海市浦东新区民生路 1208 号 1015 室

（18）浙江出入境检验检疫局检验检疫技术中心

联系人：万旺军

电话：0571-83527163

地址：浙江省杭州市建设三路 398 号

（19）新疆出入境检验检疫局检验检疫技术中心

联系人：张旭龙

电话：0991-4649643

地址：新疆维吾尔自治区乌鲁木齐市南湖北路 116 号

（20）辽宁出入境检验检疫局技术中心

联系人：刘冉

电话：0411-82583936

地址：辽宁省大连市中山区长江东路 60 号

（注：由于原出入境检验检疫局的职能已并入海关系统，使用者应注意上述鉴别机构名称及信息的变化。）

第七章 完善禁止洋垃圾入境的对策措施[①]

一、制定从严的环控标准预防和阻止洋垃圾入境

2012 年以来，海关总署相继开展了打击洋垃圾入境的专项执法行动，如"国门之盾"行动、"绿篱"行动、"大地女神"行动、"利剑"行动、"蓝天 2018"行动等，查处了一批又一批违规违法进口废物案件，有效阻止和震慑了违法犯罪行为。但受固体废物具有经济利益、进口废物来源复杂等因素的影响，今后违规违法进口废物现象仍会存在，需要持续加强监管。2017 年 4 月 18 日，中央全面深化改革领导小组第 34 次会议审议通过的《改革实施方案》，体现了新时期下党中央对固体废物进口管理的科学判断，具有重大意义。在环保、海关等部门多措并举、综合治理洋垃圾进口行动中，提高环境准入门槛、建立从严的环境标准既是一项措施也是一项具体任务，截至 2017 年 12 月底中国环境科学研究院已完成了 11 项进口废物环控标准的修订任务。

1. 进口废物环控标准是进口废物管理体系的重要组成部分

世界贸易组织（WTO）把非关税壁垒分为与进口有关的、与出口有关的和与国内市场有关的三个领域。与进口有关的非关税壁垒有进口配额、进口禁止、通关手续及成本等；与出口有关的非关税壁垒有出口补助等；与国内市场有关的非关税壁垒有健康、技术、环控标准等国内制度。1995 年以来，我国允许进口少量资源性废物作为生产原料的补充，本质上仍属于商品贸易范畴。在权衡环境与贸易利益关系时，不能以牺牲环境利益来实现贸易利益。在非歧视原则下，我国应提高环境准入门槛，执行严格的进口废物环控标准，防止国外污染转移到我国；在透明度原则下，建立环境措施公布和通报制度，树立负责任的大国形象。进口废物检验监管构成了我国非关税壁垒技术性贸易措施体系的重要组成部分，形式包括技术性贸易壁垒、卫生与植物卫生措施、进口许可等，其中技术性贸易壁垒中包括进口废物环控标准。

目前，适应于口岸进口废物管理技术壁垒的有关法律主要包括《固体废物污染环境

---

① 本章内容来自《人民日报》社《生活周刊》2018 年第 12 期刊登的周炳炎的文章《不以牺牲环境实现贸易利益》。

防治法》《进出口商品检验法》《进出境动植物检疫法》《国境卫生检疫法》《巴塞尔公约》等；有关法规包括《进出口商品检验法实施条例》《国境卫生检疫法实施细则》《国境动植物检疫法实施条例》《货物进出口管理条例》《进口可用作原料的固体废物检验检疫监督管理办法》及环保、海关联合发布的公告等部门规章；针对进口废物检验的技术标准包括《进口可用作原料的固体废物环境保护控制标准》《危险废物鉴别标准》《进口可用作原料的废物放射性污染检验规程》《进口可用作原料的废物检验检疫规程》等。

2018 年 6 月 1 日起海关总署执行新的《进口可用作原料的固体废物装运前检验监督管理实施细则》（海关总署公告　2018 年第 48 号），明确进口废物在境外出口地由装运前检验机构实施装运前检验。我国对进口废物的检验执行强制性国家标准，入境后还要进行检验，合格后才可通关放行。《国境卫生检疫法实施细则》第十条规定"入境、出境的集装箱、货物、废旧物等物品在到达口岸的时候，承运人、代理人或者货主，必须向卫生检疫机关申报并接受卫生检疫。对来自疫区的、被传染病污染的以及可能传播检疫传染病或者发现与人类健康有关的啮齿动物和病媒昆虫的集装箱、货物、废旧物等物品，应当实施消毒、除鼠、除虫或者其他必要的卫生处理"。进口废物经检疫处理后，必须在显著位置张贴除害处理标志，并出具《检疫处理结果单》，作为检验检疫单证必备的随附记录。如现场查验发现有活虫的集装箱，还须进行二次熏蒸处理。

我国非关税壁垒中的进口废物许可是针对《限制进口类可用作原料的固体废物目录》中的废物类别，通过生态环境部发放进口废物许可证来管控进口数量，进口废物的配额是赋予进口废物利用者的。法律还规定进口《非限制进口类可用作原料的固体废物目录》中的废物应符合环控标准要求，但不需要申领进口许可证。随着阻止洋垃圾入境行动的深入实施，今后进口废物许可政策还将发生变化，相关人员应密切关注。

2．进口废物环控标准的主要内容

《固体废物污染环境防治法》明确规定进口废物必须符合环控标准要求，无论是 1996 年首次制订还是 2005 年第一次修订的进口废物环控标准，我国始终是执行严格的标准限值要求，使该标准成为进口废物管理体系中的坚实技术基础。2017 年 12 月 29 日，环境保护部和国家质检总局联合颁布了再次修订的进口废物环控标准，包括冶炼渣、木废料、废纸、废钢铁、废有色金属、废电机、废电线电缆、废五金电器、废船、废塑料、废汽车压件等 11 项，以 2017 年环境保护部等五部门发布的《限制进口类可用作原料的固体废物目录》《非限制进口类可用作原料的固体废物目录》为依据，在各项标准中明确了具体废物种类的名称，共包含 50 小类废物，体现了我国一贯执行"普遍禁止、有限许可"的进口废物总策略。

修订进口废物环控标准的原则和主要内容如下：

坚持严禁进口放射性废物的原则。我国一直非常重视进口废物的放射性污染预防与控制，环控标准中明确规定禁止混有进口放射性废物，是口岸检验检疫中的重点检验内容，一旦发现放射性废物便会阻止其进口，货物只能退运处理。在新修订标准中关于放射性污染的控制要求，一是明确规定进口废物中不得混有放射性废物；二是进口废物表面的 α、β 放射性污染水平要求为表面任何部分的 $300\ cm^2$ 的最大检测水平的平均值 α 不超过 $0.04Bq/cm^2$，β 不超过 $0.4Bq/cm^2$；三是对进口废物中各种放射性核素的比活度限值做了规定；四是增加了进口废物外照射贯穿辐射值（γ）的检验要求，各口岸海关已经配备的固定式和便携式放射性检测仪器设备均可适应，有利于快速检验和判断。

坚持严格控制夹杂物进口的原则。对夹杂物的限制是根据固体废物产生来源容易混杂或夹带其他废物的特点来考虑的，是我国制定环控标准的创新点，从根本上解决了进口废物环保监管落脚点的问题，抓住了问题的要害实质，而不过多触及产品和废物原料自身的复杂技术性要求问题，与欧美国家相关固体废物交易分类标准有相似之处、也有本质区别。各个标准中将夹杂物分为严格禁止、严厉控制、严格限制三个层级或三类：一类夹杂物是进口废物中本不应该有或不应该带入的，如放射性废物、爆炸性武器、炮弹等，如果含有则直接对环境和人体健康产生危害或危害风险，一经检验发现则明确禁止其进口；还有一类夹杂物是指在产生、收集、运输、贮存等过程中难以完全避免，但由于其危害性较大，根据我国一贯禁止进口危险废物的要求，对进口废物中危险废物控制指标定为不超过进口废物总重量的 0.01%，既整合了 2005 年环控标准中多条款的分散控制和容易引起歧义的不合适做法，又可以保证进口废物中夹杂危险废物污染风险最小化和可控性；再有一类夹杂物是在进口废物的产生、收集、包装和运输过程中难以避免混入的一般性废物，如混杂有废玻璃、废橡胶、废木料、废纸、废金属、废塑料等非危险性废物，通过严格的夹杂物比例管控污染风险，多数标准中规定夹杂物限值不得超过进口废物总重量的 0.5%，但废有色金属标准中夹杂物限值不得超过进口废物总重量的 1.0%。依据进口废物属性鉴别案例，进口废物的脏污、混杂、夹杂物超标仍是洋垃圾的主要表现形式，以各种方式违规违法进口《禁止进口固体废物目录》中的废物也是洋垃圾入境的重要表现形式。

坚持适当控制废物自身低劣品质的原则。进口废物中除重点对夹杂物进行控制外，也有必要对废物自身不利于环境保护和加工利用的部分予以考虑。例如，进口废纸标准中严格限制混入被焚烧或部分焚烧的废纸以及被灭火剂污染的废纸，其他特殊类废纸（如不干胶纸、墙/壁纸、涂蜡纸等）；进口废钢铁标准中对粉状废物的控制；进口废有色金属标准中对粉状废物、氧化物及其化合物的控制；进口废五金电器标准中对金属物质含量比例的要求；进口废塑料标准中对热固性塑料、涂有金属层的塑料薄膜或塑料制品的控制；进口废汽车压件标准中对非金属材料的控制等，都是基于进口废物自身品质的要求。

坚持有利于口岸检验操作的原则。修订的进口废物环控标准中增加了对口岸检验、抽样、实验室检测的原则性要求，明确列出了相应废物的检验检疫规程，检验检疫规程中还规定了口岸检验抽样的比例和方法。口岸海关的检验和监管机构把关固体废物进口，对堵截洋垃圾入境发挥了巨大作用，是环保等其他管理部门不可替代的。

3．进口废物环控标准的重要作用

进口废物环控标准实质上是对境外废物进入我国市场设置的环境技术壁垒，通过具体的指标要求，将污染严重的或我国明令禁止进口的废物阻挡在国门之外，与《进口废物管理目录》一起成为我国长期以来对进口废物管理的重要技术支柱。

制定进口废物环控标准的出发点是尽量减少进口废物及其处理处置过程中造成的环境污染，重点控制放射性废物、危险废物和一般废物的夹杂，控制低品质废物大量进口，是维护国家环境安全和利益的重要方面。标准划出了允许进口废物的指标界限，具有告知、引导国外供货商、国内进口商、国内利用企业符合我国标准要求的作用，从事废物进口的企业必须遵守该标准的要求，也是企业遇到纠纷时保证自身合法利益的有效安全盾牌。

进口废物环控标准无疑是口岸检验、监管、风险防控等机构有效管控进口废物和阻止洋垃圾入境的重要依据，一旦发现进口不符合环控标准的固体废物，企业就面临着承担严厉处罚的后果，情节严重的应承担刑事责任。在对违法进口废物案件进行处理时，该标准还成为公安、检察院、法院等执法机构办案的技术依据，使案件建立在定性和定量相结合的证据基础之上，有利于案件的公开、公平、公正处理。

相关技术机构在对查扣货物进行固体废物属性鉴别或检验判断时，环控标准是判断废物合格与否的必然依据，也是进一步确定废物类别归属的基础。

4．坚持不懈预防和阻止洋垃圾入境

（1）进口废物带来的问题

自从我国允许进口少部分资源性废物以来，政府主管部门对洋垃圾入境一直保持警惕，始终从维护国家生态环境安全和保证人民环境利益的高度对待此事，采取了一系列预防举措和严厉打击措施，建立了综合管理体系。但洋垃圾入境及其造成的污染问题并没有杜绝，执法机关接连查处了一些违法进口案件，新闻媒体屡屡报道，引起了社会的高度关注。进口废物带来的问题主要表现在如下方面：

一是洋垃圾走私屡禁不止，形势依然严峻。发达国家将洋垃圾向发展中国家转移处置是国际环境问题的重要表现，尤其我国周边的一些国家和地区对固体废物进出口缺乏有效管控，成为发达国家向我国非法转移洋垃圾的中转地。近年来，夹藏、伪报、瞒报或者绕关走私洋垃圾现象不断发生，倒卖进口废物和进口许可证等现象仍有发生。据海关统计，仅 2017 年海关就立案侦办走私固体废物犯罪案件 286 起，同比增长了 6.7 倍，

查证各类涉案固体废物 86.68 万 t。截至 2018 年 2 月，全国海关在打击废物走私的"蓝天 2018"专项行动中已查获走私废物犯罪案件 69 起，查证涉案废塑料、废纸等废物 5 万余 t。

二是进口废物加工利用环节污染大，环境风险高。以进口废物为原料的加工利用企业普遍规模小、污染治理能力低，加工利用中的污染排放影响了当地生态环境改善和人民群众身体健康。2017 年，环境保护部对全国 1 792 家进口废物加工利用企业开展专项执法行动，发现企业违法违规比例达到近 60%。进口废物加工利用过程除了会造成水污染、空气污染，还会产生大量的固体废物甚至是危险废物，增加了国内环境治理的负担。

三是进口废物对从业人员和当地人民群众身体健康造成威胁。如广东某口岸每年进口大量废纸进行再生利用，对该地区进口废纸生产企业从业人员血液和尿液样本及加工场所土壤样本中重金属污染情况进行调查发现，人员血液及尿液样本中检出重金属超标情况，尤其是 As、Cr 超标显著；土壤样本中重金属 As、Pb、Cu 均超出标准限量值。有关机构对浙江某废五金集中处置区域进行的调查结果表明，当地稻米重金属含量超过《无公害食品标准》要求限值的 3.5 倍，并已对土壤微生物和土壤动物群落造成影响。纪录片《塑料王国》也从一个侧面反映了国外废塑料进入我国后，被以粗放的方式进行回收处理，并产生了环境污染。

四是进口洋垃圾夹杂物量大且复杂，环境风险大。根据中国环境科学研究院完成的 800 余份进口废物属性鉴别案例和质检部门提供的鉴别实例综合分析，进口废物中夹杂物含量常超过环控标准限值要求。2017 年山东口岸进口废物环保项目不合格情况表明，废纸中夹杂物超标的不合格货物批次占到 69.4%。进口废物夹杂物中还包括放射性废物、危险废物、爆炸物等危害性非常大的物质，这些夹杂物的入境、处理和处置都会对环境和人体健康造成危害。根据 2017 年的进口废物标准夹杂物指标要求并以 2017 年 4 000 万 t 左右的进口量估算，进口废物中有 20 万 t 夹杂物。

（2）从严综合管理进口废物仍是应对之策

由于固体废物具有资源属性，我国各类再生资源利用产业链较为完整，存在大量初级产品生产企业，利用废物资源具有一定的利润空间，当国家收紧进口废物总量和种类时，口岸可能会面临更复杂的局面，例如，将固体废物伪报、谎报、错报成非废物，铤而走险违法走私进口废物，进口列入《禁止进口固体废物目录》中的废物，进口不符合进口废物环控标准的废物等。20 余年的进口废物管理经验证明，对预防和打击洋垃圾入境要保持清醒认识和持久耐力，构筑环境标准壁垒、采取疏堵结合的措施、强化宣传引导等均不会过时。

当前，进口废物环控标准中的废物名称范围均列明在《进口废物管理目录》中，目录在前，标准在后；进口废物环控标准中的一般夹杂物、危险废物、放射性废物、低品质的废物是被限制的对象，很多又被列明在《禁止进口固体废物目录》中，一个完善的《禁止进口固体废物目录》对于有效预防和阻止洋垃圾入境非常重要。

总之，进口不符合进口废物环控标准要求的废物以及列入《禁止进口固体废物目录》中的废物，就是老百姓厌恶的洋垃圾，必须阻止其入境。

二、强化固体废物属性鉴别在阻止洋垃圾入境行动中的技术支撑作用[①]

2017 年党中央出台的《改革实施方案》是我国进口废物管理历史上的重大改革活动，发现问题之多、改革力度之大、参与单位之广、触动利益之多、影响之深远均史无前例。固体废物属性鉴别在进口废物管理中具有特殊的作用，该项工作亟待加强和重视。

1．固体废物属性鉴别是进口废物管理的技术支持措施

（1）固体废物属性鉴别现状

固体废物属性鉴别是指对物质和物品是否属于固体废物的分析判断，鉴别实践中还必须包含对废物类别或海关商品类别的判断。目前，我国除了口岸检验机构承担进口废物正常检验工作，2017 年 12 月环境保护部和海关总署还发文推荐了 20 家固体废物属性鉴别机构从事该项工作。

长期鉴别实践证明，我国进口固体废物情况非常复杂，样品形态上有固态、半固态、液态；成分上既有无机非金属矿物、无机金属矿物，也有主体为有机物的物质或者混合物样品；样品来源各种各样，既有来自工业生产中的，也有来自社会生活中的。中国环境科学研究院完成的 800 多项鉴别任务中，鉴别为禁止进口的固体废物约占 65%，限制进口的固体废物约占 15%，不属于固体废物的约占 20%。

（2）固体废物属性鉴别在进口废物管理中的重要作用

鉴别在固体废物日常管理和阻止洋垃圾行动中具有重要作用：①通过鉴别，判断被查扣货物是否属于固体废物，解决管理中对物质属性认识上的矛盾纠纷，为监管部门正确处理货物提供技术支持；②通过鉴别掌握各类固体废物的基本污染特性，为制修订环境保护标准提供依据；③通过鉴别掌握固体废物进口类别，为主管部门动态调整固体废物进口管理目录提供依据；④鉴别报告成为司法机关打击非法进口固体废物案件的技术证据。

---

① 本部分内容主要来自中国环境科学研究院 2017 年编写的加强固体废物鉴别的科技专报的相关内容。

2．我国固体废物属性鉴别存在的主要问题

一是固体废物属性鉴别基础研究薄弱。目前，缺乏对产品、固体废物、原材料、再生资源、副产品、副产物、洋垃圾等基础概念及相互关系的深入研究，也缺乏与废物鉴别紧密相关的其他基础研究，如鉴别物品溯源分析方法、国际废物流动态分析、固体废物进口目录调整方法、进口废物数量和种类调控技术方法等。基础研究不能支撑构建进口废物管理技术体系，不利于持续有效开展打击洋垃圾入境活动。

二是固体废物属性鉴别规范标准不健全。2017 年 10 月之前的固体废物属性鉴别的主要依据是《固体废物鉴别导则（试行）》，之后的鉴别依据主要是《固体废物鉴别标准通则》。《固体废物鉴别标准　通则》中列举的一些量大面广的废物在实际进口中很难见到，主要是起预防作用；《固体废物鉴别标准　通则》中有大量原则性的条款要求，在各口岸监管人员和鉴别人员具体使用时，经常产生难以掌握统一尺度或统一认识的问题；鉴别标准规范体系中仍缺乏可操作的技术性和程序性的内容，如"固体废物鉴别技术规程""进口废物鉴别采样技术规范""固体废物豁免技术规范""再生资源加工产物鉴别导则"等。

三是固体废物属性鉴别能力不足。虽然 2017 年年底国家推荐了 20 家固体废物属性鉴别机构，但这些机构普遍存在固体废物专业人才少、固体废物属性鉴别经验缺乏的现象，其能力和水平还不能满足口岸实际工作的需求，无法达到进口货物快速鉴别、快速通关、快速处理的效果和要求，依然是打击洋垃圾入境的技术瓶颈。

四是固体废物属性鉴别人员缺乏专业培训。由于固体废物属性鉴别报告成为公检法机关打击洋垃圾入境案件的关键证据之一，鉴别机构和鉴别人员必须具有高度的责任心、丰富的知识和较高的专业素质，对同类样品尽量做到鉴别判断一致，而目前出现的新矛盾则是同类样品由不同鉴别机构鉴别得出了不同鉴别结论。其重要原因一是对鉴别机构和鉴别人员缺乏统一指导和专业培训；二是缺乏重点废物和重点初级加工产物的专门鉴别标准和规范。

3．强化阻止洋垃圾入境技术支撑的建议

阻止洋垃圾入境是一项长期艰巨的任务，为解决固体废物属性鉴别面临的问题、提高阻止洋垃圾入境的技术支撑能力，提出以下对策建议。

（1）加强固体废物属性鉴别基础研究

加强固体废物属性鉴别基础研究，支撑构建进口废物管理技术体系，重点包括：①固体废物属性鉴别的概念体系研究，包括各概念的内涵和外延研究；②重点类别废物鉴别规范研究，包括含铁矿物和含铁废料的区分规则、含锌氧化物产品和含锌废物的区分规则、废水和按照固体废物管理的高浓度废液的区分规则等研究；③环境管理体系方

法学研究，如目录调整方法、鉴别物品溯源分析方法、固体废物属性鉴别管理程序和现场鉴别技术规程、进口废物现场检查方法、进口废物准入方法和制度等研究；④进口废物环境污染风险防控研究，包括进口废物种类和数量调控方法研究；⑤国外固体废物属性鉴别方法研究，以及国际废物流动态分析研究等。

（2）完善固体废物属性鉴别规范体系

以上述研究成果为基础，建立和完善我国固体废物属性鉴别的相关标准规范和技术体系，为打击洋垃圾行动和各部门的日常监管服务。包括进口废物术语规范、重点类别废物的鉴别规范、固体废物属性鉴别管理程序、固体废物属性鉴别技术规程、进口废物属性鉴别采样技术规范、固体废物豁免技术规范、再生资源加工产物不再属于固体废物的鉴别准则、新增重点废物检验规程、进口废物利用企业现场检查规范、打击洋垃圾联合执法准则等。

（3）加强固体废物属性鉴别能力建设

一是培养人才，扩大和建立专业研究队伍；二是配备基本仪器设备，增配物相检测仪器、粒度检测仪器、矿物结构分析仪器、粉末形貌观察仪器等设备，强化实验室物质特性分析能力；三是增加经费投入，目前对疑难样品的鉴别收费额度严重偏低，而且难以采取市场化技术服务收费的方法，需要有关部门统筹考虑项目和经费支持；四是可成立地方和国家两级固体废物属性鉴别技术中心，地方鉴别中心承担进口废物和疑似废物的货物日常检验和鉴别，国家鉴别中心主要承担公检法机关委托的鉴别、仲裁鉴别、疑难样品鉴别、鉴别方法研究等。

（4）强化固体废物属性鉴别的业务培训

一是对鉴别机构人员的鉴别能力培训，考核合格后由主管部门颁发相关上岗证；二是对各部门管理人员的鉴别业务的交流和研讨；三是对口岸代理固体废物报关的机构、进口单位、利用单位相关人员的知识培训，将国家打击洋垃圾入境的政策、标准、规范、要求以及固体废物属性鉴别中的重点案例等进行解读和剖析。

三、深化机制创新促进我国进口废物管理迈上新台阶①

党中央、国务院高度重视进口废物管理制度改革工作，2017 年发出了改革号令，各级政府和相关部门坚决贯彻党中央、国务院决策部署，狠抓落实，严禁洋垃圾入境，进口废物管理工作取得显著成效。但进口废物管理面临的形势依然严峻，迫切需要完善相关法规制度及技术支撑体系，提升精细化管理水平。

---

① 本部分内容主要来自中国环境科学研究院 2018 年 3 月编写的加强进口废物管理的科技专报的相关内容。

1. 我国进口废物的总体形势

（1）废物进口情况

2007—2016 年，我国每年进口固体废物超过 4 000 万 t，见图 7-1。2016 年进口废物总量 4 658 万 t，贸易总额 185 亿美元，主要是废纸、废塑料、废五金、氧化皮和废金属 5 类。

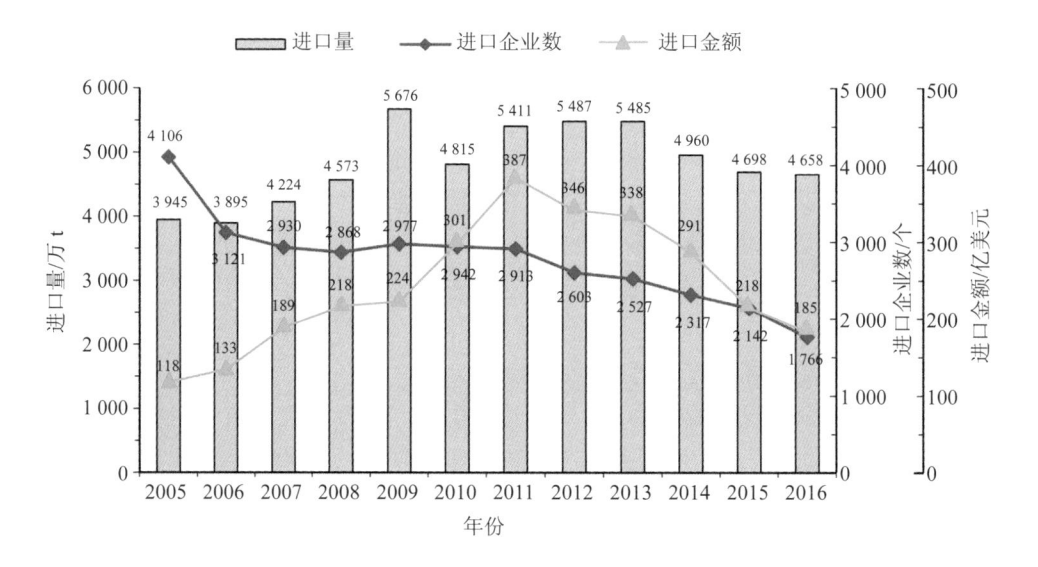

图 7-1　2005—2016 年我国固体废物进口量、企业数及贸易金额统计

自《改革实施方案》出台以来，生态环境部通过调整进口废物目录、加严环境保护控制标准，完善法律法规和相关制度，严格审查、减量审批废物进口许可证，削减审批存量等改革措施，使得废物进口量呈下降趋势。2017 年限制类固体废物的进口量同比下降 11.8%，撤销或注销涉及 960 家企业 500 万 t 废物的进口许可证。

（2）进口废物加工利用行业情况

据统计，2016 年获得许可证的进口废物加工利用企业有 1 766 家，主要分布在广东、浙江、山东、江苏、天津等沿海地区，近 80% 的企业是从事废塑料和废五金加工利用的企业。2017 年，环境保护部对进口废物加工利用企业的执法检查结果表明，企业守法意识淡薄、地方监管缺位、行业监管能力薄弱等问题依旧突出。各地对 1 057 家违法企业实施了处罚。

（3）国内废物回收利用情况

据统计，2016 年我国废钢铁、废有色金属、废塑料、废纸、废轮胎、废弃电器电子产品、报废汽车、报废船舶、废玻璃、废电池十大类别的再生资源回收总量约 2.56 亿 t，同比增长 3.7%。全国再生资源回收企业数量为 10 万多家，回收行业从业人数为 1 500 多万人。企业规模化、规范化经营程度低，部分集散地成为洋垃圾藏身之所，治理难度大。自《改革实施方案》出台以来，环境保护部等部门联合开展了固体废物集散地专项整治行动，2017 年各省（区、市）关停取缔不合法的废塑料等再生利用企业 8 800 余家。

2. 存在的主要问题

（1）在国际规则的制定中主导力和影响度不足

一是我国在国际规则的制定中主导力不够。我国作为《巴塞尔公约》缔约方，虽然积极参与缔约方大会和各类工作组会议，但一直未能主导相关国际规则的制定。目前，欧盟、加拿大、日本等仍是固体废物管理国际规则制定的主导国。二是我国制度和标准与国际规则衔接不够。《巴塞尔公约》制定了一系列废物环境无害化管理技术准则，但我国固体废物管理制度相对独立而自成体系，与《巴塞尔公约》的接轨衔接不够。随着《巴塞尔公约》发展和国际形势不断变化，国际先进废物管理标准引入国内的转化愈显不足。

（2）进口废物加工利用行业污染问题突出

一是加工利用企业普遍规模小、污染防治能力低。2016 年废塑料进口量为 734 万 t，而进口加工利用企业多达 1 100 多家，平均每家年处理量约 6 000 t，行业集中度低，存在加工设备陈旧、机械化程度低、工艺技术水平落后、转型升级难等问题。二是加工利用过程产生大量污染物，处理处置难度大。如废五金拆解排放废气中二噁英浓度显著高于垃圾焚烧、钢铁冶炼等行业废气中二噁英排放水平；进口废纸制浆造纸过程中会产生大量的危险废物（如脱墨渣），增加我国危险废物安全处置的压力；中国环境科学研究院对广东某地区废五金和电子废物多年拆解区的调查表明，该区域内废物集中处置场地和周边土壤中重金属、PAHs 和二噁英污染均较为普遍，污染风险较大的重金属主要为 Cu、Pb、Sb 和 Cd。三是夹杂物随着进口废物原料一同进口，不但降低了原料的品质，而且增加了环境污染风险，从而增加了环境管理和污染物处理处置的成本。

（3）进口废物污染控制标准体系不健全

一是进口废物基础研究薄弱。缺乏鉴别物质溯源分析方法、国际废物流动态分析、进口废物目录调整方法等基础研究，各类进口废物及其夹杂物的污染特性研究不足，环境管理标准规范的制定缺乏理论支撑。

二是固体废物属性鉴别标准体系不完善。目前，仅颁布了《固体废物鉴别标准　通则》，内容主要是通用性的原则要求和少数典型废物的列举。在口岸工作中，发现大量由附加值较高的废物、副产物废物、废物经初级加工得到的产物，需要进行固体废物属性鉴别，但这种初级加工产物种类繁多、来源和特性复杂，在没有针对性的鉴别标准时，鉴别机构很难统一鉴别尺度，易出现不同鉴别机构对同一鉴别样品得出相反鉴别结论的情况；另外，缺少针对进口废物利用过程和产品中的有害物质的污染控制标准。

（4）进口废物和国内废物资源利用之间缺乏统筹协调规划

一是缺乏进口废物的经济、社会和环境影响评估，资源行业综合利用发展与国家经济社会发展总体规划衔接不够。随着经济转型升级加快、产业结构不断调整优化，进口废物管理政策调整措施的预警性不强，一定程度上导致管理部门被动。二是改革前的进口废物管理政策，一定程度上放慢了国内废物回收体系建设速度，表现在以下三方面：①国内废物分类不够、品质不高，与进口废物相比，在质量上缺乏明显竞争力；②国内废物回收环节激励机制不够，回收体系不完善，使得国内废物回收量难以满足国内企业对资源的需求；③国内再生资源利用企业规模小、产业集中度低，在遇到国家政策大调整时，行业技术进步和结构升级瓶颈凸显。

3．对策建议

（1）强化我国管理模式和经验与国际规则的交流互动

一是加强我国在废物管理国际规则制定中的主导力。建立促进国家层次全面履约的评估方法和机制，加大对我国主导国际规则制定的支持力度，提升我国在《巴塞尔公约》全球履约中的话语权。二是推进我国固体废物管理制度与国际接轨。开展《巴塞尔公约》及国际危险废物环境无害化管理技术准则在国内"等效采用"的途径、程序、有效性和可行性分析，研究提出《巴塞尔公约》技术准则的国内转化机制，提高我国废物环境无害化管理水平。三是加强我国进口废物管理模式和经验的对外交流与输出。进一步加大与发展中国家合作交流，宣传和传送中国经验，促进发展中国家形成相对统一的进口废物管理制度。

（2）深化进口废物加工利用行业污染排查整改

一是发挥执法合力，强化申请进口废物企业的现场检查，避免"重审批、轻监管"。二是持续高压，加大对进口废物加工利用行业、国内再生资源回收利用行业违规违法和洋垃圾走私等行为的打击力度，从严从重从快处罚违法行为。三是依托物联网、"互联网+"、大数据等信息化技术，强化部门间进口废物管理和执法信息大数据互通共享机制，建立进口废物智能管理技术体系。

（3）强化进口废物污染防治标准体系和支撑能力建设

一是完善相关标准体系，建立固体废物属性鉴别程序、重点类别废物的鉴别与分类技术规范、进口废物利用企业现场检查规范、固体废物利用过程和利用产品的污染控制标准等。二是尽快摸清进口废物加工利用企业污染现状，明确进口废物中夹杂物的污染特性，掌握进口废物加工利用过程中污染排放负荷及其风险。三是强化进口废物目录调整的社会、经济和环境影响评估，深入开展固体废物管理措施的贸易政策研究，包括出口退税、进口管制措施以及 WTO 应对措施等。四是加强进口废物研究平台和专业技术队伍建设，提升进口废物鉴别与现场查验能力，强化海关、鉴别机构、进口单位、利用单位相关人员的培训与管理。

（4）加强顶层设计和规划引领

一是分析我国经济发展规律和对资源需求的变化趋势，科学评估进口废物和国内废物的中长期需求量和走势，结合污染治理设施的建设规划和周期，制定 5～10 年的进口再生资源和国内废物资源统筹回收利用规划。二是加快国内固体废物回收利用体系建设，建立健全生产者责任延伸制，推进城乡生活垃圾分类，提高国内固体废物的回收利用率，完善再生资源回收利用基础设施，促进"两网融合"①和国内固体废物加工利用园区化、规模化和清洁化发展。三是依托"固体废物资源化"国家重大科技专项，强化固体废物无害化、资源化利用技术研发与推广。

四、重视由固体废物初步加工的资源性产品进口管理②

自 2017 年国务院出台《改革实施方案》以来，进口废物管理改革稳步推进、成效显著。在大幅度削减了进口废物总量的新形势下，各口岸出现了一些由固体废物加工的初级原材料产物入境情况，口岸监管人员和进口者对一些此类产物是产品还是固体废物存在认识分歧和较多争议，致使进口货物难以顺利通关，造成巨大损失，需要有新的应对之策以解决这类问题，因而提出以下建议。

1．口岸监管中的主要问题

（1）固体废物和非固体废物判断难

目前，口岸监管中依然存在固体废物原料与非固体废物产品之间界限模糊、产物鉴别判断难的问题，而且问题非常突出，管理者不敢随意放行，进口者进退两难。主要原因：一是口岸查扣这类货物大多来源不清、来源复杂，存在争议，《固体废物鉴别标准通则》在解决不同物质废物属性时也出现了由于个人理解存在各种偏差的情况，甚至出现了不同鉴别机构对同一鉴别对象判定出不同鉴别结果的现象，随着 2018 年固体废物属性鉴别机构大幅度增加，今后这一现象仍会存在，甚至会矛盾突出。二是目前缺乏对由固体废物加工的初级产物或再生产品的规范和标准。在口岸普遍加大执法力度、防范固体废物进口环境污染风险的形势下，这些再加工产物或再生产品仍被当成固体废物对待，这不可避免地会导致经济发展所需的初级资源性产品或原材料被当成洋垃圾拒之国门外。三是固体废物属性鉴别体系和依据仍不完善，缺乏一些专项又简易的固体废物属性鉴别标准，口岸监管和鉴别人员遇到疑问时只能靠个人理解来判断，既造成鉴别人员

---

① 城市环卫系统与再生资源系统两个网络有效衔接。
② 本部分内容主要是 2018 年 5 月根据主管部门的要求写的相关材料。

压力大，也造成监管机构专业性遭到质疑，并对相关企业进口的货物形成进口障碍。

（2）固体废物基础研究少

口岸执法是刚性的，必须要对物质进行明确界定，而有些鉴别机构的一些鉴别判断却含混不清，或者缺乏分析和判断理由，或者判断依据不明，难以服众。究其原因还是鉴别基础研究少、鉴别经验少，当前主要是从固体废物概念内涵和引申出的外延来确定准则，现行鉴别标准毕竟不可能涵盖各类复杂来源物质；缺乏针对各类混合物、复杂来源物质、专业性很强的偏门来源物质的判断准则，缺乏针对加工初级产物为非废物的判断准则等。如许多中间产物、副产物、副产品、粗加工产物没有公开的质量标准或产品标准，更没有分类管理的名录，对许多鉴别人员而言甚至都没有听说过、非常陌生，鉴别中遇到这些情况如何把握主要是基于鉴别人员对物质来源判断和认识水平的高低。

另外，固体废物具有相对性、资源属性、社会属性，如何将这些属性转变成鉴别准则并应用到实践中，如何防止各鉴别机构鉴别结论相互矛盾，管理上如何有效促进废物转换成非废物等问题，现阶段也缺乏充分研究，缺乏一对一的鲜明对策。

（3）进口废物管理研究少

一是对进口废物管理中的突出问题研究少。例如，废物分级分类、口岸监管中怀疑货物为废物的依据、违法进口处罚轻重缓急、监管信息共享、纠偏改进等问题，都与现行管理政策有着密切联系，关系到货物能否进口和对当事人的惩处责任，但有关部门对这些问题缺乏系统化或针对性的研究，缺乏针对性指南或依据，出现了过度怀疑为废物、过度执法的现象。

二是混合废物研究少。对同一批进口货物，有时不同箱的货物状态不同、不同包的货物状态不同、不同提单的货物状态也不同，这些差异在口岸查扣货物中非常突出，如何准确判断、统一尺度也缺乏确切依据。

三是缺乏进口废物与进口再生资源性产品的比较研究。严厉的进口废物政策一定程度上可能会造成某些好的甚至紧缺的原材料也进不来，从而形成局部范围的不合理现象，是引发各方矛盾的焦点所在，在某些特定领域需要建立一种更加简明、有效、合理的替代管理方案，如出台针对性的排除或豁免管理清单，会更加合理有效一些。

（4）管理中的针对性问题

对于当前《非限制进口类可用作原料的固体废物目录》中的废钢铁（6个编号）、贵金属废碎料（3个编号）、废有色金属（废铜、废铝、锌废碎料、贵金属废碎料等6个编号）。目前，国内虽有一些废物标准，如《废钢铁》（GB 4223—2004）、《铜及铜合金废料》（GB/T 13587—2006）、《铝及铝合金废料》（GB/T 13586—2006）、《镍及镍合金废料》（GB/T 21179—2007）、《锌及锌合金废料》（GB/T 13589—2007）、《锡及锡合金废料》（GB/T 21180—2007）、《钽及钽合金废料》（GB/T 25955—2010），但这些标准依然是以废物分类为基本目标的标准，几乎不能作为非废物的产品标准来使用，这些金属废物经过一定加工处理后需要满足原材料或初级再生产品的标准后才能适合进口；国内还有一些与再生金属相关的标准，如《再生锌原料》（YS/T 1093—2015）、《再生铜及铜合金棒》（GB/T 26311—2010）、《导电用再生铜条》（YS/T 810—2012）、《再生铝　第 1 部分：铸造铝合金锭》（DB 34/T 1552.1—2011）、《再生铝　第 2 部分：变形铝合金锭》（DB 34/T 1552.2—2011）、《粉末冶金用再生镍粉》（YS/T 889—2013），这些标准也难以适合进口再生金属初级加工产品。当这些金属废物经过一定加工处理后是否可不作为固体废物进行管理呢？原则上或常理上应该是可以的，按照《固体废物鉴别标准　通则》的准则，只要是专门加工生产出来的"目标产物"就不应再笼统归属于固体废物，这样便给境外由废物加工转换成的资源性产品保留了一个合理的进口通道。

《关于调整〈进口废物管理目录〉的公告》（生态环境部、商务部、国家发改委、海关总署公告　2018 年第 6 号）实施后，禁止进口的固体废物更多了，以往一些能进口的废物今后便不能进口了。其中的一些废物经过一定的加工处理后，其产物如果符合产品标准或原材料规范便可以不按照废物进行管理，如废汽车压件中回收的大块干净的铝、从废电线电缆中剥离出的纯铜线和纯铝线、从废船上切割的钢板和钢条、废塑料加工的塑料粒子、废 PET 瓶加工的可直接利用的净片等。

还有由废物初步加工的其他产物，如由毛皮碎料裁切成一定规格的原料，由皮革碎料裁切成一定规格的原料，由废橡胶加工成的胶粉和再生胶，由含有色金属废料加工的初级原材料，由回收废料经过提炼、提取、改性处理后获得的初级产物等，当然经加工后的产品也应符合相关产品要求。

目前，上述所涉废物经初步加工获得的产物在口岸监管中常存在，但口岸监管过程由于缺乏权威政策指引，也缺乏标准依据，不但企业难以放心进口，而且监管机关也难以通关放行，鉴别人员也一头雾水，面对这些复杂情况，需要有新的对策。

2. 进口可行性分析

对于明确属于固体废物的物质，其进口必须符合进口废物管理法规和政策。但对于由废物经过一定加工处理后得到且还没有可适应的产品或原材料质量标准的物质，如果废物属性得到弱化、产品或原材料属性得到强化，或者完全去掉了废物属性，便有理由将其按照产品来管理，分析如下：

（1）固体废物法律定义

我国固体废物定义的核心含义是物质和物品丧失原有利用价值和被放弃两个层面。如果资源性废物经过一定的加工处理表现出产品特征，符合原材料要求并具有较高利用价值，则可以通过建立产品标准或规范促使废物资源向产品方向转化。这样可以认为这类资源性产物已经不满足固体废物定义的含义，被赋予了新的利用价值，不再属于丧失原有利用价值的物质，也不再属于被抛弃或放弃的物质，可由政府主管部门根据行业生产工艺的实际情况确认为初级原材料产品或者非废物的再生资源产品。

固体废物法律定义中还有另外一层含义，即法律法规规定纳入固体废物管理的物品和物质，那么，如果政府部门认定由固体废物加工得到的初级产品不属于固体废物，当然不再按固体废物来管理。

（2）符合环境保护管理的本意

我国进口废物管理历来是以预防和控制环境污染为出发点，实现污染风险最小化和资源利用效率最大化。当固体废物经初步加工处理后，既有效去除了杂质，又提高了主成分的含量，适合作为原材料直接加以利用，对进口废物而言，自然是将夹杂污染物产生的环境风险（包括放射性污染、危险废物、一般夹杂物的污染风险）留在了境外，此时固体废物已转变为可高效利用的资源，按照市场需求的总原则允许其进口，这样也符合环境管理的本意。

（3）固体废物属性鉴别标准

《固体废物鉴别标准　通则》对于利用废物生产的产物不作为固体废物管理建立了以下三条准则：①符合国家、地方制定或行业通行的产品质量标准。②符合国家污染控制标准；当没有国家污染控制标准时，该产物中所含有害成分含量不高于利用所替代原料生产的产品中的有害成分含量，并且在该产物生产过程中，排放到环境中的有害物质浓度不高于利用所替代原料生产产品过程中排放到环境中的有害物质浓度，当没有所替代原料时，不考虑该条件。③有稳定、合理的市场需求。

由废物初步加工的产物只要符合上述要求，就不应再按照废物来管理，而是按照产品管理。通俗理解就是由废物加工得到的产物如符合标准或规范要求、有害成分很少、有市场需求就不再属于固体废物，其中满足标准或规范是关键。那么，对于还没有标准或规范的初步加工产物，应尽可能制定出行业中通行的标准或规范，为这类产物合理进口扫清管理技术上的一大障碍。

（4）有关美国固体废物定义中的非废物

美国固体废物的定义内容比较多和复杂（40CFR 261.2），被抛弃是固体废物的核心含义，在40CFR 261.2这一节中同样列出了非废物的条件，当物质能以下列方式再循环利用时，不属于固体废物：a）物质没有被回收，而是作为成分被用于或再利用于产品工业生产过程。b）物质作为工业品的有效代替物被利用或再利用。c）物质作为供给原料的替代品被返回到原生产过程，而没有首先被回收或在土地上进行处置；如果物质所返回的原生产过程是二次加工过程，则物质必须被利用而不能放置在地上。

同时，美国还列出了固体废物排除［40CFR 261.4（a）］的一些具体情形，例如"将被循环使用的加工过的废金属"。获得当地政府主管部门的同意是固体废物排除的前提。

由此看出，固体废物的确具有社会属性，社会属性就是应遵循政府主管部门的要求，那么，相关部门可以通过建立非废物的先决条件，或者建立固体废物豁免管理依据，来引导固体废物向非废物方向转化，这是推动废物资源化的必然路径和重要动力。

（5）综合分析

无论是发展循环经济、实行清洁生产，还是坚持固体废物的"减量化、资源化、无害化"的三原则，生产中必然会产生大量的固体废物，循环利用固体废物又必然会产生各类初级原材料或粗产品，中间产物具有原材料和产品的双重属性，是固体废物利用的必由之路，某种程度上政府的管理就是要促进和建立形成这类原辅材料正常循环的通道。我国是资源匮乏的国家，国内有色金属矿产资源、铁矿资源、石油资源、木材资源等均不能自给自足，需要大量依赖原生资源进口。以往还可通过进口资源性废物加以补充，由于国家出台了《改革实施方案》，大幅度地减少了固体废物进口，直至全面禁止进口废物，因此发展经济的资源制约瓶颈在今后仍将存在。对于某些重要资源缺口，可以通过进口由境外废物初步加工的产品来适当弥补，既解决了大家担心的环境污染问题，也保留了进口资源性再生产品的优势，既不会违背当前严厉的进口废物管制政策，也不会对有这类资源需求的企业造成致命影响，是一个"双赢"选项。

3．建议

对于有意生产并已经符合现行产品标准和规范的固体废物属性不需要再做讨论，这里关注的是介于废物和非废物之间的产物，即还没有明确可适用标准规范的物质。上文分析了进口废物初步加工产物不作为固体废物管理的合理性，那么，如何有效实施进口呢？提出以下建议。

（1）逐步建立重点废物初步加工产物的分类清单

由于废物加工产物流程环节多、种类多，存在的问题也多，遵循笼统的《固体废物鉴别标准 通则》的原则已不能完全有效解决口岸不断出现的新问题，因而需要建立"一物一策"的逐步解决或分类解决的措施，例如，当前可优先解决《非限制进口类可用作原料的固体废物目录》中废物的初步加工产物。

①有色金属废料的初步加工产物

铜废料、铝废料等常用有色金属的废料的利用价值高，如果在境外经过进一步分拣分类处理、粗加工处理，达到基本不含夹杂物、其品质也具有均匀性且有一定的规格范围的话，对这类可直接利用的原料（炉料），理论上可按照有色金属原材料来进口。

从以往经验看，几乎未曾出现过进口贵金属废碎料（如金、银、铂、铑、钯等贵金属或合金废碎料），这类废碎料只要不含夹杂物便可进行废物豁免管理。今后可逐步建立一个扩展的高价值材料性废物的豁免管理清单，完善进口再生资源的分类管理制度。

②钢铁废碎料的初步加工产物

2018 年上半年，北方某口岸海关查扣了一批从俄罗斯进口的废钢轨，由工字型切割成"⊥"型，经鉴别，判断其为丧失原有利用价值的废钢铁。类似的物料还有废钢板、废钢管、废槽钢、废钢筋、废铁丝、铸铁废碎料、拆解废钢铁等，对于这些由比较单一的钢铁废料获得的初步加工产物，经过细分类别并限定条件后，可不再按照废钢铁来管理，而是作为冶炼钢铁的炉料或直接作为加工的原材料进行管理。

③废电线电缆、废五金电器、废电机的初步加工产物

废电线电缆、废五金电器、废电机被全面禁止进口后，其中的好铜、好铝资源也将一同被禁止。但剥皮后的裸线、分类好的废五金、从废电机中拆解的铜线圈等，就是非常好的资源了，可以直接利用和熔化成锭，对这类产物也可先行保留出进口通道。

④再生塑料粒子

再生塑料粒子是由回收废塑料经分类、清洗、熔化、造粒后形成的产物，已经将该过程产生的污染物留在了境外，但目前口岸对此仍争议不断，大量查扣再生塑料粒子造成货物积压和通关困难，监管成本很高、企业不堪重负，还引发不少社会矛盾。对这类初步加工产物可通过建立简明又有效的标准或规范，从而建立废物和非废物的区分依据，来化解当前出现的各种矛盾。

⑤PET 聚酯净片

2017 年以来，各口岸海关查扣了不少 PET 聚酯瓶片，有些是回收的 PET 瓶经过破碎、分离和清洗后的净片，这部分原料可直接进入生产涤纶丝的生产工序使用，沿海不少企业缺少这类原材料，市场需求大。在有关行业协会的要求下，生态环境部和海关总署积极作为，2018 年 5 月 14 日海关总署发文将符合《再生聚酯（PET）瓶片》（FZ/T 51008—2014）中 A、B、C 三类性能和指标要求的瓶片不作为固体废物管理，管理技术上解决了口岸和企业的棘手问题。

但随着口岸执法进程的推进，又暴露出《再生聚酯（PET）瓶片》中某些指标过于严厉甚至不合理导致瓶片仍难以入境的新问题，需要对该行业标准进行修订或制定新的原材料标准。

⑥由回收废纸初步加工的产物

在严格控制废纸原料进口的情况下，如果允许进口由回收废纸加工成的再生纸浆或似浆的初级再生原材料，不但可以替代废纸作为造纸生产原料，极大地减少废纸回收过程中夹杂物的携带和污染风险，还能减少废纸本身含有的非纸组分，从而提高利用效率。

⑦由毛皮碎料初步加工获得的毛皮原料和皮革碎料初步加工获得的皮革原料

近年海关查扣了不少批次的毛皮、生皮、成品皮革的废碎料，如果将其在境外经过初步加工处理、形成满足一定规格要求的原材料，也显著去除了其废物属性，则允许这些初级再生原材料进口对我国毛皮制品和皮革制品行业的发展有益无害。

⑧含金属成分废料经物理化学或高温反应处理后的初步加工产物

这类产物比较多，例如，10 多年前，海关查扣了多批次钕铁硼废料，形态各异，根

据当时的法规政策都鉴别为禁止进口的固体废物。如果这类废料在境外加工成化学成分和形态均质的钕铁硼氧化物（如粉末），进口后对我国稀土行业获取宝贵的资源以及企业的生存发展也很有益。

再如，电池生产中回收的不合格原料，在境外经过一定的物理化学处理后，已转变成多成分的稳定资源（Ni、Co、Mn、Li），有价物质得到显著富集，符合相关原材料标准要求后也可不再作为固体废物来管理。

又如，由含锌废物经烟化挥发处理形成的 ZnO 富集产物，如果 ZnO 的含量达到《副产品氧化锌》（YS/T 73—2011）中 50% 以上的要求或专门鉴别标准要求，并合理控制这类产物中的有害组分的含量，也可明确允许其不按照固体废物进口。

像上述一样的初级加工产物，建议由政府主管部门主导制定进口清单，更好地服务于社会经济发展和生态环境保护事业。

（2）建立重点废物初级加工产品的标准或规范

建立重点废物初级加工产品的清单，只是迈出了产物可进口的第一步，口岸还缺乏监管技术依据，要制定相配套的技术标准或规范，才可实施进口操作和进口把关，否则可能企业都想将本属于固体废物的原料以初级加工产物的名义进口，因而必须由主管部门确定、统筹规划。建议由政府主管部门主导制定这类初级加工产品的标准或规范，当然还必须严格控制，避免造成新的鱼龙混杂现象，将好事办成坏事。

第一，标准或规范要有利于口岸操作、执行，技术指标应简练简明、不可过于复杂，也不宜过于强调技术指标的先进性，以看得见摸得着的、不影响后续利用产品质量为关键点；第二，对于外部混入的夹杂物更要严格限定，可规定为零夹杂或接近零夹杂，这是有别于进口废物环控标准的主要区分点，也是衡量废物是否经过初级加工的依据；第三，标准中可参照某些产品标准或废物分类标准中的牌号加以细化和分类，吸收现行废物分类标准中有益的部分；第四，为解决口岸进口的商品编码问题，对初级加工产品不再使用进口废物管理目录中的商品编码，避免废物和产品混淆不清。

（3）建立重点废物的专门鉴别标准

结合口岸管理需求，生态环境部可制定重点废物的专门鉴别标准，逐个酝酿和制定、依次发布，逐渐完善鉴别标准体系，使其成为指导各鉴别技术机构承担固体废物属性鉴别工作时的有力工具，最大限度地统一鉴别尺度，这也是与前述建议的"重点废物初级加工产品的标准或规范"相配合。

（4）加强组织管理

在允许进口固体废物种类越来越少直至全面禁止进口的情况下，海关系统已明显加大了打击非法进口废物的力度，并加强了风险防控措施，目前口岸已经显现出一些突出矛盾和新问题，如过度怀疑货物为废物、对鉴别为禁止进口废物的货物处理周期过长等。这些问题的解决需要有关部门加强针对性研究、及时沟通鉴别信息，尽可能在短时间内化解新矛盾、解决新问题。同时，在管理层面上需要统筹规划和经费支持，组织各方技术力量尽快构建成一个技术规范体系。

五、初步划分工业来源废塑料和非工业来源废塑料的范围①

《进口废物管理目录》（公告 2017 年第 39 号）中的《限制进口类可用作原料的固体废物目录》明确工业来源废塑料是指在塑料生产及塑料制品加工过程中产生的热塑性下脚料、边角料和残次品；该公告还明确将来自生活源的废塑料（8 个品种）从《限制进口类可用作原料的固体废物目录》调整列入《禁止进口固体废物目录》，并在后者"其他要求或注释"一栏中明确为"非工业来源废塑料（包括生活来源废塑料）"。该公告发布后，口岸检验机构、鉴别机构及其人员对于如何区分两类来源的废塑料提出了一些疑问，希望建立识别方法以指导口岸检验和鉴别操作。下面是大致区分两类来源废塑料的参考意见，在监管中应以进口货物实际状况和当时政策为基本依据。

1．工业来源废塑料

主要包括以下来源的废塑料（但不限于）：

（1）塑料原材料生产（包括树脂合成、树脂改性、片材加工、粉状和粒状塑料加工、管材加工等）中的热塑性下脚料、边角料和残次品，如塑料合成加工中产生的不合格原料，车间回收的落地料，机头机尾料，产品牌号切换过程中的剩余料，生产中的瓶坯料、水口料、副牌料、严重不合格的卷膜等。

（2）塑料制品加工过程中的热塑性下脚料、边角料和残次品，以及不能按原生产设计用途使用或经切割、破坏处理的塑料制品，如裁切产生的边角碎料、残次报废品、检验有严重缺陷的不合格塑料制品、被沾染的不适合作为产品销售的废塑料。

（3）塑料原材料和塑料制品在搬运、转移、贮存、运输过程中产生的需要回收处理的各种废塑料及其混合物，如库存失效的塑料制品混合物，长期积压已转变成废塑料的塑料卷筒（废弃特征明显）、未使用过的成捆废塑料袋，搬运、转移过程中的破损塑料，不能按原设计用途使用或经切割、破坏处理的塑料制品等。

（4）由回收废塑料经过工业企业加工处理后仍属于废塑料的物质，如严重掺杂且不同形状的混合再生塑料颗粒，性能指标严重不满足塑料加工性能要求的再生塑料颗粒，由废塑料加工处理得到的塑料碎片/碎料（不作为废物管理的 PET 瓶片除外），未使用过的单一塑料成分组成的废丝、废纤维（如 PET 等，建议这类货物应单独报关，以便与禁止进口的废纤维相区别），进口的由回收聚合物经初级加工获得的泡泡料（如 PET 泡料

---

① 本部分内容来自编者 2018 年 3 月根据主管部门的要求编写的相关材料。

等），回收的由单一树脂成分和无机物构成的粉末等。

（5）来自工厂内部产生的或商业包装中使用的（未经过消费者使用的）有明显脏污和夹杂物的废发泡塑料（EPS，即使经过压缩处理）。

（6）农业生产中的回收地膜、大棚膜、黑白相间薄膜、灌溉软管、滴灌硬管等。

（7）建构筑物拆毁过程中产生的废塑料。

（8）回收电器电子废弃产品的塑料外壳及其破碎料的混合废塑料（如 ABS/丙烯腈-丁二烯-苯乙烯共聚物、PC/聚碳酸酯、PC/ABS、PPO/聚苯醚、POM/聚甲醛）。

（9）报废车船拆解产生的混合废塑料。

（10）可以参照工业来源管理的废塑料，如来源过程单一、成分单一的批量回收的有一定脏污和夹杂物特征的废塑料等。

上述废塑料并不是都可以进口，如果进口必须是列入《限制进口类可用作原料的固体废物目录》，而且必须符合《进口可用作原料的固体废物环境保护控制标准　废塑料》（GB 16487.12—2017）的要求。

2．非工业来源废塑料（包括生活来源废塑料）

主要包括以下来源的废塑料（但不限于）：

（1）从居民家中收集的废弃塑料袋、膜、瓶、桶、板、盆、网、壶、罐、绳、杯、盘、箱、框、玩具等及其混合废塑料。

（2）从生活垃圾或城市垃圾中分拣、回收的废塑料，如混合废塑料和初步分类的废塑料等。

（3）来自工业、交通运输、商业中心、商店、超市、农贸市场、旅游、农业、餐饮业、医疗机构、办公场所、机场、车站、港口码头、学校、科研院所等场所或活动过程中产生的消费者使用后的废塑料（生活废塑料）。

（4）垃圾收运中转站、焚烧厂、填埋场、堆放场等固体废物处理处置场所产生和收集的废塑料。

（5）消费使用后的特定塑料包装或材料，如 PET 饮料瓶及瓶砖（聚对苯二甲酸乙二醇酯）、塑料大桶、塑料油壶、聚丙烯吨袋、废光盘、复合包装废物、木塑复合板材、橡塑复合板材、笔芯和笔管等。

（6）超市、库房、运输等场所或过程使用过的回收塑料周转箱、托盘、卡板及其破碎料。

（7）装饰、装修、装潢、装帧等过程产生的废塑料。

（8）为防风、防雨、防寒等使用过的覆盖膜。

（9）回收的未经压缩处理的废发泡塑料或用于包装填充的塑料缓冲材料碎料。

（10）使用过的厚度小于 0.025 mm 的超薄塑料膜，如缠绕膜、保鲜膜等。

（11）回收的掺加无机填料（如 CaCO₃）超过 15%的塑料制品废料及其破碎料。

（12）回收使用过的地板革、鞋底料、塑料壁纸等。

（13）其他可按照非工业来源废塑料管理的废塑料，如盛装过农药、除草剂、医药、化学试剂、油漆/涂料、化妆品、洗发水等化学/化工品的废塑料瓶和塑料容器等。

（14）上述多种来源的混合废塑料。

3．分类说明

（1）由于塑料原材料和制品种类成千上万，废塑料产生来源非常复杂，上述分类不可避免会有交叉重叠，主要立足于有利于口岸监管机构及人员对废塑料来源的初步判断。

（2）可将上述涉及的废丝、纤维、泡泡料按其化学成分（如 PET）归入海关商品编码 39159010 废塑料项下，以避免与禁止进口的废纤维相冲突。

（3）上述所称单一成分是指塑料材料以一种树脂成分为主，但并不排斥不同树脂成分的共聚或共混加工的产物，如 PP 与 PE 共聚或共混。

（4）上述所称混合废塑料主要是指不同塑料材料的物理混合，可以分开而没有分开，或者不适合再分开。

（5）上述分类并不能解决口岸监管中遇到的所有实际问题，检验、查验和鉴别人员应立足于全面、准确理解国家相关政策和标准条款的含义，加强学习、提高实操水平，做到综合运用、准确判断，切忌生搬硬套甚至不明就里地使用上述列举的范围和种类。

六、对进口再生塑料颗粒的管理建议[①]

在严格落实禁止洋垃圾进口政策的情况下，2017 年年底以来全国各地口岸执法机关大量查扣了再生塑料颗粒，这类货物通关不畅，企业损失巨大。下面是作者对再生塑料颗粒的基本认识和相关建议。

对于再生塑料颗粒这类初级加工产物，固体废物属性鉴别并不容易，矛盾的焦点是缺乏产品标准和废物专项鉴别标准，口岸检验机构认为 2014 年的"三个一致"存在表述笼统、不好理解、难检验、不好操作等不足。针对这些情况，提出以下参考意见：

1．对再生塑料颗粒物质属性基本认识的建议

按塑料材料种类可分为聚乙烯（PE）、聚丙烯（PP）、聚氯乙烯（PVC）、聚苯乙烯（PS）、丙烯腈-丁二烯-苯乙烯塑料（ABS）等五大通用树脂，其他还有聚对苯二甲酸乙二醇酯（PET）、聚碳酸酯（PC）、聚偏二氯乙烯（PVDC）、尼龙（PA）、酚醛树脂（PF）、

---

① 本部分内容来自编者 2018 年 7 月根据主管部门的要求写的相关材料，仅供参考。

聚氨酯（PU）等，由此可见，废塑料类别和来源途径均多而复杂。废塑料回收利用方法有直接再生利用、熔融再生利用、化学回收再生利用（含能量回收）等不同方式，其中熔融再生利用是废塑料加热熔融挤出、塑化成再生塑料颗粒再成型为各种塑料制品的方法，行业人士认为这是最值得提倡和优先考虑的方法，以实现资源循环利用。废塑料造粒基本原理是废塑料经粉碎后送入熔融装置，废塑料在其熔化温度范围内被熔化，再经挤压造粒、冷却、切粒即获得二次母粒。根据颗粒基本形态大体可分为三类加工方式：①拉条切粒的圆柱形颗粒；②磨面热切椭圆柱形、扁圆形颗粒；③水下切粒的椭圆柱形、椭圆形、球形颗粒（颗粒形态见图7-2～图7-10）。显然，这些造粒过程是有意识、有目的的生产加工过程，再生塑料颗粒是加工获得的初级原料，尤其进口再生塑料颗粒将废塑料产生、收集、分选分离、破碎与清洗等过程中的绝大部分污染物留在了境外，进境后可以直接生产塑料原材料和塑料制品。总体来说，再生塑料颗粒符合《固体废物鉴别标准　通则》中"目标产物"的定义，原则上不应再作为固体废物管理，根据塑料成分不同，建议可分别归于海关商品编码3901-3914不同"初级形状"塑料材料项下。

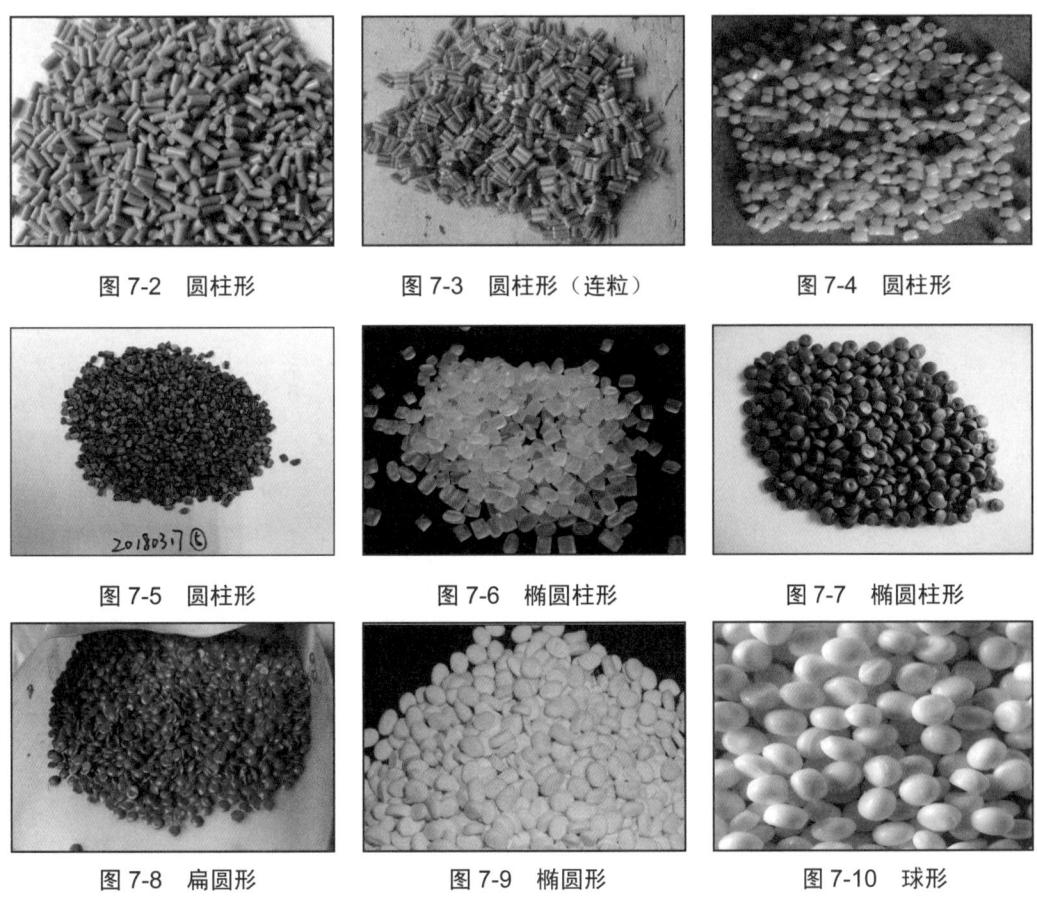

图 7-2　圆柱形　　　　图 7-3　圆柱形（连粒）　　　　图 7-4　圆柱形

图 7-5　圆柱形　　　　图 7-6　椭圆柱形　　　　图 7-7　椭圆柱形

图 7-8　扁圆形　　　　图 7-9　椭圆形　　　　图 7-10　球形

2. 对"三个一致"的改进建议

2014 年海关总署监管司下发的《海关部署监管司关于进一步明确再生塑料及有关废塑料监管问题的通知》(总署通知书 2014 第 1 号),即行业所称的"三个一致",本意是为大量减少再生塑料颗粒被怀疑为固体废物的可能而采取的一项通关便利化措施。如果在短时间内没有可能出台再生塑料颗粒相关产品标准或者固体废物属性鉴别标准,作者认为该文件仍可发挥作用,并可改进为以下"四个一致",赋予更清晰的要求:

(1)包装一致,即同批次报关进口的再生塑料颗粒包装袋的颜色、规格、材质、标识均做到基本一致,并标明塑料颗粒的来源、主要成分和使用范围。

(2)颜色一致,即同批次进口的再生塑料颗粒颜色基本一致。由于废塑料自身颜色不一和加工温度影响,再生塑料颗粒很难做到如合成塑料颗粒新料一样颜色透亮、均匀和纯正,在废塑料融化造粒不加色母料的情况下,或多或少会存在色差不均现象,只要主体为同一色系下的色差,便可认为属于颜色基本一致。

(3)规格一致,即同批次进口的再生塑料颗粒形状、大小基本一致。可规定质量分数 95% 的塑料颗粒达到企业进口声明规格上的一致性,并且随机抽样中直径小于 1 mm 的颗粒和长径大于 6 mm 的颗粒的重量之和不超过随机抽样总重量的 1%。

(4)材质一致,即同批次进口的再生塑料颗粒树脂成分及其含量应基本一致,包括不同树脂成分的共聚或共混的改性塑料颗粒。

对满足上述要求的分类装运和分类报关的再生塑料颗粒,各口岸检验和监管部门可显著减少其疑似固体废物的管理,并可按照海关商品编码 3901-3914 项下的"初级形状"产品进行管理。

当然,在颜色不一致的情况下,是否都属于固体废物也不宜一刀切,关键看颗粒规格、成分组成是否均一,以及颗粒加工性能技术指标是否好,这三项都好的话,不应判为废物。

3. 对进口再生塑料颗粒环境污染风险监管重点的建议

在海关系统各口岸普遍加强了对进口洋垃圾管控和打击措施的形势下,对进口再生塑料颗粒而言,不宜通过固体废物属性鉴别措施来解决所有再生塑料颗粒的物质归属和检验通关问题,即再生塑料颗粒品质检验要求和固体废物鉴别判断应适当区分,否则难免造成口岸进口货物的大量积压,企业叫苦不迭。为了提高监管的有效性和效率,监管重点应放在可能造成环境污染风险和对人体健康最不利的方面,例如,回收来源不同、形状不同、成分不同、性质不同的明显属于混杂的塑料颗粒,明显含有各种杂物、污物的回收塑料颗粒,明显散发刺激性异味的塑料颗粒,含有显著无机或有机有害组分的塑料颗粒,有充分证据证明进境后加工利用性能很差的塑料颗粒等。

口岸监管中根据货物实际状况,对仍怀疑为固体废物的再生塑料颗粒,可以进行固体废物属性鉴别，在坚持《固体废物鉴别标准　通则》的判断准则前提下，可掌握以下具体判断方法：

（1）对具有多种明显废弃特征的塑料颗粒，完全可适用固体废物法律定义的，可判定为固体废物。

（2）确定再生塑料颗粒的化学成分，看是否与申报的相符，如果确定明显属于混合、混杂物的，则可判定为固体废物。

（3）再生塑料颗粒中如果无机物成分含量超过20%，且不能说明合理性、其采购价格明显远低于市场同类产品的，则表明这类物质利用价值很低，可判定为固体废物。

（4）进行必要的塑料树脂的加工性能指标实验，如果再生塑料颗粒的使用性能指标严重不符合相关替代物标准要求，则可判定为固体废物。

（5）检测出含大量重金属、散发有毒有害气体、放射性污染超标等环境和安全指标存在显著风险的，可判定为固体废物。

4. 建立再生塑料颗粒长效管理机制的建议

上述建议是针对当前口岸监管中缺乏专项标准规范提出的，仍属于过渡性措施，有必要建立明确的政策指引、专门的产品标准或鉴别标准，从政策、程序和方法上建立长效和综合的保证机制。

（1）明确再生塑料颗粒进口基本政策。在全面实施禁止进口废塑料的政策下，一些口岸大量查扣再生塑料颗粒，是鼓励再生塑料颗粒进口、有条件允许其进口还是不鼓励其进口，当前并没有明确要求，政策不明、依据不清是造成当前各口岸管理机构做法不统一的原因之一。依据有关行业协会和海关总署提供的信息，禁止废塑料进口将造成塑料原材料大量缺口，年缺口量达500万～600万t，那么可采取适当允许再生塑料颗粒进口的策略，弥补一定的缺口，且进口时不宜逐批或大批量进行固体废物属性鉴别。

（2）制定再生塑料颗粒产品标准。面对当前口岸再生塑料颗粒难以顺利进口的情况，一些企业组织和行业协会正在积极编制再生塑料颗粒产品标准，但几乎都缺少坚实基础和正确指导方法，各自为政，出现了"萝卜快了不洗泥"的应付式情况，反而会对后续进口管理造成新的矛盾或纠纷，需要国家相关主管部门统揽全局，进行标准立项、组织编制。在生态环境部和国家市场监督管理总局的积极支持和推动下，再生塑料颗粒国家标准已列入2019年标准制订计划中，相关行业协会正在编制中。

（3）制定再生塑料颗粒固体废物属性鉴别标准。目前生态环境部还没有出台固体废物专项鉴别标准，可以从再生塑料颗粒上先行开展，组织制定鉴别标准。

只有确立了进口再生塑料颗粒的基本政策，并具有明晰的再生塑料颗粒产品标准或废物属性鉴别标准，建立起产品和废物之间的清晰划分界限，才能有利于口岸监督管理，有利于再生塑料颗粒通关顺畅，有利于行业的稳健发展。

附录一：《进口可用作原料的固体废物环境保护控制标准》（GB 16487—2017）

《进口可用作原料的固体废物环境保护控制标准—冶炼渣》
（GB 16487.2—2017）

1 适用范围

本标准规定了进口冶炼渣的环境保护控制要求。

本标准适用于以下冶炼渣的进口管理。

海关商品编号	固体废物名称
2618001001	主要含锰的冶炼钢铁产生的粒状熔渣，含锰量大于25%（包括熔渣砂）
2619000010	轧钢产生的氧化皮
2619000030	含铁量大于80%的冶炼钢铁产生的渣钢铁

2 规范性引用文件

本标准引用了下列文件中的条款。凡是不注明日期的引用文件，其有效版本适用于本标准。

GB 5085.1 危险废物鉴别标准 腐蚀性鉴别

GB 5085.2 危险废物鉴别标准 急性毒性初筛

GB 5085.3 危险废物鉴别标准 浸出毒性鉴别

GB 5085.4 危险废物鉴别标准 易燃性鉴别

GB 5085.5 危险废物鉴别标准 反应性鉴别

GB 5085.6 危险废物鉴别标准 毒性物质含量鉴别

SN/T 0570　进口可用作原料的废物放射性污染检验规程

SN/T 1791.10　进口可用作原料的废物检验检疫规程 第 10 部分：冶炼渣

《国家危险废物名录》（环境保护部、国家发展和改革委员会、公安部令 第 39 号）

3　术语和定义

下列术语和定义适用于本标准。

3.1　夹杂物（carried-waste）

在产生、收集、包装和运输过程中混入进口冶炼渣中的其他物质（不包括进口冶炼渣的包装物及在运输过程中需使用的其他物质）。

4　控制标准与要求

4.1　进口冶炼渣的放射性污染控制应符合下列要求：

a）冶炼渣中未混有放射性废物；

b）冶炼渣（含包装物）的外照射贯穿辐射剂量率不超过进口口岸所在地正常天然辐射本底值+0.25 μGy/h；

c）冶炼渣的表面α、β放射性污染水平为：表面任何部分的 300 cm² 的最大检测水平的平均值α不超过 0.04 Bq/cm²，β不超过 0.4 Bq/cm²；

d）冶炼渣中放射性核素比活度应低于表 1 的限值。

表 1　放射性核素比活度限值

核素	比活度/（Bq/g）
^{59}Ni	3×10^3
^{63}Ni	3×10^3
^{54}Mn	0.3
^{60}Co	0.3
^{65}Zn	0.3
^{55}Fe	300
^{90}Sr	3
^{134}Cs	0.3
^{137}Cs	0.3
^{235}U	0.3
^{238}U	0.3

核素	比活度/（Bq/g）
^{239}Pu	0.1
^{241}Am	0.3
^{152}Eu	0.3
^{154}Eu	0.3
^{94}Nb	0.3
不明成分的β-γ混合物	0.3
不明成分的α混合物	0.1

4.2 冶炼渣中未混有废弃炸弹、炮弹等爆炸性武器弹药。

4.3 冶炼渣中应严格限制下列夹杂物的混入，总重量不应超过进口冶炼渣重量的 0.01%。

　　a）密闭容器；

　　b）《国家危险废物名录》中的废物；

　　c）依据 GB 5085.1～GB 5085.6 鉴别标准进行鉴别，凡具有腐蚀性、毒性、易燃性、反应性等一种或一种以上危险特性的其他危险废物。

4.4 除上述各条所列废物外，冶炼渣中应限制其他夹杂物（包括木废料、废纸、废塑料、废橡胶、废玻璃等废物）的混入，总重量不应超过进口冶炼渣重量的 0.5%。

5 检验

5.1 本标准检验采取随机抽样检验的方式，对集装箱装运的进口废物采取开箱、掏箱、拆包/捆、分拣的检验方法，对散装海运的进口废物采取开舱查验和落地检验的方法，对散装陆运的进口废物采取开箱查验和落地检验的方法，必要时送实验室进行检测（包括放射性核素比活度、危险特性等）。随机抽样检验的结果作为整批货物检验结果。

5.2 本标准 4.1 条的检验按照 SN/T 0570 规定执行。

5.3 本标准 4.3 c）条按照 GB 5085.1～GB 5085.6 规定的方法进行检验。

5.4 本标准其他条款的检验按照 SN/T 1791.10 规定执行。

《进口可用作原料的固体废物环境保护控制标准—木、木制品废料》

（GB 16487.3—2017）

1　适用范围

本标准规定了进口木及木制品废料（以下简称木废料）的环境保护控制要求。
本标准适用于以下木废料的进口管理。

海关商品编号	固体废物名称
4401310000	木屑棒
4401390000	其他锯末、木废料及碎片
4501901000	软木废料

2　规范性引用文件

本标准引用了下列文件中的条款。凡是不注明日期的引用文件，其有效版本适用于本标准。

GB 5085.1　危险废物鉴别标准　腐蚀性鉴别
GB 5085.2　危险废物鉴别标准　急性毒性初筛
GB 5085.3　危险废物鉴别标准　浸出毒性鉴别
GB 5085.4　危险废物鉴别标准　易燃性鉴别
GB 5085.5　危险废物鉴别标准　反应性鉴别
GB 5085.6　危险废物鉴别标准　毒性物质含量鉴别
SN/T 0570　进口可用作原料的废物放射性污染检验规程
SN/T 1791.3　进口可用作原料的废物检验检疫规程　第3部分：木、木制品废料
《国家危险废物名录》（环境保护部、国家发展和改革委员会、公安部令　第39号）

3　术语和定义

下列术语和定义适用于本标准。

3.1　夹杂物（carried-waste）

在产生、收集、包装和运输过程中混入进口木废料中的其他物质（不包括进口木废料的包装物及在运输过程中需使用的其他物质）。

4 控制标准与要求

4.1 进口木废料的放射性污染控制应符合下列要求：

a）木废料中未混有放射性废物；

b）木废料（含包装物）的外照射贯穿辐射剂量率不超过进口口岸所在地正常天然辐射本底值+0.25 μGy/h；

c）木废料的表面α、β放射性污染水平为：表面任何部分的 300 cm^2 的最大检测水平的平均值α不超过 0.04 Bq/cm^2，β不超过 0.4 Bq/cm^2；

d）木废料中放射性核素比活度应低于表 1 的限值。

表 1 放射性核素比活度限值

核素	比活度/（Bq/g）
^{59}Ni	3×10^3
^{63}Ni	3×10^3
^{54}Mn	0.3
^{60}Co	0.3
^{65}Zn	0.3
^{55}Fe	300
^{90}Sr	3
^{134}Cs	0.3
^{137}Cs	0.3
^{235}U	0.3
^{238}U	0.3
^{239}Pu	0.1
^{241}Am	0.3
^{152}Eu	0.3
^{154}Eu	0.3
^{94}Nb	0.3
不明成分的β-γ混合物	0.3
不明成分的α混合物	0.1

4.2　木废料中未混有废弃炸弹、炮弹等爆炸性武器弹药。

4.3　木废料中应严格限制下列夹杂物的混入，总重量不应超过进口木废料重量的0.01%。

　　　a）密闭容器；

　　　b）《国家危险废物名录》中的废物；

　　　c）依据 GB 5085.1～GB 5085.6 鉴别标准进行鉴别，凡具有腐蚀性、毒性、易燃性、反应性等一种或一种以上危险特性的其他危险废物。

4.4　除上述各条所列废物外，木废料中应限制其他夹杂物（包括废金属、废纸、废塑料、废玻璃、废橡胶、已腐烂的木料等废物)的混入，总重量不应超过进口木废料重量的 0.5%。

5　检验

5.1　本标准检验采取随机抽样检验的方式，对集装箱装运的进口废物采取开箱、掏箱、拆包/捆、分拣的检验方法，对散装海运的进口废物采取开舱查验和落地检验的方法，对散装陆运的进口废物采取开箱查验和落地检验的方法，必要时送实验室进行检测（包括放射性核素比活度、危险特性等）。随机抽样检验的结果作为整批货物检验结果。

5.2　本标准 4.1 条的检验按照 SN/T 0570 规定执行。

5.3　本标准 4.3 c）条按照 GB 5085.1～GB 5085.6 规定的方法进行检验。

5.4　本标准其他条款的检验按照 SN/T 1791.3 规定执行。

《进口可用作原料的固体废物环境保护控制标准—废纸或纸板》

（GB 16487.4—2017）

1 适用范围

本标准规定了进口废纸或纸板（以下简称进口废纸）的环境保护控制要求。

本标准适用于以下废纸的进口管理。

海关商品编号	固体废物名称
4707100000	回收（废碎）的未漂白牛皮纸、瓦楞纸或纸板
4707200000	回收（废碎）的漂白化学木浆制的纸和纸板（未经本体染色）
4707300000	回收（废碎）的机械木浆制的纸或纸板（如废报纸、杂志及类似印刷品）

2 规范性引用文件

本标准引用了下列文件中的条款。凡是不注明日期的引用文件，其有效版本适用于本标准。

GB 5085.1　危险废物鉴别标准　腐蚀性鉴别

GB 5085.2　危险废物鉴别标准　急性毒性初筛

GB 5085.3　危险废物鉴别标准　浸出毒性鉴别

GB 5085.4　危险废物鉴别标准　易燃性鉴别

GB 5085.5　危险废物鉴别标准　反应性鉴别

GB 5085.6　危险废物鉴别标准　毒性物质含量鉴别

SN/T 0570　进口可用作原料的废物放射性污染检验规程

SN/T 1791.13　进口可用作原料的废物检验检疫规程　第 13 部分：废纸或纸板

《国家危险废物名录》（环境保护部、国家发展和改革委员会、公安部令　第 39 号）

3 术语和定义

下列术语和定义适用于本标准。

3.1　夹杂物（carried-waste）

在产生、收集、包装和运输过程中混入进口废纸中的其他物质（不包括进口废纸的包装物及在运输过程中需使用的其他物质）。

4 控制标准与要求

4.1 进口废纸的放射性污染控制应符合下列要求：

a）废纸中未混有放射性废物；

b）废纸（含包装物）的外照射贯穿辐射剂量率不超过进口口岸所在地正常天然辐射本底值+0.25 μGy/h；

c）废纸的表面α、β放射性污染水平为：表面任何部分的 300 cm^2 的最大检测水平的平均值α不超过 0.04 Bq/cm^2，β不超过 0.4 Bq/cm^2；

d）废纸中放射性核素比活度应低于表 1 的限值。

表 1 放射性核素比活度限值

核素	比活度/（Bq/g）
^{59}Ni	3×10^3
^{63}Ni	3×10^3
^{54}Mn	0.3
^{60}Co	0.3
^{65}Zn	0.3
^{55}Fe	300
^{90}Sr	3
^{134}Cs	0.3
^{137}Cs	0.3
^{235}U	0.3
^{238}U	0.3
^{239}Pu	0.1
^{241}Am	0.3
^{152}Eu	0.3
^{154}Eu	0.3
^{94}Nb	0.3
不明成分的β-γ混合物	0.3
不明成分的α混合物	0.1

4.2 进口废纸中未混有废弃炸弹、炮弹等爆炸性武器弹药。

4.3 进口废纸中应严格限制下列夹杂物的混入，总重量不应超过进口废纸重量的 0.01%。

　　a）被焚烧或部分焚烧的废纸，被灭火剂污染的废纸；

　　b）密闭容器；

　　c）《国家危险废物名录》中的废物；

　　d）依据 GB 5085.1～GB 5085.6 鉴别标准进行鉴别，凡具有腐蚀性、毒性、易燃性、反应性等一种或一种以上危险特性的其他危险废物。

4.4 除上述各条所列废物外，进口废纸中应限制其他夹杂物（包括木废料、废金属、废玻璃、废塑料、废橡胶、废织物、废吸附剂、铝塑纸复合包装、热敏纸、沥青防潮纸、不干胶纸、墙/壁纸、涂蜡纸、浸蜡纸、浸油纸、硅油纸、复写纸等废物）的混入，总重量不应超过进口废纸重量的 0.5%。

5 检验

5.1 本标准检验采取随机抽样检验的方式，对集装箱装运的进口废物采取开箱、掏箱、拆包/捆、分拣的检验方法，对散装海运的进口废物采取开舱查验和落地检验的方法，对散装陆运的进口废物采取开箱查验和落地检验的方法，必要时送实验室进行检测（包括放射性核素比活度、危险特性等）。随机抽样检验的结果作为整批货物检验结果。

5.2 本标准 4.1 条的检验按照 SN/T 0570 规定执行。

5.3 本标准 4.3 d）条按照 GB 5085.1～GB 5085.6 规定的方法进行检验。

5.4 本标准其他条款的检验按照 SN/T 1791.13 规定执行。

《进口可用作原料的固体废物环境保护控制标准—废钢铁》

（GB 16487.6—2017）

1　适用范围

本标准规定了进口废钢铁的环境保护控制要求。

本标准适用于以下废钢铁的进口管理。

海关商品编号	固体废物名称
7204100000	铸铁废碎料
7204210000	不锈钢废碎料
7204290000	其他合金钢废碎料
7204300000	镀锡钢铁废碎料
7204410000	机械加工中产生的钢铁废料 （机械加工指车、刨、铣、磨、锯、锉、剪、冲加工）
7204490090	未列明钢铁废碎料
7204500000	供再熔的碎料钢铁锭

2　规范性引用文件

本标准引用了下列文件中的条款。凡是不注明日期的引用文件，其有效版本适用于本标准。

GB 5085.1　危险废物鉴别标准　腐蚀性鉴别

GB 5085.2　危险废物鉴别标准　急性毒性初筛

GB 5085.3　危险废物鉴别标准　浸出毒性鉴别

GB 5085.4　危险废物鉴别标准　易燃性鉴别

GB 5085.5　危险废物鉴别标准　反应性鉴别

GB 5085.6　危险废物鉴别标准　毒性物质含量鉴别

SN/T 0570　进口可用作原料的废物放射性污染检验规程

SN/T 1791.4　进口可用作原料的废物检验检疫规程　第 4 部分：废钢铁

《国家危险废物名录》（环境保护部、国家发展和改革委员会、公安部令　第 39 号）

3 术语和定义

下列术语和定义适用于本标准。

3.1 夹杂物（carried-waste）

在产生、收集、包装和运输过程中混入进口废钢铁中的其他物质（不包括进口废钢铁的包装及其他在运输过程中需使用的物质）。

4 控制标准与要求

4.1 进口废钢铁的放射性污染控制应符合下列要求：

a）废钢铁中未混有放射性废物；

b）废钢铁（含包装物）的外照射贯穿辐射剂量率不超过进口口岸所在地正常天然辐射本底值+0.25 μGy/h；

c）废钢铁的表面α、β放射性污染水平为：表面任何部分的 300 cm^2 的最大检测水平的平均值α不超过 0.04 Bq/cm^2，β不超过 0.4 Bq/cm^2；

d）废钢铁中放射性核素比活度应低于表 1 的限值。

表 1 放射性核素比活度限值

核素	比活度/（Bq/g）
^{59}Ni	3×10^3
^{63}Ni	3×10^3
^{54}Mn	0.3
^{60}Co	0.3
^{65}Zn	0.3
^{55}Fe	300
^{90}Sr	3
^{134}Cs	0.3
^{137}Cs	0.3
^{235}U	0.3
^{238}U	0.3
^{239}Pu	0.1
^{241}Am	0.3
^{152}Eu	0.3

核素	比活度/（Bq/g）
^{154}Eu	0.3
^{94}Nb	0.3
不明成分的β-γ混合物	0.3
不明成分的α混合物	0.1

4.2　废钢铁中未混有废弃炸弹、炮弹等爆炸性武器弹药。

4.3　废钢铁中应严格限制下列夹杂物的混入，总重量不应超过进口废钢铁重量的 0.01%。

　　a）密闭容器；

　　b）《国家危险废物名录》中的废物；

　　c）依据 GB 5085.1～GB 5085.6 鉴别标准进行鉴别，凡具有腐蚀性、毒性、易燃性、反应性等一种或一种以上危险特性的其他危险废物。

4.4　除上述各条所列废物外，废钢铁中应限制其他夹杂物（包括木废料、废纸、废玻璃、废塑料、废橡胶、废织物、粒径不大于 2 mm 的粉状物、剥离铁锈等废物）的混入，总重量不应超过进口废钢铁重量的 0.5%，其中夹杂和沾染的粒径不大于 2 mm 的粉状物（除尘灰、尘泥、污泥、金属氧化物等）的总重量不应超过进口废钢铁总重量的 0.1%。

5　检验

5.1　本标准检验采取随机抽样检验的方式，对集装箱装运的进口废物采取开箱、掏箱、拆包/捆、分拣的检验方法，对散装海运的进口废物采取开舱查验和落地检验的方法，对散装陆运的进口废物采取开箱查验和落地检验的方法，必要时送实验室进行检测（包括放射性核素比活度、危险特性等）。随机抽样检验的结果作为整批货物检验结果。

5.2　本标准 4.1 条的检验按照 SN/T 0570 规定执行。

5.3　本标准 4.3 c）条按照 GB 5085.1～GB 5085.6 规定的方法进行检验。

5.4　本标准其他条款的检验按照 SN/T 1791.4 规定执行。

《进口可用作原料的固体废物环境保护控制标准—废有色金属》

（GB 16487.7—2017）

1 适用范围

本标准规定了进口废有色金属的环境保护控制要求。

本标准适用于以下废有色金属的进口管理，不包括废有色金属的氧化物、盐类物质及氧化物和盐类物质的混合物。

海关商品编号	固体废物名称	备注
7112911010	金的废碎料	
7112911090	包金的废碎料（但含有其他贵金属除外）	
7112921000	铂及包铂的废碎料（但含有其他贵金属除外、主要用于回收铂）	
7404000090	其他铜废碎料	不包括废五金电器、废电线电缆、废电机
7503000000	镍废碎料	
7602000090	其他铝废碎料	不包括废五金电器、废电线电缆、废电机
7902000000	锌废碎料	
8002000000	锡废碎料	
8101970000	钨废碎料	
8103300000	钽废碎料	
8104200000	镁废碎料	
8106001092	其他未锻轧的铋废碎料	
8108300000	钛废碎料	
8109300000	锆废碎料	
8112921010	未锻轧的锗废碎料	
8112922010	未锻轧的钒废碎料	
8112924010	铌废碎料	

海关商品编号	固体废物名称	备注
8112929011	未锻轧的铪废碎料	
8112929091	未锻轧的镓、铼废碎料	
8113001010	颗粒或粉末状碳化钨废碎料	
8113009010	其他碳化钨废碎料，颗粒或粉末除外	

2 规范性引用文件

本标准引用了下列文件中的条款。凡是不注明日期的引用文件，其有效版本适用于本标准。

GB 5085.1 危险废物鉴别标准 腐蚀性鉴别

GB 5085.2 危险废物鉴别标准 急性毒性初筛

GB 5085.3 危险废物鉴别标准 浸出毒性鉴别

GB 5085.4 危险废物鉴别标准 易燃性鉴别

GB 5085.5 危险废物鉴别标准 反应性鉴别

GB 5085.6 危险废物鉴别标准 毒性物质含量鉴别

SN/T 0570 进口可用作原料的废物放射性污染检验规程

SN/T1791.9 进口可用作原料的废物检验检疫规程 第9部分：废有色金属

《国家危险废物名录》（环境保护部、国家发展和改革委员会、公安部令 第39号）

3 术语和定义

下列术语和定义适用于本标准。

3.1 夹杂物（carried-waste）

在产生、收集、包装和运输过程中混入进口废有色金属中的其他物质（不包括进口固体废物的包装物及在运输过程中需使用的其他物质）。

4 控制标准与要求

4.1 进口废有色金属的放射性污染控制应符合下列要求：

a）废有色金属中未混有放射性废物；

b）废有色金属（含包装物）的外照射贯穿辐射剂量率不超过进口口岸所在地正常天然辐射本底值+0.25 μGy/h；

c）废有色金属的表面α、β放射性污染水平为：表面任何部分的 300 cm^2 的最大检测水平的平均值α不超过 0.04 Bq/cm^2，β不超过 0.4 Bq/cm^2；

d）废有色金属中非天然放射性核素比活度应低于表 1 的限值。

表 1 放射性核素比活度限值

核素	比活度/（Bq/g）
^{59}Ni	3×10^3
^{63}Ni	3×10^3
^{54}Mn	0.3
^{60}Co	0.3
^{65}Zn	0.3
^{55}Fe	300
^{90}Sr	3
^{134}Cs	0.3
^{137}Cs	0.3
^{235}U	0.3
^{238}U	0.3
^{239}Pu	0.1
^{241}Am	0.3
^{152}Eu	0.3
^{154}Eu	0.3
^{94}Nb	0.3
不明成分的β-γ混合物	0.3
不明成分的α混合物	0.1

4.2 废有色金属中未混有废弃炸弹、炮弹等爆炸性武器弹药。

4.3 废有色金属中应严格限制下列夹杂物的混入，总重量不应超过进口废有色金属重量的 0.01%。

　　a）密闭容器；

　　b）《国家危险废物名录》中的废物；

　　c）依据 GB 5085.1～GB 5085.6 鉴别标准进行鉴别，凡具有腐蚀性、毒性、易燃性、反应性等一种或一种以上危险特性的其他危险废物。

4.4 除上述各条所列废物外，废有色金属中应限制其他夹杂物（包括木废料、废纸、废塑料、废橡胶、废玻璃、粒径不大于 2 mm 的粉状物等废物）的混入，总重量不应超过进口废有色金属总重量的 1.0%，其中夹杂和沾染的粒径不大于 2 mm 的粉状物（灰尘、污泥、结晶盐、金属氧化物、纤维末等）的总重量不应超过进口废有色金属重量的 0.1%。

5 检验

5.1　本标准检验采取随机抽样检验的方式，对集装箱装运的进口废物采取开箱、掏箱、拆包/捆、分拣的检验方法，对散装海运的进口废物采取开舱查验和落地检验的方法，对散装陆运的进口废物采取开箱查验和落地检验的方法，必要时送实验室进行检测（包括放射性核素比活度、危险特性等）。随机抽样检验的结果作为整批货物检验结果。

5.2　本标准 4.1 条的检验按照 SN/0570 规定执行。

5.3　本标准 4.3 c）条按照 GB 5085.1～GB 5085.6 规定的方法进行检验。

5.4　本标准其他条款的检验按照 SN/T 1791.9 规定执行。

《进口可用作原料的固体废物环境保护控制标准—废电机》

（GB 16487.8—2017）

1 适用范围

本标准规定了进口废电机的环境保护控制要求。

本标准适用于以下废电机的进口管理。

海关商品编号	固体废物名称
7404000010	以回收铜为主的废电机

2 规范性引用文件

本标准引用了下列文件中的条款。凡是不注明日期的引用文件，其有效版本适用于本标准。

GB 5085.1   危险废物鉴别标准   腐蚀性鉴别

GB 5085.2   危险废物鉴别标准   急性毒性初筛

GB 5085.3   危险废物鉴别标准   浸出毒性鉴别

GB 5085.4   危险废物鉴别标准   易燃性鉴别

GB 5085.5   危险废物鉴别标准   反应性鉴别

GB 5085.6   危险废物鉴别标准   毒性物质含量鉴别

SN/T 0570   进口可用作原料的废物放射性污染检验规程

SN/T1791.8   进口可用作原料的废物检验检疫规程 第8部分：废电机

《国家危险废物名录》（环境保护部、国家发展和改革委员会、公安部令 第39号）

3 术语和定义

下列术语和定义适用于本标准。

3.1 夹杂物（carried-waste）

在产生、收集、包装和运输过程中混入进口废电机中的其他物质（不包括进口废电机的包装物及在运输过程中需使用的其他物质）。

4 控制标准与要求

4.1 进口废电机的放射性污染控制应符合下列要求：

　　a）废电机中未混有放射性废物；

　　b）废电机（含包装物）的外照射贯穿辐射剂量率不超过进口口岸所在地正常天然辐射本底值+0.25 μGy/h；

　　c）废电机的表面α、β放射性污染水平为：表面任何部分的 300 cm² 的最大检测水平的平均值α不超过 0.04 Bq/cm²，β不超过 0.4 Bq/cm²；

　　d）废电机中放射性核素比活度应低于表 1 的限值。

表 1　放射性核素比活度限值

核素	比活度/（Bq/g）
^{59}Ni	3×10^3
^{63}Ni	3×10^3
^{54}Mn	0.3
^{60}Co	0.3
^{65}Zn	0.3
^{55}Fe	300
^{90}Sr	3
^{134}Cs	0.3
^{137}Cs	0.3
^{235}U	0.3
^{238}U	0.3
^{239}Pu	0.1
^{241}Am	0.3
^{152}Eu	0.3
^{154}Eu	0.3
^{94}Nb	0.3
不明成分的β-γ混合物	0.3
不明成分的α混合物	0.1

4.2　废电机中未混有废弃炸弹、炮弹等爆炸性武器弹药。

4.3　废电机中应严格限制下列夹杂物的混入，总重量不应超过进口废电机重量的 0.01%。

　　a）废电机表面附着的油污；

　　b）密闭容器；

　　c）《国家危险废物名录》中的废物；

　　d）依据 GB 5085.1～GB 5085.6 鉴别标准进行鉴别，凡具有腐蚀性、毒性、易燃性、反应性等一种或一种以上危险特性的其他危险废物。

4.4　除上述各条所列废物外，废电机中应限制其他夹杂物（包括废木块、废纸、废纤维、废玻璃、废塑料、废橡胶等废物）的混入，总重量不应超过进口废电机重量的 0.5%。

5　检验

5.1　本标准检验采取随机抽样检验的方式，对集装箱装运的进口废物采取开箱、掏箱、拆包/捆、分拣的检验方法，对散装海运的进口废物采取开舱查验和落地检验的方法，对散装陆运的进口废物采取开箱查验和落地检验的方法，必要时送实验室进行检测（包括放射性核素比活度、危险特性等）。随机抽样检验的结果作为整批货物检验结果。

5.2　本标准 4.1 条的检验按照 SN/T 0570 规定执行。

5.3　本标准 4.3 d）条按照 GB 5085.1～GB 5085.6 规定的方法进行检验。

5.4　本标准其他条款的检验按照 SN/T 1791.8 规定执行。

《进口可用作原料的固体废物环境保护控制标准—废电线电缆》

（GB 16487.9—2017）

1   适用范围

本标准规定了进口废电线电缆的环境保护控制要求。

本标准适用于以下废电线电缆的进口管理。

海关商品编号	固体废物名称
7404000010	以回收铜为主的废电线、电缆
7602000010	以回收铝为主的废电线、电缆

2   规范性引用文件

本标准引用了下列文件中的条款。凡是不注明日期的引用文件，其有效版本适用于本标准。

GB 5085.1   危险废物鉴别标准   腐蚀性鉴别

GB 5085.2   危险废物鉴别标准   急性毒性初筛

GB 5085.3   危险废物鉴别标准   浸出毒性鉴别

GB 5085.4   危险废物鉴别标准   易燃性鉴别

GB 5085.5   危险废物鉴别标准   反应性鉴别

GB 5085.6   危险废物鉴别标准   毒性物质含量鉴别

SN/T 0570   进口可用作原料的废物放射性污染检验规程

SN/T 1791.7   进口可用作原料的废物检验检疫规程   第 7 部分：废电线电缆

《国家危险废物名录》（环境保护部、国家发展和改革委员会、公安部令   第 39 号）

3   术语和定义

下列术语和定义适用于本标准。

3.1   夹杂物（carried-waste）

在产生、收集、包装和运输过程中混入进口废电线电缆中的其他物质（不包括进口废电线电缆的包装物及在运输过程中需使用的其他物质）。

4　控制标准与要求

4.1　进口废电线电缆的放射性污染控制应符合下列要求：

a）废电线电缆中未混有放射性废物；

b）废电线电缆（含包装物）的外照射贯穿辐射剂量率不超过进口口岸所在地正常天然辐射本底值+0.25 μGy/h；

c）废电线电缆的表面α、β放射性污染水平为：表面任何部分的 300 cm^2 的最大检测水平的平均值α不超过 0.04 Bq/cm^2，β不超过 0.4 Bq/cm^2；

d）废电线电缆中放射性核素比活度应低于表 1 的限值。

表 1　放射性核素比活度限值

核素	比活度/（Bq/g）
^{59}Ni	$3×10^3$
^{63}Ni	$3×10^3$
^{54}Mn	0.3
^{60}Co	0.3
^{65}Zn	0.3
^{55}Fe	300
^{90}Sr	3
^{134}Cs	0.3
^{137}Cs	0.3
^{235}U	0.3
^{238}U	0.3
^{239}Pu	0.1
^{241}Am	0.3
^{152}Eu	0.3
^{154}Eu	0.3
^{94}Nb	0.3
不明成分的β-γ混合物	0.3
不明成分的α混合物	0.1

4.2 废电线电缆中未混有废弃炸弹、炮弹等爆炸性武器弹药。

4.3 废电线电缆中应严格限制下列夹杂物的混入，总重量不应超过废电线电缆重量的 0.01%。

    a）密闭容器；

    b）油封电缆、光缆，铅皮电缆；

    c）《国家危险废物名录》中的废物；

    d）依据 GB 5085.1～GB 5085.6 鉴别标准进行鉴别，凡具有腐蚀性、毒性、易燃性、反应性等一种或一种以上危险特性的其他危险废物。

4.4 除上述各条所列废物外，废电线电缆中应限制其他夹杂物（包括废纸、木废料、废玻璃等废物）的混入，总重量不应超过进口废电线电缆重量的 0.5%。

5 检验

5.1 本标准检验采取随机抽样检验的方式，对集装箱装运的进口废物采取开箱、掏箱、拆包/捆、分拣的检验方法，对散装海运的进口废物采取开舱查验和落地检验的方法，对散装陆运的进口废物采取开箱查验和落地检验的方法，必要时送实验室进行检测（包括放射性核素比活度、危险特性等）。随机抽样检验的结果作为整批货物检验结果。

5.2 本标准 4.1 条的检验按照 SN 0570 规定执行。

5.3 本标准 4.3 d）条按照 GB 5085.1～GB 5085.6 规定的方法进行检验。

5.4 本标准其他条款的检验按照 SN/T 1791.7 规定执行。

《进口可用作原料的固体废物环境保护控制标准—废五金电器》

（GB 16487.10—2017）

1 适用范围

本标准规定了进口废五金电器的环境保护控制要求。

本标准适用于以下废五金电器的进口管理，包括五金电器加工过程中产生的边角料、残次品或不合格品。

海关商品编号	固体废物名称
7204490020	以回收钢铁为主的废五金电器
7404000010	以回收铜为主的废五金电器
7602000010	以回收铝为主的废五金电器

2 规范性引用文件

本标准引用了下列文件中的条款。凡是不注明日期的引用文件，其有效版本适用于本标准。

GB 5085.1 危险废物鉴别标准 腐蚀性鉴别

GB 5085.2 危险废物鉴别标准 急性毒性初筛

GB 5085.3 危险废物鉴别标准 浸出毒性鉴别

GB 5085.4 危险废物鉴别标准 易燃性鉴别

GB 5085.5 危险废物鉴别标准 反应性鉴别

GB 5085.6 危险废物鉴别标准 毒性物质含量鉴别

SN/T 0570 进口可用作原料的废物放射性污染检验规程

SN/T 1791.6 进口可用作原料的废物检验检疫规程 第 6 部分：废五金电器

《国家危险废物名录》（环境保护部、国家发展和改革委员会、公安部令 第 39 号）

3 术语和定义

下列术语和定义适用于本标准。

3.1 夹杂物（carried-waste）

在产生、收集、包装和运输过程中混入进口废五金电器中的其他物质（不包括进口废五金电器的包装物及在运输过程中需使用的其他物质）。

4　控制标准与要求

4.1　进口废五金电器的放射性污染控制应符合下列要求：

a）废五金电器中未混有放射性废物；

b）废五金电器（含包装物）的外照射贯穿辐射剂量率不超过进口口岸所在地正常天然辐射本底值+0.25 μGy/h；

c）废五金电器的表面α、β放射性污染水平为：表面任何部分的 300 cm^2 的最大检测水平的平均值α不超过 0.04 Bq/cm^2，β不超过 0.4 Bq/cm^2；

d）废五金电器中放射性核素比活度应低于表 1 的限值。

表 1　放射性核素比活度限值

核素	比活度/（Bq/g）
^{59}Ni	$3×10^3$
^{63}Ni	$3×10^3$
^{54}Mn	0.3
^{60}Co	0.3
^{65}Zn	0.3
^{55}Fe	300
^{90}Sr	3
^{134}Cs	0.3
^{137}Cs	0.3
^{235}U	0.3
^{238}U	0.3
^{239}Pu	0.1
^{241}Am	0.3
^{152}Eu	0.3
^{154}Eu	0.3
^{94}Nb	0.3
不明成分的β-γ混合物	0.3
不明成分的α混合物	0.1

4.2 废五金电器中未混有废弃炸弹、炮弹等爆炸性武器弹药。

4.3 废五金电器中应严格限制下列夹杂物的混入，总重量不应超过进口废五金电器重量的 0.01%。

    a）未清除绝缘油材料的变压器、镇流器和压缩机；

    b）密闭容器；

    c）《国家危险废物名录》中的废物；

    d）依据 GB 5085.1～GB 5085.6 鉴别标准进行鉴别，凡具有腐蚀性、毒性、易燃性、反应性等一种或一种以上危险特性的其他危险废物。

4.4 除上述各条所列废物外，废五金电器中应限制其他夹杂物（包括木废料、废纸、废塑料、废橡胶、废玻璃以及国家禁止进口的废机电产品等废物）的混入，总重量不应超过进口废五金电器重量的 0.5%。

4.5 进口废五金电器中可回收利用金属的含量应不低于废五金电器总重量的 80%。

5 检验

5.1 本标准检验采取随机抽样检验的方式，对集装箱装运的进口废物采取开箱、掏箱、拆包/捆、分拣的检验方法，对散装海运的进口废物采取开舱查验和落地检验的方法，对散装陆运的进口废物采取开箱查验和落地检验的方法，必要时送实验室进行检测（包括放射性核素比活度、危险特性等）。随机抽样检验的结果作为整批货物检验结果。

5.2 本标准 4.1 条的检验按照 SN/T 0570 规定执行。

5.3 本标准 4.3 d）条按照 GB 5085.1～GB 5085.6 规定的方法进行检验。

5.4 本标准其他条款的检验按照 SN/T 1791.6 规定执行。

《进口可用作原料的固体废物环境保护控制标准
—供拆卸的船舶及其他浮动结构体》（ GB 16487.11—2017 ）

1 适用范围

本标准规定了进口供拆卸的船舶和其他浮动结构体（以下简称为废船舶）的环境保护控制要求。

本标准适用于以下废船舶的进口管理。

海关商品编号	固体废物名称
8908000000	废船舶（不包括航空母舰）

2 规范性引用文件

本标准引用了下列文件中的条款。凡是不注明日期的引用文件，其有效版本适用于本标准。

GB 3552 船舶污染物排放标准

GB 5085.1 危险废物鉴别标准 腐蚀性鉴别

GB 5085.2 危险废物鉴别标准 急性毒性初筛

GB 5085.3 危险废物鉴别标准 浸出毒性鉴别

GB 5085.4 危险废物鉴别标准 易燃性鉴别

GB 5085.5 危险废物鉴别标准 反应性鉴别

GB 5085.6 危险废物鉴别标准 毒性物质含量鉴别

SN/T 0570 进口可用作原料的废物放射性污染检验规程

SN/T 1791.5 进口可用作原料的废物检验检疫规程 第5部分：供拆卸的船舶及其他浮动结构体

《国家危险废物名录》（环境保护部、国家发展和改革委员会、公安部令 第39号）

《危险化学品目录》〔国家安全生产监督管理总局、工业和信息化部、公安部、环境保护部、交通运输部、农业部、国家卫生和计划生育委员会、国家质量监督检验检疫总局、国家铁路局、民用航空局公告 2015年第5号）

3 术语和定义

下列术语和定义适用于本标准。

3.1 夹杂物（携带物）（carried-waste）

进口废船舶中随行船员的生活废物和运输货物的残余物。船舶航行中应使用的物品、海难船所载货物及其残余物除外。

3.2 轻吨（light tonnage）

船舶空载时的排水量，是船舶本身重量的计量单位。

3.3 危险化学物质（hazardous chemical substance）

中华人民共和国有关部门公布的《危险化学品目录》中的化学物质。

4 控制标准与要求

4.1 进口废船舶的放射性污染控制应符合下列要求：

a）废船舶中未混有放射性废物；

b）进口废船舶的外照射贯穿辐射剂量率不超过进口口岸所在地正常天然辐射本底值+0.25 μGy/h；

c）废船舶的表面α、β放射性污染水平为：表面任何部分的 300 cm^2 的最大检测水平的平均值α不超过 0.04 Bq/cm^2，β不超过 0.4 Bq/cm^2；

d）废船舶中放射性核素比活度应低于表 1 的限值。

表 1 放射性核素比活度限值

核素	比活度/（Bq/g）
^{59}Ni	3×10^3
^{63}Ni	3×10^3
^{54}Mn	0.3
^{60}Co	0.3
^{65}Zn	0.3
^{55}Fe	300
^{90}Sr	3
^{134}Cs	0.3
^{137}Cs	0.3
^{235}U	0.3

核素	比活度/（Bq/g）
^{238}U	0.3
^{239}Pu	0.1
^{241}Am	0.3
^{152}Eu	0.3
^{154}Eu	0.3
^{94}Nb	0.3
不明成分的β-γ混合物	0.3
不明成分的α混合物	0.1

4.2 废船舶中未混有废弃炸弹、炮弹等爆炸性武器弹药。

4.3 进口废船舶中不包含未经洗舱的废油船。

4.4 废船舶中应严格限制下列夹杂物（携带物）的混入，总重量不应超过进口废船舶轻吨的 0.01%。

a）石棉废物或含石棉的废物（船舶本身的石棉隔热和绝缘材料除外）；

b）废船货舱中油及油泥的残留量；

c）密闭容器（船舶自身的除外）；

d）《国家危险废物名录》中的废物；

e）依据 GB 5085.1～GB 5085.6 鉴别标准进行鉴别，凡具有腐蚀性、毒性、易燃性、反应性等一种或一种以上危险特性的其他危险废物。

4.5 废船舶中作为船舶本身的隔热和绝缘材料的石棉含量不应超过其轻吨的 0.08%。

4.6 除上述各条所列夹杂物外，采取拖航行形式进口的废船舶中应限制其他夹杂物（携带物）的混入，总重量不应超过其轻吨的 0.05%。

4.7 采取自航行进口的废船舶中除上述各条所列的夹杂物外，其他夹杂物（携带物）总重量 $W_废$ 应满足以下公式计算要求：

$$W_废 \leqslant 1.5TN$$

式中： $W_废$——船舶其他夹杂物（携带物）的总重量，kg；

T——船舶入港后停泊时间，d；

N——船舶应载船员人数，人；

1.5——系数，kg/（人·d）。

4.8 曾经承运过 4.4 条所列货物以及其他危险化学物质的专用运输船舶必须进行清洗。进口者应向检验机构申报曾经承运过 4.4 条所列物质以及其他危险化学物质的名称及主要成分。

4.9　废船舶污染物排放应符合 GB 3552 的要求。

5　检验

5.1　本标准 4.1 条的检验按照 SN/T 0570 规定执行。

5.2　本标准 4.4 e）条按照 GB 5085.1～GB 5085.6 规定的方法进行检验。

5.3　本标准其他条款的检验按照 SN/T 1791.5 规定执行。

《进口可用作原料的固体废物环境保护控制标准—废塑料》

（GB 16487.12—2017）

1 适用范围

本标准规定了进口废塑料的环境保护控制要求。

本标准适用于《限制进口类可用作原料的固体废物目录》中下列废塑料的进口管理。

海关商品编号	固体废物名称
3915100000	乙烯聚合物的废碎料及下脚料
3915200000	苯乙烯聚合物的废碎料及下脚料
3915300000	氯乙烯聚合物的废碎料及下脚料
3915901000	聚对苯二甲酸乙二酯废碎料及下脚料
3915909000	其他塑料的废碎料及下脚料

2 规范性引用文件

本标准引用了下列文件中的条款。凡是不注明日期的引用文件，其有效版本适用于本标准。

GB 5085.1 危险废物鉴别标准 腐蚀性鉴别

GB 5085.2 危险废物鉴别标准 急性毒性初筛

GB 5085.3 危险废物鉴别标准 浸出毒性鉴别

GB 5085.4 危险废物鉴别标准 易燃性鉴别

GB 5085.5 危险废物鉴别标准 反应性鉴别

GB 5085.6 危险废物鉴别标准 毒性物质含量鉴别

SN/T 0570 进口可用作原料的废物放射性污染检验规程

SN/T 1791.1 进口可用作原料的废物检验检疫规程 第 1 部分：废塑料

《国家危险废物名录》（环境保护部、国家发展和改革委员会、公安部令 第 39 号）

《限制进口类可用作原料的固体废物目录》（环境保护部、商务部、国家发展和改革委、海关总署、国家质量监督检验检疫总局公告 2017 年第 39 号）

3　术语和定义

下列术语和定义适用于本标准。

3.1　废塑料（waste and scrap of plastics）

本标准所称废塑料是指在塑料生产及塑料制品加工过程中产生的热塑性下脚料、边角料和残次品。

3.2　夹杂物（carried-waste）

在产生、收集、包装和运输过程中混入进口废塑料中的其他物质（不包括进口废塑料的包装物及在运输过程中需使用的其他物质）。

4　控制标准与要求

4.1　进口废塑料的放射性污染控制应符合下列要求：

a）废塑料中未混有放射性废物；

b）废塑料（含包装物）的外照射贯穿辐射剂量率不超过进口口岸所在地正常天然辐射本底值+0.25 μGy/h；

c）废塑料的表面α、β放射性污染水平为：表面任何部分的 300 cm^2 的最大检测水平的平均值α不超过 0.04 Bq/cm^2，β不超过 0.4 Bq/cm^2；

d）废塑料中放射性核素比活度应低于表 1 的限值。

表 1　放射性核素比活度限值

核素	比活度/（Bq/g）
^{59}Ni	3×10^3
^{63}Ni	3×10^3
^{54}Mn	0.3
^{60}Co	0.3
^{65}Zn	0.3
^{55}Fe	300
^{90}Sr	3
^{134}Cs	0.3
^{137}Cs	0.3
^{235}U	0.3
^{238}U	0.3

核素	比活度/（Bq/g）
^{239}Pu	0.1
^{241}Am	0.3
^{152}Eu	0.3
^{154}Eu	0.3
^{94}Nb	0.3
不明成分的β-γ混合物	0.3
不明成分的α混合物	0.1

4.2　废塑料中未混有废弃炸弹、炮弹等爆炸性武器弹药。

4.3　废塑料中应严格限制下列夹杂物的混入，总重量不应超过进口废塑料重量的0.01%。

　　a）被焚烧或部分焚烧的废塑料，被灭火剂污染的废塑料；

　　b）使用过的完整塑料容器；

　　c）密闭容器；

　　d）《国家危险废物名录》中的废物；

　　e）依据 GB 5085.1～GB 5085.6 鉴别标准进行鉴别，凡具有腐蚀性、毒性、易燃性、反应性等一种或一种以上危险特性的其他危险废物。

4.4　除上述各条所列废物外，进口废塑料中应限制其他夹杂物（包括废纸、废木片、废金属、废玻璃、废橡胶/废轮胎、热固性塑料、其他含金属涂层的塑料、未经压缩处理的废发泡塑料等废物）的混入，总重量不应超过进口废塑料重量的 0.5%。

5　检验

5.1　本标准检验采取随机抽样检验的方式，对集装箱装运的进口废物采取开箱、掏箱、拆包/捆、分拣的检验方法，对散装海运的进口废物采取开舱查验和落地检验的方法，对散装陆运的进口废物采取开箱查验和落地检验的方法，必要时送实验室进行检测（包括放射性核素比活度、危险特性等）。随机抽样检验的结果作为整批货物检验结果。

5.2　本标准 4.1 条的检验按照 SN/T 0570 规定执行。

5.3　本标准 4.3 e）条按照 GB 5085.1～GB 5085.6 规定的方法进行检验。

5.4　本标准其他条款的检验按照 SN/T 1791.1 规定执行。

《进口可用作原料的固体废物环境保护控制标准—废汽车压件》
（GB 16487.13—2017）

1 适用范围

本标准规定了进口废汽车压件的环境保护控制要求，以及形成压件前对报废汽车拆解和压制程度的控制要求。

本标准适用于以下废汽车压件的进口管理。

海关商品编号	固体废物名称
7204490010	废汽车压件

2 规范性引用文件

本标准引用了下列文件中的条款。凡是不注明日期的引用文件，其有效版本适用于本标准。

GB 5085.1 危险废物鉴别标准 腐蚀性鉴别

GB 5085.2 危险废物鉴别标准 急性毒性初筛

GB 5085.3 危险废物鉴别标准 浸出毒性鉴别

GB 5085.4 危险废物鉴别标准 易燃性鉴别

GB 5085.5 危险废物鉴别标准 反应性鉴别

GB 5085.6 危险废物鉴别标准 毒性物质含量鉴别

SN/T 0570 进口可用作原料的废物放射性污染检验规程

SN/T 1791.11 进口可用作原料的废物检验检疫规程 第 11 部分：废汽车压件

《国家危险废物名录》（环境保护部、国家发展和改革委员会、公安部令 第 39 号）

3 术语和定义

下列术语和定义适用于本标准。

3.1 废汽车压件（compressed piece of scrap automobile）

丧失使用功能而且经过压制等处理的不可恢复原状的废汽车产品。

3.2 夹杂物（carried-waste）

在收集、包装和运输过程中混入进口废汽车压件中的其他物质（包括驾驶员、乘车者放在车内的生活用品，不包括进口废汽车压件的包装及在运输过程中需使用的物质）。

4 控制标准与要求

4.1 进口废汽车压件的放射性污染控制应符合下列要求：

a）废汽车压件中未混有放射性废物；

b）废汽车压件（含包装物）的外照射贯穿辐射剂量率不超过进口口岸所在地正常天然辐射本底值+0.25 μGy/h；

c）废汽车压件的表面α、β放射性污染水平为：表面任何部分的 300 cm^2 的最大检测水平的平均值α不超过 0.04 Bq/cm^2，β不超过 0.4 Bq/cm^2；

d）废汽车压件中放射性核素比活度应低于表 1 的限值。

表 1 放射性核素比活度限值

核素	比活度/（Bq/g）
^{59}Ni	3×10^3
^{63}Ni	3×10^3
^{54}Mn	0.3
^{60}Co	0.3
^{65}Zn	0.3
^{55}Fe	300
^{90}Sr	3
^{134}Cs	0.3
^{137}Cs	0.3
^{235}U	0.3
^{238}U	0.3
^{239}Pu	0.1
^{241}Am	0.3
^{152}Eu	0.3
^{154}Eu	0.3
^{94}Nb	0.3
不明成分的β-γ混合物	0.3
不明成分的α混合物	0.1

4.2　废汽车压件中未混有废弃炸弹、炮弹等爆炸性武器弹药。

4.3　废汽车压件应拆除或清除废汽车本身的下列组成,这些组成部分的总重量不应超过废汽车总重量的 0.01%。

　　a）安全气囊;

　　b）蓄电池;

　　c）灭火器、密闭压力容器;

　　d）机油、齿轮油、汽油、柴油、制动液、冷却液;

　　e）制冷剂、催化剂;

　　f）沾染的油泥、油污。

4.4　废汽车压件中应清除废汽车本身构成的轮胎、座椅、靠垫等非金属材料,这些组成部分的总重量不应超过废汽车压件总重量的 0.3%。

4.5　废汽车压件中应严格限制下列夹杂物的混入,总重量不应超过废汽车压件总重量的 0.01%。

　　a）密闭容器;

　　b）《国家危险废物名录》中的废物;

　　c）依据 GB 5085.1～GB 5085.6 鉴别标准进行鉴别,凡具有腐蚀性、毒性、易燃性、反应性等一种或一种以上危险特性的其他危险废物。

4.6　除上述各条所列废物外,废汽车压件中应限制其他夹杂物(包括木废料、废纸、废橡胶、热固性塑料、生活垃圾等)的混入,总重量不应超过废汽车压件总重量的 0.5%。

5　检验

5.1　本标准检验采取随机抽样检验的方式,对集装箱装运的进口废物采取开箱、掏箱、拆包/捆、分拣的检验方法,对散装海运的进口废物采取开舱查验和落地检验的方法,对散装陆运的进口废物采取开箱查验和落地检验的方法,必要时送实验室进行检测(包括放射性核素比活度、危险特性等)。随机抽样检验的结果作为整批货物检验结果。

5.2　本标准 4.1 条的检验按照 SN/T 0570 规定执行。

5.3　本标准 4.5 c）条按照 GB 5085.1～GB 5085.6 规定的方法进行检验。

5.4　本标准其他条款的检验按照 SN/T 1791.11 规定执行。

附录二：《固体废物鉴别标准　通则》

（GB 34330—2017）

固体废物鉴别标准　通则

1　适用范围

本标准规定了依据产生来源的固体废物鉴别准则、在利用和处置过程中的固体废物鉴别准则、不作为固体废物管理的物质、不作为液态废物管理的物质以及监督管理要求。

本标准适用于物质（或材料）和物品（包括产品、商品）（以下简称物质）的固体废物鉴别。

液态废物的鉴别，适用于本标准。

本标准不适用于放射性废物的鉴别。

本标准不适用于固体废物的分类。

对于有专用固体废物鉴别标准的物质的固体废物鉴别，不适用于本标准。

2　规范性引用文件

本标准内容引用了下列文件中的条款。凡是不注明日期的引用文件，其最新版本适用于本标准。

GB 18599　一般工业固体废物贮存、处置场污染控制标准

3　术语和定义

下列术语和定义适用于本标准。

3.1　固体废物（solid wastes）

是指在生产、生活和其他活动中产生的丧失原有利用价值或者虽未丧失利用价值但被抛弃或者放弃的固态、半固态和置于容器中的气态的物品、物质以及法律、行政法规

规定纳入固体废物管理的物品、物质。

3.2　固体废物鉴别（solid waste identification）

是指判断物质是否属于固体废物的活动。

3.3　利用（recycle）

是指从固体废物中提取物质作为原材料或者燃料的活动。

3.4　处理（treatment）

是指通过物理、化学、生物等方法，使固体废物转化为适合于运输、贮存、利用和处置的活动。

3.5　处置（disposal）

是指将固体废物焚烧和用其他改变固体废物的物理、化学、生物特性的方法，达到减少已产生的固体废物数量、缩小固体废物体积、减少或者消除其危险成分的活动，或者将固体废物最终置于符合环境保护规定要求的填埋场的活动。

3.6　目标产物（target products）

是指在工艺设计、建设和运行过程中，希望获得的一种或多种产品，包括副产品。

3.7　副产物（by-products）

是指在生产过程中伴随目标产物产生的物质。

4　依据产生来源的固体废物鉴别

下列物质属于固体废物（章节 6 包括的物质除外）。

4.1　丧失原有使用价值的物质，包括以下种类：

a）在生产过程中产生的因为不符合国家、地方制定或行业通行的产品标准（规范），或者因为质量原因，而不能在市场出售、流通或者不能按照原用途使用的物质，如不合格品、残次品、废品等；但符合国家、地方制定或行业通行的产品标准中等外品级的物质以及在生产企业内进行返工（返修）的物质除外。

b）因为超过质量保证期，而不能在市场出售、流通或者不能按照原用途使用的物质。

c）因为沾染、掺入、混杂无用或有害物质使其质量无法满足使用要求，而不能在市场出售、流通或者不能按照原用途使用的物质。

d）在消费或使用过程中产生的，因为使用寿命到期而不能继续按照原用途使用的物质。

e）执法机关查处没收的需报废、销毁等无害化处理的物质，包括（但不限于）假冒伪劣产品、侵犯知识产权产品、毒品等禁用品。

f）以处置废物为目的生产的，不存在市场需求或不能在市场上出售、流通的物质。

g）因为自然灾害、不可抗力因素和人为灾难因素造成损坏而无法继续按照原用途使用的物质。

　　h）因丧失原有功能而无法继续使用的物质。

　　i）由于其他原因而不能在市场出售、流通或者不能按照原用途使用的物质。

4.2　生产过程中产生的副产物，包括以下种类：

　　a）产品加工和制造过程中产生的下脚料、边角料、残余物质等。

　　b）在物质提取、提纯、电解、电积、净化、改性、表面处理以及其他处理过程中产生的残余物质，包括（但不限于）以下物质：

　　1）在黑色金属冶炼或加工过程中产生的高炉渣、钢渣、轧钢氧化皮、铁合金渣、锰渣；

　　2）在有色金属冶炼或加工过程中产生的铜渣、铅渣、锡渣、锌渣、铝灰（渣）等火法冶炼渣，以及赤泥、电解阳极泥、电解铝阳极炭块残极、电积槽渣、酸（碱）浸出渣、净化渣等湿法冶炼渣；

　　3）在金属表面处理过程中产生的电镀槽渣、打磨粉尘。

　　c）在物质合成、裂解、分馏、蒸馏、溶解、沉淀以及其他过程中产生的残余物质，包括（但不限于）以下物质：

　　1）在石油炼制过程中产生的废酸液、废碱液、白土渣、油页岩渣；

　　2）在有机化工生产过程中产生的酸渣、废母液、蒸馏釜底残渣、电石渣；

　　3）在无机化工生产过程中产生的磷石膏、氨碱白泥、铬渣、硫铁矿渣、盐泥。

　　d）金属矿、非金属矿和煤炭开采、选矿过程中产生的废石、尾矿、煤矸石等。

　　e）石油、天然气、地热开采过程中产生的钻井泥浆、废压裂液、油泥或油泥砂、油脚和油田溢溅物等。

　　f）火力发电厂锅炉、其他工业和民用锅炉、工业窑炉等热能或燃烧设施中，燃料燃烧产生的燃煤炉渣等残余物质。

　　g）在设施设备维护和检修过程中，从炉窑、反应釜、反应槽、管道、容器以及其他设施设备中清理出的残余物质和损毁物质。

　　h）在物质破碎、粉碎、筛分、碾磨、切割、包装等加工处理过程中产生的不能直接作为产品或原材料或作为现场返料的回收粉尘、粉末。

　　i）在建筑、工程等施工和作业过程中产生的报废料、残余物质等建筑废物。

　　j）畜禽和水产养殖过程中产生的动物粪便、病害动物尸体等。

　　k）农业生产过程中产生的作物秸秆、植物枝叶等农业废物。

　　l）教学、科研、生产、医疗等实验过程中产生的动物尸体等实验室废弃物质。

　　m）其他生产过程中产生的副产物。

4.3　环境治理和污染控制过程中产生的物质，包括以下种类：

　　a）烟气和废气净化、除尘处理过程中收集的烟尘、粉尘，包括粉煤灰。

b）烟气脱硫产生的脱硫石膏和烟气脱硝产生的废脱硝催化剂。

c）煤气净化产生的煤焦油。

d）烟气净化过程中产生的副产硫酸或盐酸。

e）水净化和废水处理产生的污泥及其他废弃物质。

f）废水或废液（包括固体废物填埋场产生的渗滤液）处理产生的浓缩液。

g）化粪池污泥、厕所粪便。

h）固体废物焚烧炉产生的飞灰、底渣等灰渣。

i）堆肥生产过程中产生的残余物质。

j）绿化和园林管理中清理产生的植物枝叶。

k）河道、沟渠、湖泊、航道、浴场等水体环境中清理出的漂浮物和疏浚污泥。

l）烟气、臭气和废水净化过程中产生的废活性炭、过滤器滤膜等过滤介质。

m）在污染地块修复、处理过程中，采用下列任何一种方式处置或利用的污染土壤：

1）填埋；

2）焚烧；

3）水泥窑协同处置；

4）生产砖、瓦、筑路材料等其他建筑材料。

n）在其他环境治理和污染修复过程中产生的各类物质。

4.4 其他：

a）法律禁止使用的物质；

b）国务院环境保护行政主管部门认定为固体废物的物质。

5 利用和处置过程中的固体废物鉴别

5.1 在任何条件下，固体废物按照以下任何一种方式利用或处置时，仍然作为固体废物管理（但包含在 6.2 条中的除外）：

a）以土壤改良、地块改造、地块修复和其他土地利用方式直接施用于土地或生产施用于土地的物质（包括堆肥），以及生产筑路材料；

b）焚烧处置（包括获取热能的焚烧和垃圾衍生燃料的焚烧），或用于生产燃料，或包含于燃料中；

c）填埋处置；

d）倾倒、堆置；

e）国务院环境保护行政主管部门认定的其他处置方式。

5.2 利用固体废物生产的产物同时满足下述条件的，不作为固体废物管理，按照相应的产品管理（按照 5.1 条进行利用或处置的除外）：

a）符合国家、地方制定或行业通行的被替代原料生产的产品质量标准；

b）符合相关国家污染物排放（控制）标准或技术规范要求，包括该产物生产过程中排放到环境中的有害物质限值和该产物中有害物质的含量限值；

当没有国家污染控制标准或技术规范时，该产物中所含有害成分含量不高于利用被替代原料生产的产品中的有害成分含量，并且在该产物生产过程中，排放到环境中的有害物质浓度不高于利用所替代原料生产产品过程中排放到环境中的有害物质浓度，当没有被替代原料时，不考虑该条件；

c）有稳定、合理的市场需求。

6 不作为固体废物管理的物质

6.1 以下物质不作为固体废物管理：

a）任何不需要修复和加工即可用于其原始用途的物质，或者在产生点经过修复和加工后满足国家、地方制定或行业通行的产品质量标准并且用于其原始用途的物质；

b）不经过贮存或堆积过程，而在现场直接返回到原生产过程或返回其产生过程的物质；

c）修复后作为土壤用途使用的污染土壤；

d）供实验室化验分析用或科学研究用固体废物样品。

6.2 按照以下方式进行处置后的物质，不作为固体废物管理：

a）金属矿、非金属矿和煤炭采选过程中直接留在或返回到采空区的符合 GB 18599 中第Ⅰ类一般工业固体废物要求的采矿废石、尾矿和煤矸石；但是带入除采矿废石、尾矿和煤矸石以外的其他污染物质的除外。

b）工程施工中产生的按照法规要求或国家标准要求就地处置的物质。

6.3 国务院环境保护行政主管部门认定不作为固体废物管理的物质。

7 不作为液态废物管理的物质

7.1 满足相关法规和排放标准要求可排入环境水体或者市政污水管网和处理设施的废水、污水。

7.2 经过物理处理、化学处理、物理化学处理和生物处理等废水处理工艺处理后，可以满足向环境水体或市政污水管网和处理设施排放的相关法规和排放标准要求的废水、污水。

7.3 废酸、废碱中和处理后产生的满足 7.1 条或 7.2 条要求的废水。

8 实施与监督

本标准由县级以上环境保护行政主管部门负责监督实施。

附录三：美国废物分类指南（部分）

1 美国废料回收产业协会（ISRI）出口废纸交易分类指南：PS-2017

（Guideline for Paper Stock：PS-2017-Export Transactions）

（1）序言

本标准和实践适应于来自美国、加拿大和墨西哥仅用于再制浆的废纸及其利用的出口交易。交易指南使用时可以由买卖双方通过协商进行修改。

成功的买卖关系是建立在"诚信"基础上的。为了符合这一基本主张，要建立以下原则：

①卖方必须要尽职调查确保所发的废纸货物有合适的包装，并且要在规定的期限内完成；

②买方的随意扣减、取消和拒绝是良好贸易中不可接受的；

③卖方交付的废纸要履行商定好的废纸品质，但不必为废纸利用或生产产品负责。

（2）购买协议

每桩废纸买卖交易要以书面形式确定并需包括以下项目：

①数量

可能情况下，数量应按照每公吨[①]2 204.6 lb 或每短吨[②]2 000 lb 予以表示清楚：

a）当数量是以规定的吨或公吨方式交易时，即便总和数量有上下 5%的误差，该批货物也应被认为是履行完了；

b）买卖双方应确立集装箱装载的最小重量。

②等级

可能情况下，购买的废纸应与最新的"废纸行业标准和循环实践"确定的等级要求相符合。任何偏离简化通知单中所列等级的情况，均应详细说明并得到买卖双方同意。

③包装

包装类型需要详细说明，包括捆扎的包数、防滑、防滚动、托盘、箱数、捆绑等。

④定价和付款方式

商定好的价格和付款方式应清晰地表述出来。

---

① 1 公吨=1 t。

② 1 短吨=907.185 kg。

⑤发运

发运条款应显示字母缩写，如"F.A.S."（指定装货港船边交货）、"C&F"（成本加运费）、"C.I.F."（到岸价格）或"CY."（货币）。

⑥装运要求

船舶装运要求应该由买方在订货时提出，包含的信息有收货人、到货通知人、文件、检查要求，保险费、运费、付款信息也应双方彼此同意。

⑦装运期

购买双方还应协商好装运船期。

⑧开发票

发票说明应规定清楚。

（3）由卖方履行的义务

卖方应完成以下义务：

①接受同意

所有订货应书面确认。

②定等级

销售的废纸应符合"废纸行业标准和循环实践"确定的等级名称要求。

③包装

要确保每单货符合交付要求。

④皮重（包装重量）

如果买方同意，可使用顶板和侧板固定住废纸，以保障运输安全，但不可过多。防滑垫板及其他类似的材料的重量，应从货运清单总重量中扣除。

⑤装载

废纸应按照以下要求进行装载：

a）除非另有协议，应按照一个规定好的废纸等级进行装载。当一船装载中包括两个或以上等级的废纸时，要分别装于不同集装箱中；

b）废纸应以最小移动和破坏的方式装载，卸货前过多的损毁可导致索赔。

⑥装运通知单

一个包装单，装运通知和/或发票要在船舶启航后72小时内发送到买方。

⑦发票

发票要符合订货的要求，包括以下信息：

a）装船日期；

b）集装箱号；

c）轮船公司、船名、航班号；

d）提单号；

e）顾客订单号；

f）货主发票号；

g）货物件数；

h）重量和等级；

i）价格和价格扩展；

j）付款方式。

⑧索赔

当需要索赔时，卖方必须在 5 天内通知买方遵守以下要求并做出决定：

a）同意买方接受妥协和处理；

b）有机会检查货物质量方面的问题；

c）要求买方服从索赔仲裁。

（4）由购买方履行的义务

废纸购买方应履行以下要求：

①卸货

a）货物到达后，买方要尽可能检查仍然装载的货物；

b）如果装载的货物显示出与订购和装运通知单的一致性，买方可以卸货；

c）如果装载的货物显示出与订购和装运通知单上的不一致，或者废纸质量不符合协议的要求，在卸货前买主就应立即通知卖方；

d）如果在卸货当中，发现了装载的部分货物中存在初检中没有发现的不符合规格、装运通知单和订货要求的情况，那么，这部分货物要放一边，拒绝接受，并立即通知卖方；

e）如果在收到货物后的 21 天内，买方根据开包货物情况，发现了之前没有发现的不好的货物，应立即通知卖方；

f）若发生索赔时，买方应进行严格评估来预防有争议的废纸造成的外部变质和污染。

②质量之外的索赔要求

买方应在卸货后的 10 天内通知卖方出现的一些变故，并且应提供这些变故的详细信息。

③拒绝

若发生拒绝收货时，买方应对已经使用过的废纸和发生的运费承担责任，但是一些用于实验室样品或测试目的的货物数量被认为是合理的；

买方必须保护货物免遭天气或其他因素的影响，直到索赔问题解决。

（5）其他

①货物所有权

如果是以"送达目的地"为基础的购买货物，并且符合交易协议，直到货物由运送者交付到购买者之前，这些货物依然是卖方的财物。

②滞期费

a）除货物质量方面的原因之外，由于卖方的错误给装载运送者造成的滞留费，应由卖方负责；

b）因为货物品质不符合要求而拒收的情况，在通知卖方前所产生的滞期费应由买方负责；

c）在为证明质量原因以拒绝收货的谈判导致买方接收货物的情况下，那么只有接到拒绝通知并且达成协议 24 小时后，所发生滞期费才由卖方负责。在通知发出前和通知当天所产生的滞期费则是由买方负责。

③转移和运费

在由于卖方未能保护约定的最低费率或根据协议装运的情况下，任何额外转移或超载货物所发生的装载费用由卖方承担。

④重量不符

a）当重量偏差 2%或以下时，装运废纸就没有借贷调整问题；

b）当重量偏差超过上述允许的差异时，买卖双方就应交换集装箱货物确认重量的副本文件；当双方有这样的记载时，就不会发生错误决定；建议称重时用最近的公共承运人的公平称，并应由买卖双方同意；当一方当事人缺少这样的纪录时，就应按照另一方的纪录来执行。

⑤含水率

a）所有废纸必须干燥包装，含水率小于 12%视为符合干燥要求；

b）当装载超过湿度要求时，买方有权要求进行调整，但这种调整任何时候都要以干空气平均值为基础。

⑥装载更换

由于质量原因，拒绝接受装载货物：

无论货物是否应被更换，都要由买卖双方协商后确定。

⑦及时装运

a）由于买方原因导致装货延期时：

根据买方的指令要求，卖方应选择延长订购时限天数，或者取消要延期货物的订购。卖方应迅速通知买方其选择。

b）由于卖方原因导致装货延期时：

根据卖方的指令要求，买方也应选择延长订购时限天数，或者取消要延期货物的订购。买方也应迅速通知买方其选择。

⑧不可利用废纸（outthrows）

不可利用废纸（outthrows）可以理解为不适合作为某一等级消费用纸的废纸，须经一定加工或处理后才适用。

⑨禁有物（prohibitive materials）

a）废纸中存在的超过允许含量要求并且不符合废纸等级要求的任何物质；

b）废纸中存在的对设备具有损害风险的任何物质。

注：与上述⑧和⑨相联系，废纸中的物质可分为一类"不可利用废纸"和另一类"禁有物"。例如，混合废纸中的"不适合利用"的物质（unsuitable）就是"不可利用废纸"；而白账簿纸（white ledger）中的"不能利用物"（unusable）就是"禁有物"。

（6）仲裁

a）买卖双方产生意见不一致的总体情况下，将争论提交给美国废料回收产业协会（ISRI）进行仲裁；

b）所有情况下，仲裁的费用应由有错误的一方承担，或者按照仲裁人的决定进行妥协分开承担。

（7）废纸等级的定义

按分类整理和包装好的分级描述的下列定义，考虑了作为二次材料的废纸是来自人工操作而不是完全机械操作的事实；这些定义并没有特别考虑各种废纸制造和再循环的加工过程；特殊要求应在买卖双方谈判时商定。

①不可利用废纸（outthrow）

本部分的术语"不可利用废纸"定义为"不适合作为某一等级消费用纸的废纸，须经一定加工或处理后才适用"。

②禁有物（prohibitive materials）

本部分的术语"禁有物"定义为：a）废纸中存在的超过允许含量要求的并且不符合废纸等级要求的任何物质；b）废纸中存在对设备具有损害风险的任何物质。

物质被归类为"不可利用废纸"级，或者被归类为另一级"禁有物"。例如，复写纸在混合废纸中是不适合利用的物质，因而应归类为不可利用废纸；而它在白账簿纸中属于不可利用物质，这时就应归类为禁有物。

③其他可接受的废纸（other acceptable papers）

本部分的术语"其他可接受的废纸"定义为：买方可接受并被买方允许达到一定百分比的所有其他废纸。

术语表：

术语附表列在了"美国国内废纸交易指南"的最后一节，有助于本指南使用者更好地理解废纸等级的定义。

（8）美国出口废纸分类要求（PS-2017）

美国出口废纸分类要求（PS-2017）

序号*	名称	描述	禁有物含量/%	不可利用废纸和禁有物含量之和/%
1/（4）	制盒纸边角料	在制造可折纸盒、折叠纸箱及类似纸板产品过程中的新裁切边角料	0.5	2
2/（5）	工厂包装纸	用于卷筒纸、纸捆、平板纸外包装的废纸	0.5	2
3/（9）	发行量过剩的报纸（OI 或 OIN）	从未用过的发行量过剩的报纸，或者结实成捆的报纸。凹印和彩印部分不超过正常的数量	不许有	不许有
4/（10）	旧杂志（OMG）	包括有涂覆层的杂志、目录及同类印刷材料。允许含有少量未有涂层的新型纸	1	3
5/（11）	旧瓦楞纸箱（OCC）	有加强衬层或牛皮纸衬层的瓦楞纸箱	1	5
6/（12）	经双重挑选的旧瓦楞纸箱（DSOCC）	来自超市或工商业机构的经双重挑选的瓦楞纸箱，有加强衬层或牛皮纸衬层，经特别挑选出纸盒纸、国外瓦楞纸、塑料和蜡	0.5	2
7/（13）	新的双衬层牛皮纸瓦楞纸边角料（DLK）	有加强衬层或牛皮纸衬层的新的瓦楞纸边角料，其芯层或面层均应经处理过，不允许有不溶性胶黏剂，变形卷筒纸、凹入或凸出的芯层等混入	不许有	2
8/（14）	纤维纸芯	由回收纸板和/或挂面纸板做的纸芯，可以是单层或多层。不含金属或塑料端盖、木楔（塞）、织物碎片	1	5
9/（15）	用过的褐色牛皮纸	用过的褐色牛皮纸包，没有不合适的衬里，没有被包装物	不许有	0.5
10/（16）	牛皮纸混合边角料	新的褐色牛皮纸边角料，不带缝线的牛皮纸、纸袋	不许有	1
11/（17）	手提袋废料	含印刷或不含印刷、未经漂白的新饮料纸袋或边角料，可以含有湿强剂	不许有	1
12/（18）	新的彩色牛皮纸	由新的彩色牛皮纸边角料、纸片、纸袋组成，不带有缝线	不许有	1
13/（19）	牛皮纸杂货袋包装废纸（KGB）	由新的褐色牛皮纸袋边角料、纸片、印刷出错的纸袋组成	不许有	1

序号*	名称	描述	禁有物含量/%	不可利用废纸和禁有物含量之和/%
14/（20）	多层牛皮纸袋新边角废料	由新的褐色多层牛皮纸袋边角料、纸片、印刷出错的纸袋组成，不带有缝线	不许有	1
15/（21）	褐色牛皮信封新边角废料	由未经印刷的新褐色牛皮信封、边角料、信封纸组成	不许有	1
16/（22）	含磨木浆混合废纸边	杂志、目录和同类印刷品的纸边碎料，可以含磨木浆，也可以是涂布的带有印刷油墨的封面和插页，也可以含有色纸以及经过深色印刷的纸张	不许有	2
17/（23）	旧电话（通信）簿	由电话簿印刷商所提供或为他们提供的干净的废电话簿	不许有	0.5
18/（24）	空白报纸（WBN）	不带印刷油墨的白报纸及其边角料和未经涂布的白色磨木浆的其他类似质量纸张及其边角料	不许有	1
19/（25）	含磨木浆计算机打印纸（GW CPO）	用于数据处理机的机械制造含磨木浆纸，这类废纸可含有彩色条纹及击打式或非击打式（如激光）电脑印刷	不许有	2
20/（26）	空白出版物印刷纸（CPB）	涂布或加填白色磨木浆的未经印刷的边角碎料或纸张	不许有	1
21/（27）	涂布的扉页纸纸边	杂志、目录及其他同类印刷品的轻微印刷的切边，不限于含磨木浆、涂布或未涂布的废纸，带有彩色印刷的封面、插页卡片纸、染色打浆纸的总量不超过2%	不许有	1
22/（28）	涂布软白纸边	涂布和未涂布的未经印刷、不含磨木浆的各种白色印刷纸和纸边，可以含少量磨木浆	不许有	1
23/（29）	（此等纸当前不用）			
24/（30）	硬质白纸边（HWS）	未经印刷、未经处理的不含磨木浆的白色纸边和纸	不许有	0.5
25/（31）	硬质白信封切边碎料（HWEC）	未经印刷、未经表面处理及未涂布的白色信封纸的不含磨木浆的边角料、切屑料、纸张	不许有	0.5
26/（32）	（此等纸当前不用）			
27/（33）	彩色信封新边角料	不含磨木浆且可漂白的、没有经过表面处理、没有涂布的彩色信封的边角料、纸边和纸片	不许有	2

序号*	名称	描述	禁有物含量/%	不可利用废纸和禁有物含量之和/%
28/（34）	（此等纸当前不用）			
29/（35）	半漂白边角料	未经印刷、未经处理及不含磨木浆的废纸，如文件封套用纸、未处理过的牛奶盒用纸板或马尼拉标签纸等	不许有	2
30/（36）	未经分类挑选的办公废纸（UOP）	由打印的和未打印的办公废纸组成，包括文件销毁处理过程。本等级废纸可以含有白的、彩色的、涂布和未涂布的废纸，马尼拉纸和柔性彩色档案纸	2	10
31/（37）	经分类挑选的办公纸（SOP）	办公室废杂纸，主要是白色及彩色不含磨木浆的杂纸，不含未经漂白的纤维，可以包含少量含磨木浆的电脑纸及传真纸	2	5
32/（38）	（此等纸当前不用）			
33/（39）	彩色账簿纸（MCL）	由来自印刷或非印刷行业的彩色或白色废纸边、纸张、裁切碎屑组成，所有废纸必须是未经涂布的、不含非击打式印刷的，可以允许有少量无碳复写纸	0.5	2
34/（40）	经分类的白色账簿纸（SWL）	由不含磨木浆、无涂层、印刷或未印刷的账簿纸、证券纸和书写纸等的边角料、切屑组成，也包括以同类纤维和填料制得的其他纸	0.5	2
35/（41）	白色账簿打印纸（MWL）	不含磨木浆、工业来源的纸张及纸边，白色，有印刷或没有印刷油墨，所有纸张必须是没有经过涂布加工的	0.5	2
36/（42）	（此等纸当前不用）			
37/（43）	涂布书籍纸（CBS）	涂布的不含磨木浆的废纸，包括切开的书籍或整刀废纸，可以带印刷油墨也可不带印刷油墨，允许含有一定的细磨木浆	不许有	2
38/（44）	含磨木浆涂布纸（CGS）	含磨木浆涂布纸及纸边，也包括切开的书籍。这类纸张都经过涂布加工。但不包括含磨木浆新闻纸	不许有	2

序号*	名称	描述	禁有物含量/%	不可利用废纸和禁有物含量之和/%
39/（45）	轻微带有印刷油墨的白纸板边角料	漂白、不含磨木浆的纸板边角料，带有印刷油墨。不包括印刷出错的整张纸或纸盒，不允许含有蜡、防油叠层、金属层及油墨、黏合剂或涂层等不溶性物质	0.5	2
40/（46）	印刷的漂白纸板	漂白、不含磨木浆的印刷出错的纸板、纸盒，不允许含有蜡、防油叠层、金属层及油墨、黏合剂或涂层等不溶性物质	1	2
41/（47）	不带印刷的漂白纸板	漂白、不含磨木浆及未处理的平板纸、卷筒纸及边角料，不允许含有蜡、防油叠层、黏合剂或涂层等不溶性物质	1	2
42/（48）	1#漂白的纸杯纸（1#Cup）	未经过处理的纸杯边角料，或是涂布或未涂布的纸杯纸。允许掺有带少量彩色边角料。不允许含有蜡、涂塑或其他不溶性涂料	不许有	0.5
43/（49）	2#漂白的带有印刷的纸杯纸（2#Cup）	带有印刷的纸杯、纸杯边角料，未经过处理、涂布或未涂布、用于制造纸杯但是印刷出了错误的纸。胶必须是水溶性的。不允许含有蜡、涂塑或其他不溶性涂料	不许有	0.5
44/（50）	不带印刷的经漂白的纸碟纸	涂布及未涂布、漂白的、不含磨木浆、未经处理、不带印刷的纸碟纸和边角料	不许有	0.5
45/（51）	带印刷的经漂白的纸碟纸	涂布及未涂布、漂白的、未经处理、带印刷的纸碟纸和纸边，不得带有不溶性油墨和涂料	不许有	1
46/（52）	无菌包装和三角形顶纸盒纸	盛装液体的复合包装容器，包括倒空液体的、使用过的、聚乙烯膜（PE）涂层的、一面带印刷的无菌包装和带三角形顶部的纸盒纸，其中含有不少于70%的漂白化学纤维、最多6%的铝箔和24%的PE膜	2	5
47/（54）	混合废纸（MP）	由各类不同质量的纸和纸板组成，不限纤维含量，也不限是否在回收厂分类和加工处理	2	3
48/（56）	来自住家分类回收的纸和报纸（SRPN）	包括来自住家项目（如居民家、集体公寓、垃圾回收点）的分类整理的报纸、邮寄宣传品、杂志、印刷和书写纸、其他可接收的纸，但不含盒纸板和棕色纸（如OCC瓦楞纸、牛皮纸袋、纸盒纸和牛皮纸盒）	2	3

序号*	名称	描述	禁有物含量/%	不可利用废纸和禁有物含量之和/%
49/（58）	分类整理的干净报纸（SCN）	来源于其他过程分类收集的报纸。可以含有一定正常比例的附着物，一定不能有过多的油墨、牛皮纸和非纸类物质（有些工厂可要求不含苯胺印刷油墨）	0.5	1（其他纸不超过10%）

*注：括弧中的序号是 ISRI 原文的序号，不带括弧的序号是本书作者给出的顺序号。

（9）特殊等级废纸

下列等级废纸在美国是以货车装载重量来生产及交易。由于废纸有某些特性，例如，存在废纸湿强剂、聚合物涂层、金属箔层、复写纸、热熔胶等，不适合列入在一般废纸类别范围中。但是，要认识到许多工厂有特殊的设备能够大量应用这些废纸。既然全世界范围内有许多工厂能够利用这些特定等级的废纸，列出它们合适的等级号，以便使用者参考。

ISRI 的废纸行业指南这一节并没有建立适应于这些特殊废纸的要求，没有考虑废纸中湿强剂类型、蜡的含量、涂层量等因素，无论它们是在上表面还是下表面。这些废纸等级的标准应由买卖双方确定，并且建议根据样品来决定购买。

这些特殊等级废纸包括如下：

编号	品名	
1-S	White Waxed Cup Cuttings	白色涂蜡纸杯纸切边
2-S	Printed Waxed Cup Cuttings	带印刷的涂蜡纸杯纸切边
3-S	Plastic Coated Cups	带塑料涂层纸杯纸
4-S	Polycoated Bleached Kraft-Unprinted	带塑料涂层的漂白的未印刷的牛皮纸
5-S	Polycoated Bleached Kraft-Printed	带塑料涂层的漂白的已印刷的牛皮纸
6-S	Polycoated Milk Carton Stock	带塑料涂层的牛奶盒纸板纸
7-S	Polycoated Diaper Stock	带塑料涂层的纸尿布
8-S	Polycoated Boxboard Cuttings	带塑料涂层的箱板纸切边
9-S	（This Grade No Longer in Use）	（此等级目前不用）
10-S	Printed and/or Unprinted Bleached Sulphate Containing Foil	印刷和/或未印刷的硫酸盐漂白的含金属箔的废纸
11-S	Waxed Corrugated Cuttings	涂蜡的瓦楞纸切边

编号	品名	
12-S	Wet Strength Corrugated Cuttings	含湿强剂瓦楞纸切边
13-S	（This Number Not Currently in Use）	（此编号目前不用）
14-S	Beer Carton Waste	废啤酒包装盒
15-S	Contaminated Bag Waste	已脏污的纸袋废料
16-S	Insoluble Glued Free Sheet Paper and/or Board	含不溶胶的不含磨木浆的纸张和/或纸板
17-S	White Wet Strength Waste	白色含湿强剂废纸
18-S	Brown Wet Strength Waste	褐色含湿强剂废纸
19-S	Printed and/or Colored Wet Strength Waste	含湿强剂带印刷及/或带颜色废纸
20-S	File Stock	文件夹废纸
21-S	（This Number Not Currently in Use）	（此编号目前不用）
22-S	Ruled White	带颜色纹条的废纸
23-S	Flyleaf Shavings Containing Hot Melt Glue	含热溶胶的飞页纸切边
24-S	（This Number Not Currently in Use）	（此编号目前不用）
25-S	Books with Covers	带封面的书纸
26-S	（This Number Not Currently in Use）	（此编号目前不用）
27-S	（This Number Not Currently in Use）	（此编号目前不用）
28-S	（This Number Not Currently in Use）	（此编号目前不用）
29-S	Not currently in use	这类废纸目前不见使用
30-S	Plastic Windowed Envelopes	带塑料窗的信封
31-S	Textile Boxes	纺织品包装纸盒
32-S	Printed TMP	带印刷、热磨木浆制成的纸
33-S	Unprinted TMP	不带印刷、热磨木浆制成的纸
34-S	Manila Tabulating Cards	高级涂布白卡纸
35-S	Sorted Colored Ledger	经拣选的彩色账簿纸
36-S	Computer Print Out	计算机打印出的废纸

2   美国废料回收产业协会（ISRI）废塑料分类指南：P-2017—扎装回收塑料商用分类指南

（1）一般信息（General Information）

扎装回收塑料商用分类指南目的是为废塑料回收全行业提供质量标准。这些标准有助于开展废塑料贸易，也将促进废塑料供货商重视客户对于购买废塑料的质量要求。

①产物（Product）

这些指南的目的是处理所有扎装形式的回收塑料，刚开始的规格说明仅用于塑料瓶。代码框架适用于所有类型的塑料包装材料（包括硬质塑料和软质塑料），有延伸到其他塑料制品和那些用于生产耐用消费品的树脂的空间。那些产品的指南可能会在以后再增加。

②扎装密度（Bale Density）

打包应压缩到最低密度——10 lb/ft^3，最大密度由买方和卖方协商合同决定。增加密度可以提高运输效率，但过度压缩可能会不利于买方对回收塑料的拆包、分选和再加工。

③打扎材料（Bale Tying Material）

打扎用的铁丝、绳子、带子应为防锈的或防腐蚀的材料。

④打捆包扎的完整性（Bale Integrity）

包装必须保证废塑料在装载、运输、处理和存储的过程中维持完整性。扭曲变形或破损的包装很难处理，是不可接受的，并可能导致货物降低品级、拒收或拒付款。

⑤允许的污染物（Allowable Contamination）

非特定明确的物质不超过废塑料总包重量的2%。当扎装货物包含超过2%的污染物时，将会因产生污染物的处理费用而导致货物低于合同价格，减少的比例取决于污染物的数量和种类。货物的质量是决定价值的首要因素。

⑥禁有物（Prohibited Material）

废塑料中的某些物质会被认为属于"禁止含有的"，这类物质会使扎装的货物不符合特定要求，可能导致一些客户拒绝整批货。这些物质可包括再加工时可产生有害影响的塑胶材料，或者农用化学品、危险品、易燃液体和/或它们的容器、医疗废物等材料。

⑦液体（Liquids）

扎装的塑料容器或材料应是清空的和干燥的，不有任何种类的自由流动的液体。

⑧一般要求（General）

装载的货物应基本不含污物、泥土、石头、油脂、玻璃和纸，塑料不要暴露在紫外线照射下而受到损毁（注：应该是指聚合物暴晒导致的老化等现象），应尽一切努力将塑料存储于地面上并覆盖好，诚信的供应商应设法将塑料瓶中的物质沥干净。

（2）废塑料材料的定义（Definitions for Plastic Materials）

①扎装（Baled）

将松散的材料压紧打包到一起。

②致密的（Densified）

通过机械方法进行压缩处理的材料，尤其适合于发泡材料（已净化过的料）和膜（变成"爆米花"）等轻泡物品，致密的材料通常会被送去进行额外加工处理。

③耐用品（Durable Goods）

电气和电子设备、家用电器、汽车（在 ISO 15270 中称为"运输设备"），建筑产品（包含于 ISO 15270 中）和工业设备（包含于 ISO 15270 中）。

④塑料碎片（Flake）

一个关于大小和形状的通用术语，通常是由塑料瓶或塑料薄膜切成的碎片。

⑤混合装载的塑料（Mixed Load Plastic）

包含各种类型的树脂的碎塑料，需要通过机械分拣达到最终规格。通常为扎装，非颗粒状。货物的类型和等级由买方和卖方协商决定。

⑥塑料瓶（Plastic Bottle）

带有颈部的硬质容器，颈部比瓶身小，通常用来装液体，但液体要倒空。

⑦塑料膜（Plastic Film）

一种薄软的片状材料，没有外在支撑时无特定的形状。

⑧消费后的废弃物（Postconsumer）

由企业或消费者已经完成最终使用的产物，通过固体废物回收体系从废物中被分离出来或者被转移。

⑨机头净化料（Purge）

被熔化的并硬化的塑料。这种材料没有固定的形状或者没有成型。

⑩回收塑料（Recovered Plastic）

通过固体废物回收体系从废物中被分离出来或被转移。一般不包括在生产过程中产生的被再次在原生产过程中利用的材料。

⑪回收的塑料（Recycled Plastic）

包括消费后塑料或者被回收塑料，或两者皆而有之。

⑫碎料（Regrind）

是一个通用的术语，指的是将硬质塑料磨成小碎片状。通常由同等级的、同颜色和同类型的材料组成。它可用于挤出或注塑加工。

⑬硬质塑料容器（Rigid Plastic Container）

当中空和无外在支撑时能保持其形状的包装（成型的或模塑的容器）。

⑭破碎料（Shred）

尺寸减小的材料。一般最大尺寸在 3～12 in，虽然在某些情况下，尺寸可以小到 1 in。尺寸范围及特征由买卖双方协商决定。

⑮破碎的塑料（Shredded Plastic）

通用术语，材料含有很高的塑料成分，通常含有 90%的塑料。

⑯破碎料残余物（Shredder Residue）

将金属主要组分从耐用品"破碎料"中回收后留下的残余混合物。混合物可能含有塑料、橡胶、木头、玻璃、石头、泥土污物、纸张、胶片薄膜、织物、电线以及在金属回收过程中没有回收干净的金属。主要材料通常是塑料，比例范围从 15%至 90%，取决于耐用消费品的类型和分离金属过程中采取的步骤。塑料尺寸范围、特征应由买方和卖方协商决定。

（3）废塑料类别及关注的问题（Common issues for this category）

各类废塑料类别中盖子、附属件和标签是可以接受的；产物不需要水洗，但水洗会更好。

①PET 瓶

描述：任何带有螺旋颈的聚酯整瓶（PET，#1），PET 标有符合 ASTM D7611 树脂的标识代码"#1，PET 或 PETE"，这类代码树脂的材质为无色透明、绿色透明、淡蓝色透明，所有瓶子应是空的，不含液体，应冲洗过。

产物：PET 瓶。

来源：消费后废弃物。

污染物（杂质）：要与 PET 买主协商是否允许含有以下物质：

a）其他彩色 PET 容器；

b）PET 热成型物，如微波托盘、餐具、面包店托盘、熟食店包装容器、虾壳盛装容器、饮料杯。

PET 瓶等级表

PET 瓶捆扎等级	A	B	C	D
总 PET 质量分数	＞94%	93%～83%	82%～73%	＜72%
允许污染物量的比例	6%	7%～17%	18%～27%	＞28%

注：总 PET 质量分数表示实际 PET 总重量占 PET 捆包重量的百分比，包括仍粘连在 PET 容器上的盖子和标签。

瓶子的密封物（瓶盖、瓶冒、拉环）是可接受的，去掉这些也是可接受的。下列总的污染物不能超过上表列出的比例，如：

a）高密度聚乙烯（HDPE，#2）硬质塑料容器；

b）低密度聚乙烯（LDPE，#4）硬质塑料容器；

c）聚丙烯（PP，#5）硬质塑料容器；

d）金属铝；

e）金属容器或罐；

f）纸和纸板；

g）残余液体，主要是水（最大允许量为2%）。

不允许有任何水平的以下污染物（0%）：

a）任何形式的聚氯乙烯（PVC，#3）；

b）化学不相容低温融化材料，包括聚苯乙烯（PS，#6）塑料，聚乳酸塑料（PLA），以及任何硬质或发泡的材料；

c）聚对苯二甲酸乙二醇酯-1,4-环己烷二甲醇酯（PETG）；

d）任何塑料袋和薄膜；

e）木头，玻璃，油，油脂；

f）石块，石子，泥土，污物；

g）医药和危险性废物；

h）具有可降解添加剂的物质。

②HDPE彩色瓶

描述：任何吹塑成型的高密度聚乙烯整瓶（HDPE，#2），PET标有符合ASTM D7611树脂的识别代码"#1，PET或PETE"，这类代码的材质是有色和不透明的，是收集自路边、下客区、其他公共或私人场所回收项目收集的瓶子，所有瓶子应是空的，不含液体，应冲洗过。

产物：仅限瓶子。

来源：消费后废弃物。

污染物（杂质）：总的污染物不应超过下表所列的质量分数。

HDPE 瓶打捆物等级表

HDPE 瓶捆扎等级	A	B	C	D
总 HDPE 质量分数	＞95%	94%～85%	84%～80%	＜79%
允许污染物的占比	5%	6%～15%	16%～20%	＞21%

注：总 HDPE 质量分数表示实际 HDPE 总重量占 PET 捆包重量的比例，包括仍粘连在 HDPE 容器上的盖子和标签。

瓶子的密封物（瓶盖、瓶冒、拉环）是可接受的，去掉这些也是可接受的。总的污染物不能超过上表列出的比例。以下单项污染物的含量比例不超过2%：

a）聚酯（PET，#1）；

b）低密度聚乙烯（LDPE，#4）；

c）聚丙烯（PP，#5）；

d）聚苯乙烯（PS，#6）；

e）其他塑料（其他，#7）；

f）残余液体；

g）金属铝；

h）纸或纸板。

不允许有任何水平的以下污染物（0%）：

a）大块坚硬物；

b）含聚乳酸或发泡剂的塑料；

c）任何塑料袋和薄膜；

d）任何聚氯乙烯塑料（PVC，#3）；

e）盛装发动机油以及其他汽车液体的高密度聚乙烯容器；

f）金属；

g）石块，石子，泥土，污物；

h）木头，玻璃，油，油脂；

i）医药和危险性废物。

③塑料盆（桶）和盖子

描述：通过各种公共或私人回收体系回收的分类整理出的聚丙烯（PP，#5）、高密度聚乙烯（HDPE，#2）、低密度聚乙烯（LDPE，#4）塑料容器。盆是颈部和口子尺寸与底座相近的容器；盖子是具有扣紧功能的非螺纹盆盖。例如，酸奶杯、黄油桶、雪糕桶、冷饮杯（透明的，冷的）。

产物：盆（桶）和盖子。

来源：来自路边、下客区、其他公共或私人回收体系回收而来的消费后废弃物。

污染物（杂质）：污染物总量不超过重量的10%。以下污染物的含量不超过2%：

a）金属；

b）纸或纸板；

c）注模高密度聚乙烯（HDPE，#2）；

d）聚酯瓶（PET，#1）；

e）包括#1PET、#3PVC、#6PS、其他（#7）等的任何塑料容器或包装；

f）液体或其他残余物。

不允许有任何水平的以下污染物（0%）：

a）塑料袋，片，膜；

b）木料，玻璃，电子废物；

c）油，油脂，石块，泥土，污物；

d）含有易燃性、腐蚀性、反应性产物的包装容器，含有农药或除草剂的容器；

e）医疗废物和危险性废物；

f）具有可降解添加剂的产物。

④大型硬质塑料桶和盖子

描述：通过各种公共或私人回收体系回收的分类整理出的聚丙烯（PP，#5）、高密度聚乙烯（HDPE，#2）、低密度聚乙烯（LDPE，#4）塑料容器。盆是颈部和口子尺寸与底座相近的容器；盖子是具有扣紧功能的非螺纹的盆盖。准许的是大型硬质塑料，如酸奶杯、黄油桶、雪糕桶、冷饮杯（透明的，装冷饮的）。

产物：盆（桶）和盖子。

来源：来自路边、下客区、其他公共或私人回收体系回收而来的消费后废弃物。

污染物（杂质）：污染物总量不超过重量的10%。以下污染物的含量不超过2%：

a）金属；

b）纸或纸板；

c）注模高密度聚乙烯（HDPE，#2）；

d）聚酯瓶（PET，#1）；

e）包括#1PET、#3PVC、#6PS、其他（#7）等的任何塑料容器或包装；

f）液体或其他残余物。

不允许有任何水平以下的污染物（0%）：

a）塑料袋，片或膜；

b）木料，玻璃，电子废物；

c）油，油脂，石块，泥土，污物；

d）含有易燃性、腐蚀性、反应性产物的包装容器，含有农药或除草剂的容器；

e）带有线路板或电池组的物件；

f）医疗废物和危险性废物；

g）具有可降解添加剂的产物。

⑤1～7号塑料瓶和小硬质塑料

描述：从路边、下车点或其他公共或私人回收项目中产生的硬质塑料，回收过程没有对每一种类塑料瓶分别收集。扎包由各种塑料瓶、非塑料瓶和家庭塑料容器组成，包括加热成型的包装、杯子、盘子、蛤壳盘、食物盒和盆。

a）应避免超过5 gal的大体积硬质塑料（如塑料圆桶、板条箱框、水桶、篮子、玩具、手提包、户外塑料草坪家具等）；

b）捆扎包中应有65%的瓶。

产物：瓶和非瓶塑料包装容器。

来源：消费后废弃物。

污染物（杂质）：总的污染物不允许超过总重量的 5%。

a）可以接受不超过 2%的纸或纸板；

b）可以接受不超过 1%的如下物品：金属，塑料袋、片、膜，液体或其他残余物。

不允许有以下任何水平的污染物（0%）：

a）木头，玻璃，电子废物；

b）油，油脂，石头，泥土，污物；

c）带线路板或电池组的物品；

d）含有易燃性、腐蚀性、反应性物质的容器，含有农药或除草剂的容器；

e）医疗废物和危险性废物；

f）具有可降解添加剂的产物。

⑥3～7 号塑料瓶和小硬质塑料

描述：从路边、下车点、其他公共或私人回收体系回收的硬质塑料，并且已经去除聚酯瓶（PET，#1）和高密度聚乙烯瓶（HDPE，#2）。经过预分拣处理的塑料由家庭用过的非 PET 和非 HDPE 瓶以及其他非瓶容器组成，包括热成型包装、杯子、托盘、蛤壳盘、食品桶和塑料壶，主要是聚乙烯和聚丙烯（PP，#5）（包括塑料板条箱、手推车、桶、篮子和塑料草坪家具）。塑料上的金属，典型的如玩具中的金属、桶的手柄，应尽量去除。来自建构筑物拆毁回收的塑料物件不应打包在预分拣的扎包中。

a）应避免超过 5 gal 的大体积硬质塑料（如塑料鼓、板条箱、桶、蓝、玩具、手提包、户外塑料草坪家具等）。

产物：瓶和非瓶塑料包装容器。

来源：消费后废弃物。

污染物（杂质）：总的污染物不允许超过总重量的 5%。

a）可以接受不超过 2%的金属、纸或纸板；

b）可以接受不超过 1%的如下物品：液体或其他残余物。

不允许有任何水平的以下污染物（0%）：

a）任何塑料袋、片和膜；

b）木头，玻璃，电子废物；

c）油，油脂，石头，泥土，污物；

d）含有易燃性、腐蚀性、反应性物质的容器，含有农药或除草剂的容器；

e）带线路板或电池组的物品；

f）医疗废物和危险性废物；

g）具有可降解添加剂的产物。

⑦回收膜（MFR Film）

描述：来自路边回收设施收集和分类的膜，由杂货店或零售商的 HDPE 袋、LDPE 或 LLDPE 薄膜组成。

产物：薄膜。

污染物（杂质）：松散的纸、硬质塑料、非乙烯薄膜的污染物不允许超过总重量的 10%。

禁有物：不能有食物、垃圾、金属罐、玻璃、木头、油、石块、液体、PET 塑料、PVC 塑料。

⑧HDPE 原色瓶

描述：通过各种公共或私人回收体系回收的包含 ASTM D7611"#2，HDPE"识别代码的且未添加染色料的吹塑成型的高密度聚乙烯（HDPE，#2），所有瓶子没有被盛装物，或者没有可流动的液体，应清洗干净。

产物：瓶子。

来源：消费后废弃物。

污染物（杂质）：总的污染物不应超过下表所列的质量分数。

扎装 HDPE 瓶等级表

HDPE 瓶捆扎等级	A	B	C	D
总 HDPE 质量分数	＞95%	94%～85%	84%～80%	＜79%
允许污染物的占比	5%	6%～15%	16%～20%	＞21%

注：总 HDPE 质量分数表示实际 HDPE 总重量占 PET 捆包重量的比例，包括仍粘连在 HDPE 容器上的盖子和标签。

瓶子的密封物（瓶盖、瓶冒、拉环）是可接受的，去掉这些也是可接受的。总的污染物不能超过上表中的比例。以下单项污染物的比例不超过 2%：

a）不含牛奶的有色高密度聚乙烯瓶（HDPE，2#）；

b）纸或纸板；

c）任何其他非 HDPE 硬质塑料容器；

d）残余液体；

e）包括聚酯（PET，#1）、低密度聚乙烯（LDPE，#4）等的包装；

f）金属铝；

g）聚丙烯（PP，#5）、聚苯乙烯（PS，#6）、其他（#7）；

h）注塑成型的高密度聚乙烯（HDPE，#2）。

不允许有以下任何水平的污染物（0%）：

a）着白色和黄色的高密度聚乙烯（HDPE，#2）牛奶壶；

b）大体积的硬质塑料；

c）含聚乳酸或发泡剂的塑料；

d）木头，玻璃，油，油脂；

e）石块，石子，泥土，污物；

f）医药和危险性废物；

g）任何聚氯乙烯塑料（PVC，#3）袋和薄膜；

h）金属。

⑨混合的大体积坚硬塑料

描述：从各种公共或私人回收体系回收的大体积高密度聚乙烯（HDPE，#2）以及聚丙烯（PP，#5）的硬质塑料，如板条箱、水桶、篮子、手提件、室外塑料草坪等。应去除金属，如轴和螺栓之类。但带金属把的水桶是可以的。

产物：大体积坚硬塑料。

来源：来自路边、下客区、其他公共或私人回收体系分类的消费后废弃物。

污染物（杂质）：该类捆包中应不含有 1～7 号塑料瓶或容器的混合物、带金属的玩具、鼓、大罐（是有害废物或 55 gal）、聚氯乙烯（PVC，#3）。

允许含不超过 15%的以下污染物：

a）塑料物品或包装物，包括 PET（#1）、PVC（#3）、PS（#6）、其他塑料（#7）（最大比例不超过 4%）；

b）金属（最大比例不超过 2%）；

c）液体或其他残余物（最大比例不超过 2%）；

d）木头（最大比例不超过 2%）；

e）纸或纸板（最大比例不超过 2%）；

f）任何塑料袋、片、膜（最大比例不超过 2%）；

g）玻璃（最大比例不超过 2%）。

不允许有任何水平的以下污染物（0%）：

a）油，油脂，石头，泥土，污物；

b）发泡聚苯乙烯和其他发泡材料；

c）医药和危险性废物；

d）具有可降解添加剂的产物；

e）含有易燃性、腐蚀性、反应性物质的容器，含有农药或除草剂的容器；

f）带线路板或电池组的电子废物。

⑩PET 热成型塑料

描述：任何标明 ASTM D7611 "#1，PET 或 PETE" 树脂识别代码的 PET 包装，包括但并不限于蛋包装盒、篮子、蛤壳容器、杯子、盖子、蛋糕圆顶、盖子、不带纸板背衬的泡壳包装、盆桶、熟食容器、托盘、可折叠的 PET 片状包装，所有包装应是空的，不含液体，应冲洗过。该类不包括塑料瓶子和广口坛子。

产物：PET 热成型塑料。

来源：消费后废弃物。

污染物（杂质）：瓶子的密封物（瓶盖、瓶冒、拉环）是可接受的，去掉这些也是可接受的。总的污染物应不超过重量的 5%，下列单项污染物不超过总重量的 2%：

a）金属铝；

b）金属容器和罐；

c）松散的纸和纸板；

d）聚苯乙烯（PS）；

e）聚乳酸（PLA）；

f）聚氯乙烯（PVC）；

g）聚对苯二甲酸乙二醇酯-1,4-环己烷二甲醇酯（PETG）；

h）残余液体，主要是水（最大允许含量为 2%）。

不允许有任何水平的以下污染物（0%）：

a）任何塑料袋和薄膜；

b）木头，玻璃，油，油脂；

c）石块，石子，泥土，污物；

d）医药和危险性废物；

e）具有可降解添加剂的物质。

⑪大体积坚硬的高密度聚乙烯（HDPE）注塑成型塑料

描述：从各种公共或私人回收体系回收的注塑成型的高密度聚乙烯（HDPE，#2），代表性的为宽嘴容器或超大的物件，如塑料购物车、板条箱、大桶、篮子、户外塑料草坪家具等。应去除金属，如轴和螺栓之类，但带金属把的水桶是可以的。

产物：水桶、提桶、超大尺寸硬件塑料。

来源：消费后废弃物。

污染物（杂质）：允许含有下列程度的污染物：

a）最大不超过 10% 的可接受物：聚丙烯（PP，#5）；

b）最大不超过 4% 的可接受物：聚酯（PET，#1），聚氯乙烯（PVC，#3），低密度聚乙烯（LDPE，#4），聚苯乙烯（PS，#6），其他塑料（#7）；

c）最大不超过 2% 的可接受物：金属，液体或其他残余物，纸或纸板。

不允许有任何水平的以下污染物（0%）：

a）塑料袋，片，膜；

b）油，油脂，石头，污物；

c）木头，玻璃，电子废物；

d）医药和危险废物；

e）具有可降解添加剂的产物；

f）含有易燃性、腐蚀性、或反应性产物的容器，含有农药或除草剂的容器。

⑫硬质聚丙烯小件塑料

描述：从各种公共或私人回收体系回收的聚丙烯（PP，#5）整瓶和容器，如药瓶、酸奶杯、奶油桶、冰淇淋桶、冷饮杯、可用于微波炉加热用的托盘、装豆腐的盆子、洗碗储箱、衣架、瓶盖附件等。

a）要避免大于 5 gal 的聚丙烯（PP，#5）塑料物件（如鼓、板条箱、水桶、篮子、玩具、手提袋、户外塑料草坪家具）。

产物：聚丙烯包装物。

来源：消费后废弃物。

污染物（杂质）：总的污染物不应超过重量的 8%。

下列含量水平的污染物是允许的单项可接受污染物不能超过 2%：

a）金属；

b）纸或纸板；

c）液体或其他残余物；

d）高密度聚乙烯（HDPE，#2）；

e）含有聚酯（PET，#1）、聚氯乙烯（PVC，#3）、聚苯乙烯（PS，#6）、其他塑料（#7）的塑料容器和包装物。

不允许有任何水平的以下污染物（0%）：

a）塑料袋，片，膜；

b）油，油脂，石头，泥土/污物；

c）木头，玻璃，电子废物；

d）医药和危险废物；

e）具有可降解添加剂的产物；

f）含有易燃性、腐蚀性或反应性产物的容器，含有农药或除草剂的容器。

⑬各类硬质聚丙烯塑料

描述：从各种公共或私人回收体系回收的聚丙烯（PP，#5）整瓶和容器。大体积聚丙烯是大于 5 gal 的聚丙烯（PP，#5）塑料物件（如水桶、板条箱、废篮子、玩具、储料物箱）。如药瓶、酸奶杯、黄油桶、冰激淋桶、冷饮杯、微波炉用托盘、装豆腐的盆、洗碗和储箱、衣架、瓶盖附属物等。

产物：聚丙烯包装物。

来源：消费后废弃物。

污染物（杂质）：总的污染物不应超过重量的 8%。

下列含量水平的污染物是允许的，单项可接受污染物不超过 2%：

a）金属；

b）纸或纸板；

c）液体或其他残余物；

d）高密度聚乙烯（HDPE，#2）；

e）含有聚酯（PET，#1）、聚氯乙烯（PVC，#3）、聚苯乙烯（PS，#6）、其他塑料（#7）的塑料容器和包装物。

不允许有任何水平的以下污染物（0%）：

a）塑料袋，片，膜；

b）油，油脂，石头，污物；

c）木头，玻璃，电子废物；

d）医药和危险废物；

e）具有可降解添加剂的产物；

f）含有易燃性、腐蚀性或反应性产物的容器，含有农药或除草剂的容器。

⑭1～7 号瓶和各种硬质塑料

描述：从各种公共或私人回收体系回收的硬质塑料，回收过程没有对每一种类塑料瓶分别收集。扎包由各种塑料瓶（在从混合前到打包过程都要求去除非塑料瓶）和家庭塑料容器组成，包括加热成型的包装、杯子、盘子、蛤壳盘、食物盒和盆，以及大体积硬质塑料（如鼓、板条箱、篮子、玩具、手提包、户外塑料草坪家具等）。

产物：瓶和非瓶塑料包装容器。

来源：消费后废弃物。

污染物（杂质）：总的污染物不允许超过总重量的 5%。

a）可以接受不超过 2%的纸或纸板；

b）可以接受不超过 1%的如下物品：金属，塑料袋、片、膜，液体或其他残余物。

不允许有任何水平的以下污染物（0%）：

a）木头，玻璃，电子废物；

b）油，油脂，石头，泥土，污物；

c）带线路板或电池组的物品；

d）含有易燃性、腐蚀性、反应性物质的容器，含有农药或除草剂的容器；

e）医疗废物和危险性废物；

f）具有可降解添加剂的产物。

⑮3～7 号塑料瓶和所有其他硬质塑料

描述：从各种公共或私人回收体系回收的硬质塑料物件，并且已经去除聚酯瓶（PET，

#1）和高密度聚乙烯瓶（HDPE，#2）。经过预分拣处理的塑料由家庭用过的非 PET 和非 HDPE 瓶以及其他非瓶容器组成，包括热压成型包装、杯子、盘子、蛤壳盘、食物桶、其他各类硬质塑料、以 PE 和 PP 为主的塑料（包括塑料筐、购物车、水桶、篮子、户外塑料草坪家具）。塑料上的金属，如玩具中的金属、桶上的金属手柄等，应尽量去除。来自建构筑物拆毁回收的塑料物件不应打包在预分拣扎包中。

产物：瓶和非瓶塑料包装容器。

来源：消费后废弃物。

污染物（杂质）：总的污染物不允许超过总重量的 5%。

a）金属（不超过 2%）；

b）纸或纸板（不超过 2%）；

c）液体或其他残余物（不超过 1%）。

不允许有任何水平的以下污染物（0%）：

a）任何塑料袋、片和膜；

b）木头，玻璃，电子废物；

c）油，油脂，石头，泥土，污物；

d）含有易燃性、腐蚀性、反应性物质的容器，含有农药或除草剂的容器；

e）带线路板或电池组的物品；

f）医疗废物和危险性废物；

g）具有可降解添加剂的产物。

⑯聚乙烯零售混合薄膜

描述：包括来自零售商客户的聚乙烯包装袋和外包装膜，或者来自后台工作区的聚乙烯拉伸缠绕膜或其他膜。包装袋可能是混色或带有印刷并且成分主要是高密度聚乙烯（HDPE，#2），也许会有其他聚乙烯袋和 LDPE/LLDPE 外包装膜。薄膜标有符合 ASTM D7611 树脂的"#2，HDPE"和"#4，LDPE"识别代码。所有捆包的袋子不含有流动的液体物。

产物：混合膜。

来源：消费后废弃物。

污染物（杂质）：总的污染物不允许超过总重量的 5%。

a）非聚乙烯其他塑料；

b）松散的纸；

c）皮带，缠绕线或磁带；

d）残余液体（不超过 2%）。

不允许有任何水平的以下污染物（0%）：

a）医疗废物和危险性废物；

b）食品废物；

c）木头，玻璃；

d）油，油脂；

e）石头，石子，泥土，污物；

f）金属标签或金属膜；

g）复合材料袋；

h）硅胶涂覆膜；

i）含氧的或含可降解添加剂的薄膜；

j）聚偏二氯乙烯（PVDC）涂层板；

k）丙烯酸涂料。

⑰低密度聚乙烯（LDPE）有色膜

描述：自然透明低密度聚乙烯（LDPE，#4）薄膜和混合色、半透明的低密度聚乙烯（LDPE，#4）薄膜的混合物，可以有有限标签污染物。薄膜标有符合 ASTM D7611 树脂的"#4，LDPE"识别代码。所有扎包的薄膜不含有流动的液体物。

产物：LDPE 有色膜。

来源：消费后废弃物。

污染物（杂质）：总的污染物不允许超过总重量的 2%。下列单项污染物不超过 2% 是允许的：

a）其他非聚乙烯塑料；

b）标签；

c）含水量。

不允许有任何水平的以下污染物（0%）：

a）医疗废物和危险性废物；

b）木头，玻璃；

c）油，油脂；

d）石头，石子，泥土，污物；

e）金属标签或金属膜；

f）硅胶涂覆膜；

g）含氧的或含可降解添加剂的薄膜；

h）聚偏二氯乙烯（PVDC）涂层板。

⑱低密度聚乙烯（LDPE）家具混合物

描述：用于沙发外包装、透气外包装、床垫包等的天然透明低密度聚乙烯（LDPE，#4）膜、线性低密度聚乙烯（LLDPE，#4）拉伸膜以及衬背为灰或白色 LDPE 薄膜的聚乙烯薄泡材料等的混合物。色彩贡献是来自背面有 LDPE 薄膜的白色发泡、灰色发泡材料，以及蓝色床垫包裹。其物质组成为 70%～80%的 LDPE 和/或 LLDPE 膜，其余的为聚乙烯发泡材料。薄膜标有符合 ASTM D7611 树脂的"#4，LDPE"识别代码。所有捆包的膜不含有流动的液体物。

产物：LDPE 或 LLDPE 有色膜。

来源：消费后废弃物。

污染物（杂质）：总的污染物不允许超过总重量的 2%。下列单项污染物不超过 2% 是允许的：

a）其他非聚乙烯塑料；

b）标签；

c）水。

不允许有任何水平的以下污染物（0%）：

a）医疗废物和危险性废物；

b）木头，玻璃；

c）油，油脂；

d）石头，石子，泥土，污物；

e）金属标签或金属膜；

f）硅胶涂覆膜；

g）含氧或含可降解添加剂的薄膜；

h）聚偏二氯乙烯（PVDC）涂层；

i）丙烯酸涂料。

⑲PE 透明膜

描述：任何天然聚乙烯、高密度聚乙烯（HDPE，#2）、低密度聚乙烯（LDPE，#4）或线性低密度聚乙烯（LLDPE，#4）塑料膜的混合物。

PE 透明膜描述差异等级

等级	A	B
描述	80%透明、最高 20%彩色、干净和天然的 LDPE 膜和/或 LDPE 膜	50%透明、50%彩色、干燥的 LDPE 或 LLDPE 膜

干净或天然的聚乙烯膜总计至少有 95%是可接受的。薄膜是符合 ASTM D7611 树脂识别代码的。

产物：PE 膜。

来源：消费后或商业使用后的废弃材料。

污染物（杂质）：总的污染物不允许超过总量的 5%：

a）有色聚乙烯膜；

b）非聚乙烯其他塑料，如打包带；

c）标签；

d）液体残余物（最大含量2%）。

不允许有任何水平的以下污染物（0%）：

a）医疗废物和危险性废物；

b）木头，玻璃；

c）油，油脂；

d）石头，石子，泥土，污物；

e）金属标签或金属膜；

f）复合材料袋；

g）硅胶涂覆膜；

h）含氧或含可降解添加剂的薄膜；

i）聚偏二氯乙烯（PVDC）涂层板；

j）丙烯酸涂料。

⑳农业温室膜

描述：不是直接用于地面上的农业或耕作的膜。举例来说，回收这些农业温室膜可用作打包缠绕带、温室膜、乳品包装袋、农业青贮窖藏用的聚乙烯膜。

产物：膜。

污染物（杂质）：总的污染物不允许超过总重量的20%，包括非PE膜、污物、石头、水分。

禁有物：不能有食物、垃圾、金属罐、玻璃、木头、油。

㉑农业地面覆盖膜

描述：田间地面使用后收集的膜。举例来说，既包括地面覆盖膜，也包括聚乙烯基的灌溉管子（滴管）。

产物：膜。

污染物（杂质）：总的污染物不允许超过总重量的50%，包括非PE膜、污物、石头、水分。

禁有物：不能有食物、垃圾、金属罐、玻璃、木头、油。

㉒消费后的热塑性汽车保险杠罩塑料

描述：本级别废塑料是由汽车上清除下来的喷过油漆的汽车保险杠罩组成。

产物：消费后的汽车部件。

来源：产生于汽车碰撞、修理、拆解过程。

污染物（杂质）：下列部件必须从保险杠罩中去除：车头灯，尾灯，烤架，标志徽章，摩擦条，反光镜，保险杠罩上的其他附属部件。打包前要将每一附属部件进行清除。

污染物仅限于小金属部件，如夹子、螺钉、螺丝。

不允许有热塑性聚氨酯弹性体（TPU）或聚氨酯泡沫塑料（RIM）。

3 美国废料回收产业协会（ISRI）废有色金属分类指南：NF-2017（部分）

（1）说明[①]

注意：当使用本指南中的各个废有色金属等级时，需使用各种代码词表示，协议各方要受如下文所示的"Apple"条款的约束，除非特定合同的条款和条件另有规定，否则均以下面条款为准。

代码	条款
Apple	有色金属条款（Nonferrous Terms） a）交付时允许比指定数量多或者少3% b）除另外有说明，1 t可认为等于2 000 lb c）如果合同范围内任何一部分货物在合同指定的时间未装船或未被交付，那么这部分可以按照买方意愿取消，并且买方有权让卖家对其实质性损失负责 如果由于禁运或其他不可抗力因素而无法在规定的时间内交货，合同依然可视为有效。一旦禁令或不可抗力解除，应尽快完成交货过程，上述合同的条件将不由不可抗力状况的产生而发生改变 d）如果对于合同内的任何部分，买方不能及时履行其责任而导致其未能开出信用证，不能提供在合同内规定的适当运输或者装船的责任时，那么这些部分看可以按照卖方意愿取消，并且卖方有权认为由买方对所产生的损失进行负责 如果由于禁运或其他不可抗力因素而无法在规定的时间内交货，合同依然可视为有效。一旦禁令或不可抗力解除，应尽快完成交货过程，上述合同的条件将不由不可抗力状况的产生而发生改变 e）如果出现严重的重量或质量问题，买方应迅速联系卖方，当卖方收到相应通知后，应重新确认货物的重量或质量。买卖双方应指定一个独立的公证人或代理人来核实货物重量和质量为此，协议双方要根据货物商品及其价值来确定"严重"的含义 f）如果买卖双方认为交付的货物不符合合同的要求，那么，所装的货物将被拒绝或降级对于被拒绝货物的处置、替换以及资金调整等都要符合双方协议的要求。由卖方负责运费。然而，如果管理规则上许可的话，也希望买方付出努力来限制拒绝收货，仅针对那些没有进行分类整理的货物并且根据要求应迅速返回被拒收的那部分货物

① 作者注：本部分仅摘选了美国废有色金属指南中的 Cu、Al、Zn、Pb 四种废有色金属，没有包括指南中的 Mg、Ni、Ni-不锈钢、混合金属、其他等一些内容。

（2）铜（Red Metals）

重件厚块可接受的尺寸、长度和重量要符合买卖双方的协议。

代码	条款
Barley	1 号铜线（No. 1 COPPER WIRE） 由裸露、无涂层、无合金的纯铜线组成，通称为"光亮铜线"。铜线规格符合买卖双方的协议约束。绿铜线和打捆压实的材料符合买卖双方协议的要求
Berry	1 号铜线（No. 1 COPPER WIRE） 由干净、无锡、裸露的非合金铜线和铜电缆线组成，且不包含烧过的易碎的铜线。铜线符合买卖双方的协议约束。不包含铜管。打捆压实的铜材符合买卖双方协议的要求
Birch	2 号铜线（No. 2 COPPER WIRE） 由各种混杂的无合金铜线组成，经由电解方法测定其铜含量达到 96%（最小 94%）。不含有过多的含铅、镀锡、焊接的铜线，黄铜和青铜线，含油量、铁和非金属，过火燃烧的铜线，绝缘材料，细丝线，发丝，脆烧丝；应合理无灰。打捆压实的材料符合买卖双方协议的要求
Candy	1 号重紫杂铜和铜管（No. 1 HEAVY COPPER SOLIDS AND TUBING） 由干净的、无合金的、无涂层的铜屑、铜片、汽车门闩、换向片以及干净的铜管组成。打捆压实的铜材符合买卖双方协议的要求
Berry/Candy	是上述 Berry 和 Candy 铜线和重铜的组合物，见上述要求
Cliff	2 号重质紫杂铜和铜管（No. 2 COPPER SOLIDS AND TUBING） 由混杂纯铜废料组成，不含铜合金碎料，通过电解测定法测定铜含量为 96%（最低含量 94%）。不含以下物质：过多的铅和锡、焊铜屑；黄铜和青铜；过多的油、钢铁和非金属废料；带非铜接头的铜管或带有残渣的铜管；过火燃烧的铜线，绝缘材料，细丝线，发丝，脆烧丝；且应合理无灰。打捆压实的铜材符合买卖双方协议的要求
Birch/Cliff	结合了 2 号铜和 Birch 铜、Cliff 铜的要求，见上述要求
Clove	1 号铜米（No. 1 COPPER WIRE NODULES） 由 1 号裸露的、无涂层、非合金废铜线的铜米组成，并且不含 Sn、Pb、Zn、Al、Fe 及其他金属杂质，无绝缘物，不含其他杂质。最低 Cu 含量为 99%。小于 16 号 B 或 S 规格要求的打捆压实的材料符合买卖双方协议的要求
Cobra	2 号铜米（No. 2 COPPER WIRE NODULES） 由 2 号非合金的废铜线加工的铜米组成，Cu 最低含量为 97%。金属杂质 Al 含量不超过 0.5%，其他金属或绝缘物均不超过 1%。打捆压实的材料符合买卖双方协议的要求

代码	条款
Cocoa	铜米（COPPER WIRE NODULES） 由无合金的废铜线结组成，最低 Cu 量为 99%，不含其他非金属和绝缘物。金属杂质最大限量如下：Al 0.05%，Sb 0.01%，Sn 0.25%，Fe 0.05%，Ni 0.05%。打捆压实的材料符合买卖双方协议的要求
Dream	轻铜（LIGHT COPPER） 由混杂的非合金废铜组成，Cu 含量为 92%（最低含量 88%）。包括薄铜板、水槽、落水管、铜壶、热水器及类似的废铜。不含有：燃烧过的细铜线，铜箔，电镀铜架，磨屑料，燃烧过的含绝缘皮的铜线，散热器和灭火设备，冰箱零件，印刷线路板，筛网，含焊锡过高的废铜、黄铜和青铜，过量的油、铁和非金属，不含过量的灰。打捆压实的铜材符合买卖双方协议的要求。若物品不在该等级之内，则它亦不在以上的更高等级当中
Drink	精炼黄铜（REFINERY BRASS） Cu 含量至少 61.3%，Fe 含量小于 5%，包括黄铜与青铜的块料及其边角料及这些合金的混合废料。不含绝缘线、磨屑料及非金属。打捆压实的铜材符合买卖双方协议的要求
Druid	绝缘铜线废料（INSULATED COPPER WIRE SCRAP） 由含有混杂绝缘材料的 2 号铜线（见 Birch）组成。以样品或回收方式为基础进行销售，符合买卖双方协议要求。打捆压实的铜材以及是否存在胶线应符合买卖双方协议的要求
Drove	含铜废料（COPPER-BEARING SCRAP） 由各式含铜废杂料组成，包括磨屑料、灰、含铁黄铜和铜、残渣和炉渣。不含绝缘电线、氯化铜，未预处理的杂乱料，大电机，自燃材料，石棉制动衬片，炉底，高铅材料，石墨坩埚，有毒易爆材料。协议规定的细粉材料。打捆压实的铜材符合买卖双方协议的要求
Druid	绝缘铜线废料（INSULATED COPPER WIRE SCRAP） 由 1 号裸铜、无涂层、非合金铜线（见 Barley），不小于 16 号 B 或 S 线规格要求（除非细线规格双方同意）、带绝缘材料的铜线。以样品或回收方式为基础进行销售，符合买卖双方协议要求
Ebony	废红黄铜（COMPOSITION OR RED BRASS） 由红色黄铜废料、阀门，机械轴承和其他机械零件组成，包括多种多样由锡、锌和/或铅制成的铸件。不含半红色黄铜铸件（铜含量 78%到 81%）；铁路车辆用轴瓦和其他类似的高铅合金；水龙头和出水嘴；封闭式水表；闸门；铸块或烧过的黄铜；Al、Si 和 Mn 的青铜制品；铁和非金属。每个料件长度不超过 12 in①（约 300 mm），重量不超过 100 lb②（约 50 kg）。若买卖双方同意，则超重料件可接收

① 1in = 2.54 cm。

② 1lb = 0.435 6 kg。

代码	条款
Ebulent	无铅的铋黄铜固件（LEAD-FREE BISMUTH BRASS SOLIDS） 由含 Cu、Sn、Bi、Zn 的铸造合金碎料组成。铸件不含铅黄铜附件，或者铅合金含量低于 0.2%，或者符合买卖双方协议要求。符合本规范的示例，包括但不限于 CDA 89833/35/36/37/41/42 和 45
Ecstatic	无铅的铋黄铜碎屑（LEAD-FREE BISMUTH BRASS TURNINGS） 由含 Cu、Sn、Bi、Zn 的碎屑合金组成。这些切屑没有混入铅合金或其含量低于 0.2%，或者符合买卖双方协议要求。符合本规范的示例，包括但不限于 CDA 89833/35/36/37/41/42 和 45
Eland	高等级低铅青铜固件（HIGH GRADE—LOW LEAD BRONZE/BRASS SOLIDS） 建议此类材料经过分析以后再进行销售
Elder	线纹巴式合金黄铜轴套（GENUINE BABBITT-LINED BRASS BUSHINGS） 由来自汽车或其他机械上的红色黄铜轴套和轴承组成，含有不小于 12%的以高锡为基本材料的巴氏合金，不含有铁衬里的轴承
Elias	高铅含量青铜固件和钻（HIGH LEAD BRONZE SOLIDS AND BORINGS） 建议此类材料经过分析以后再进行销售
Enerv	红色黄铜合成物碎屑（RED BRASS COMPOSITION TURNINGS） 由红色黄铜复合材料的切屑组成，可销售，应以样品或分析为准
Engel	机械或硬黄铜固件（MACHINERY OR HARD BRASS SOLIDS） Cu 含量不低于 75%，Sn 含量不低于 6%，Pb 含量在 6%~11%。同时除 Zn、Sb、Ni 外，总杂质不超过 0.75%，Sb 含量不超过 0.50%。不能含有衬里和没有衬里的标准红色轴箱
Erin	机械或黄铜切屑（MACHINERY OR HARD BRASS BORINGS） Cu 含量不低于 75%，Sn 含量不低于 6%，Pb 含量在 6%~11%。且除 Zn、Sb、Ni 外，总杂质不超过 0.75%，Sb 含量不超过 0.50%
Fence	无衬里的废车辆轴瓦（UNLINED STANDARD RED CAR BOXES（CLEAN JOURNALS）） 由标准的无衬里和/或有焊接铁路机车轴瓦和无衬里和/或有焊接的车厢轴颈轴承组成的废料，不允许含黄铜轴瓦和铁衬里轴瓦
Ferry	有衬里的废车辆轴瓦［LINED STANDARD RED CAR BOXES（LINED JOURNALS）］ 由标准的巴氏合金衬里铁路箱和/或巴氏合金衬里车厢轴颈轴承组成，不含黄色箱和铁背箱

代码	条款
Grape	铜水暖零件（COCKS AND FAUCETS） 由各式各样采用红色黄铜和黄铜制成的干净的水暖件组成，其中包括镀铬或镀镍构件。不含有煤气开关（龙头）、啤酒的出酒嘴、以 Al 和 Zn 为母材制成的水暖件。另外还包含有至少 35%的浅红黄铜
Honey	黄铜碎料（YELLOW BRASS SCRAP） 由多种黄铜组成的混合废料，包括黄铜铸件、锻件、棒材、管材，含有带镀层黄铜，但不能含有锰青铜、铝青铜、非熔焊散热器及散热器部件、铁以及较脏和受腐蚀的材料，不应含有任何种类的军需品，包括但不仅限于子弹壳
Ivory	废黄铜铸件（YELLOW BRASS CASTINGS） 包括黄铜铸造的机械零件。不含黄铜锻件、硅青铜、锰青铜、铝青铜，并且不有含量超过 15%的镀镍材料。不容许铸件长度超出 12 in（约 300 mm） 由坩埚状黄铜铸件组成，每件碎片不应大于任一部分 12 in；不应含有锻件，硅青铜，铝青铜和镁青铜，且镀镍材料不超过 15%
Label	新黄铜边角（NEW BRASS CLIPPINGS） 包括新的无铅化的黄铜片或板上切下的边角料，不含杂质，小于 1/4 in（约 6 mm）的冲压下的废料不超过 10%。不含有门氏锌铜合金和海军黄铜
Lace	不含引信的黄铜子弹壳（BRASS SHELL CASES WITHOUT PRIMERS） 由发射过的 70/30 黄铜子弹壳组成，不含引信和其他任何杂质。对于从美国出口的弹壳，所有弹壳须充分切碎处理以防重复使用和重新加载
Lady	含引信的黄铜子弹壳（BRASS SHELL CASES WITH PRIMERS） 由发射过的 70/30 黄铜子弹壳组成，允许有雷管，但不含其他杂质。对于从美国出口的弹壳，所有弹壳须充分切碎处理以防重复使用和重新加载
Lake	清除火药的黄铜轻武器及步枪外壳（BRASS SMALL ARMS AND RIFLE SHELLS, CLEAN FIRED） 由干净的发射过的 70/30 黄铜弹壳组成，不含有子弹、铁及其他杂质。对于从美国出口的弹壳，所有弹壳须充分切碎处理以防重复使用和重新加载
Lamb	有引爆低沉声音的黄铜轻武器和步枪弹外壳［BRASS SMALL ARMS AND RIFLE SHELLS，CLEAN MUFFLED（POPPED）］ 由有引爆低沉声音的 70/30 的黄铜弹壳组成，不含有子弹、铁及其他杂质。对于从美国出口的弹壳，所有弹壳须充分切碎处理以防重复使用和重新加载
Lark	黄铜引信管（YELLOW BRASS PRIMER） 由十净的退火或未退火的黄铜引信管组成。不含有铁、过度的灰尘、腐蚀物以及其他杂质

代码	条款
Maize	混合新镍银碎片（MIXED NEW NICKEL SILVER CLIPPINGS） 由一种或多种镍银合金组成，镍的含量有一定要求，不含有铬或其他电镀材料。含铅的镍银碎片应当分开包装、分开销售。其中小于 1/4 in 的碎片不应低于总量的 10%
Major	新的镍银碎料和固体块件（NEW NICKEL SILVER CLIPPINGS AND SOLIDS） 由干净的新镍银碎片、板、杆以及其他轧制型材组成，不含有铬和其他电镀材料。须按镍含量规格进行销售，如 10%、12%、15%、18%、20%。含铅的镍银碎片应分开包装、销售。所有镍银合金材料都需有一份针对其物理特性的描述
Malar	新分离的镍银碎片（NEW SEGREGATED NICKEL SILVER CLIPPINGS） 由一种指定的镍银合金组成。其中小于 1/4 in 的碎片不应低于总量的 10%
Malic	旧镍银（OLD NICKEL SILVER） 由旧的镍银薄片、管、杆、线、筛网、焊接或拆焊的部件等组成，不含有杂物、铁边框和其他金属
Melon	黄铜管（BRASS PIPE） 由黄铜管组成，其不含有电镀及焊接的材料，不含用黄铜铸件连接的黄铜管。管件应完整、干净，无沉积物和冷凝管
Naggy	镍银铸件（NICKEL SILVER CASTINGS） 包装之后分别销售
Niece	镍银车削屑（NICKEL SILVER TURNINGS） 包装之后分别销售
Nascent	含铅废黄铜钻屑（LEADED BRASS SCRAP TURNINGS） 由含 Cu、Zn 和 Pb 的合金钻屑和切屑组成。钻屑应为混合型，且 Bi 和 Si 杂质含量均小于 0.01%，买卖双方商定其他杂质要求
Niche	含铅黄铜切头和锻件（LEADED BRASS SCRAP ROD ENDS AND FORGINGS） 由含 Cu、Zn 和 Pb 的黄铜切头和锻件组成，固体应含有少于 0.01%的铋和硅合金以及买卖双方商定的其他杂质
Night	黄铜杆车屑（YELLOW BRASS ROD TURNINGS） 由杆车屑组成，不含 Al、Mn、化合物、托宾（Tobin）和孟兹（Muntz）合金屑。铁、油脂、水分含量不超过 3%，不含巴氏合金。锡和铁合金的含量分别不超过 0.30% 和 0.15%
Noble	新黄杂铜杆切头（NEW YELLOW BRASS ROD ENDS） 由新的干净的黄铜杆切头组成，锡含量不超过 0.30%，铁合金含量不超过 0.15%。不含孟兹（Muntz）金属和海军黄铜或其他合金。碎片尺寸不超过 12 in，且不含其他任何杂质

代码	条款
Nomad	黄铜切屑（YELLOW BRASS TURNINGS） 由黄铜切屑组成，不含 Al、Mn 成分的车削件。铁、油脂、水分含量不超过 3%，不含巴氏合金
Ocean	混合汽车散热器（MIXED UNSWEATED AUTO RADIATORS） 由混合的发动机散热器组成，不含铝制散热器和铁制散热器。所有散热器应尽量降低其含铁量。除非另行说明，散热器重量规格是指毛重
Pales	黄铜冷凝器管（BRASS CONDENSER TUBES） 由清洁的海军黄铜冷凝管件组成，电镀、非电镀的均可。没有双方商定的过度腐蚀材料。经买卖双方协商，可采用整捆形式，包括铁头和/或黄铜头以及铁和/或黄铜挡板
Pallu	铝黄铜冷凝管（ALUMINUM BRASS CONDENSER TUBES） 由干净完整的铝黄铜冷凝管件，电镀、非电镀的均可。不含有镍合金和被腐蚀的材料
Palms	孟兹合金管（MUNTZ METAL TUBES） 由干净的被镀层或未被镀层的孟兹（Muntz）黄铜管组成，不含镍合金、铝合金和其他被腐蚀的材料
Parch	锰青铜固件（MANGANESE BRONZE SOLIDS） Cu 含量不应低于 55%，Pb 含量不超过 1%，且不含铝青铜和硅青铜

（3）铝（Aluminum）

重件厚块可接受的尺寸、长度和重量要符合买卖双方的协议。

代码	条款
Tablet	干净的铝印刷基板（CLEAN ALUMINUM LITHOGRAPHIC SHEETS） 由 1000 和/或 3000 系列牌号的印刷用铝合金板组成，不含纸、塑料、过多油墨的薄板和其他任何杂物。铝板任何方向的最小尺寸为 8 cm
Tabloid	新的干净的铝印刷基板（NEW, CLEAN ALUMINUM LITHOGRAPHIC SHEETS） 由 1000 和/或 3000 系列牌号的印刷用铝合金板的废料组成，表面无油漆无涂层，不含纸、塑料、墨水和任何其他任何杂物。铝板任何方向的最小尺寸为 8 cm
Taboo	混合的低含铜铝板（MIXED LOW COPPER ALUMINUM CLIPPINGS AND SOLIDS） 由多种牌号的低铜的铝板（厚度大于 0.38 mm）混合物而组成，并且是新的、干净的、表面无涂层、无油漆的废铝板。其中不含 2000 和 7000 系列铝合金板，不含毛丝、丝网、直径小于 1.25 cm 的冲屑、污垢和其他非金属物品。油脂低于废铝总量的 1%。有任何变动将由买卖双方协商决定

代码	条款
Taint/Tabor	干净混杂的旧铝板（CLEAN MIXED OLD ALLOY SHEET ALUMINUM） 由两种和多种牌号的干净铝板混合废铝组成，不含铝箔、百叶窗、铸件、毛丝、丝网、易拉罐、散热器片、飞机铝板、瓶盖、塑料、污物及其他非金属物品。涂漆铝板低于废铝总量的 10%，油脂低于废铝总量的 1%
Take	新易拉罐存货（NEW ALUMINUM CAN STOCK） 由新的、干净的、低铜的铝易拉罐存货及其剪切废料组成，表面可有或没有平版印刷涂层，可带有清漆涂层。不含密封盖罐、铁、污物和其他杂物。油脂不超过废铝总量的 1%
Talc	消费后的旧易拉罐（POST-CONSUMER ALUMINUM CAN SCRAP） 由盛过食物或饮料的铝罐的废铝组成，不含其他废金属、箔、锡罐、塑料瓶、纸、玻璃及其他非金属杂物。变更规格应在装运前由买卖双方商定好
Talcred	易拉罐碎片［SHREDDED ALUMINUM USED BEVERAGE CAN（UBC）SCRAP］ 由易拉罐碎片的废铝组成，密度为 193～273 kg/m^3。通过孔径为 6.35 mm 网筛的碎片小于废铝总量的 5%。废铝必须经过磁选，不含废铁、废铅、瓶盖、塑料罐和其他塑料制品、玻璃、木材、污垢、油脂、垃圾和其他杂质。若材料中含有任何铅成分，买方均可作为拒收的依据。除了用过的饮料罐，其他铝制品都不可接受。变更规格应在装运前由买卖双方商定好
Taldack	压实的易拉罐［DENSIFIED ALUMINUM USED BEVERAGE CAN（UBC）SCRAP］ 由易拉罐压块构成的废铝，密度为 562～802 kg/m^3。每块重量不超过 27.2 kg。压块尺寸范围为 254 mm×330 mm×260 mm 至 508 mm×159 mm×229 mm。压块的两边应有易于捆绑的捆绑槽，以方便打包，所有打包的压块必须统一尺寸。建议的尺寸范围为（1 040～1 120 mm）×（1 370×1 370 mm）×1 420 mm。捆绑方法：用宽不小于 16 mm、厚 0.5 mm 的钢带捆扎，每捆每排垂直捆一道，水平方向至少两道。废铝必须经过磁性分离，不含铝易拉罐以外的废钢、铅、瓶盖、塑料罐和其他塑料制品、玻璃、木材、污物、油脂和其他杂物。若材料中含有任何铅成分，买方均可作为拒收的依据。有任何变动将由买卖双方协商决定。规格中未涉及的其他部分，如水分，其变更由买卖双方协商决定
Taldon	打捆易拉罐［BALED ALUMINUM USED BEVERAGE CAN（UBC）SCRAP］ 由打捆的、未压扁的易拉罐（密度为 225～273 kg/m^3）或打捆的、压扁易拉罐（密度小于 353 kg/m^3）的废铝组成。捆的最小规格为 0.85 m^3，建议尺寸为（610～1 020 mm）×（760～1 320 mm）×（1 020～2 130 mm）。捆绑方法：4～6 条 16 mm×0.50 mm 的钢带，或 6～10 条 13 号钢线（允许使用同样数量和强度的铝带或铝线）。不用滑动的垫木和/或任何材料的支撑板；废铝必须经过磁性分离，不含废钢、铅、瓶盖、塑料罐和其他塑料制品、玻璃、木材、污物、油脂、渣滓和其他杂物。变更规格应在装运前由买卖双方商定好

代码	条款
Taldork	压块的易拉罐废料［BRIQUETUED ALUMINUM USED BEVERAGE CAN（UBC）SCRAP］ 捆包的最小密度为 800 m³，打包尺寸大小将由 305 mm×305 mm～610 mm×610 mm，长度为 203～1 220 mm，总高度不高于 1 200 mm，重量不超过 1.814 t。压块应捆绑或堆叠在捆绑槽内，捆绑时每捆每排垂直捆一道，水平方向至少一道对其进行固定。绑带的尺寸最小为 16 mm×0.50 mm 的钢带（允许使用同样强度的其他材质作为绑带）。废铝必须经过磁铁分选，不含废钢铁、塑料、玻璃、污垢和其他杂物，除 UBC 以外的所有铝制品都是不可接受的，不含有游离的铅金属。本规范未涵盖的项目包括水分；对本规范的任何变更，应在装运前由买卖双方商定好
Tale	涂漆铝墙板（PAINTED SIDING） 由干净的低铜铝板（一面或两面有油漆、不含塑料涂层）的废铝组成。不含铁和污物、腐蚀物、泡沫、玻璃纤维等其他非金属物品
Talk	铝铜散热片（ALUMINUM COPPER RADIATORS） 由干净的铝铜散热片或铜管上的铝翅片的废铝组成。不含铜管、铁和其他杂物
Tall	E.C.铝碎粒（E.C. ALUMINUM NODULES） 由干净的 E.C.铝碎粒（破碎和切碎粒）组成，不含筛网、细发丝、绝缘物、铁、铜和其他非金属杂质，铝含量不低于 99.45%
Tally	汽车用散热器铝片（ALL ALUMINUM RADIATORS FROM AUTOMOBILES） 由干净的汽车用铝制散热器或冷凝器（不包含其他种类的散热器）构成，其中铁、塑料、泡沫等所有杂质不超过废铝总量的 1%
Talon	光亮铝线缆（NEW PURE ALUMINUM WIRE AND CABLE） 由新的、干净的纯铝线缆的废铝构成，不含铝合金线、毛丝、丝网、铁、绝缘皮和其他非金属杂质
Tann	混合光亮铝线缆（NEW MIXED ALUMINUM WIRE AND CABLE） 由新的、干净的纯铝电线、电缆与少量 6000 系列合金电线缆混合废铝构成，其中 6000 系列合金电线缆不超过废铝总量的 10%，不含铝合金线、毛丝、丝网、铁、绝缘皮和其他非金属杂质
Tarry A	无拉杆铝活塞（CLEAN ALUMINUM PISTONS） 由干净的铝活塞组成，不含拉杆、衬套、轴、铁环和非金属部件。油污和油脂不超过 2%
Tarry B	带拉杆铝活塞（CLEAN ALUMINUM PISTONS WITH STRUTS） 由干净的完整铝活塞（可以含拉杆）的废铝组成。油污和油脂不超过废铝总量的 2%，不含轴套、轴、铁环和非金属物件

代码	条款
Tarry C	夹铁的铝活塞（IRONY ALUMINUM PISTONS） 由带有非铝附件的铝活塞组成，在回收的基础上出售，或通过买卖双方的特殊安排出售
Tassel	旧混合铝线缆（OLD MIXED ALUMINUM WIRE AND CABLE） 由旧的纯铝电线、电缆和少量6000系列合金电线、电缆混合废铝组成。其中6000系列合金电线、电缆低于废铝总量的10%，表面氧化物及污物不超过废铝总量的1%。不含毛丝、丝网、铁、绝缘材料和其他非金属物件
Taste	旧铝线缆（OLD PURE ALUMINUM WIRE AND CABLE） 由旧的纯铝电线、电缆的废铝组成。表面氧化物及污物不超过废铝总量的1%。不含毛丝、丝网、铁、绝缘皮和其他非金属物件
Tata	新品铝挤压废料（NEW PRODUCTION ALUMINUM EXTRUSIONS） 由一种合金（通常为6063）组成。材料可能含有挤出过程中产生的"对接端"，但必须没有任何外来污染。阳极氧化材料也可接受。除6063以外的涂漆材料或合金须经买卖双方同意
Toto	铝挤压废料（ALUMINUM EXTRUSIONS "10/10"） 由新的和旧的或使用过的6063铝合金挤压废料组成，可含有不超过10%的油漆铝件和10%的6061合金铝件。一定不能含有其他铝合金件。材料不应含有锌边角、铁附件、毡品、塑料、纸张、硬纸板、隔热板、脏污物等
Tutu	铝挤压经销级废料（ALUMINUM EXTRUSION DEALER GRADE） 由一种旧挤制铝材合金组成，典型合金材有6063、6061或7075。材料不应含有铁、隔热板、锯片、锌边角、脏物、纸张、硬纸板和其他污染物等
Teens	同类铝屑（SEGREGATED ALUMINUM BORINGS AND TURNINGS） 由同一牌号、干净的铝合金屑的废铝构成。通过孔径20目（833 μm）网筛的细粉不超过废铝总量的3%，不含氧化物、污物、铁、不锈钢、镁、油、易燃液体、水分和其他非金属物品
Telic	混合铝屑（MIXED ALUMINUM BORINGS AND TURNINGS） 由多种牌号的、干净的、未腐蚀的铝合金屑混合废铝组成。通过孔径20目（833 μm）网筛的细粉不超过废铝总量的3%，铁含量不超过废铝总量的10%。游离镁金属、不锈钢、高度易燃的切削化合物均不构成良好的交付。为避免纠纷，材料销售时应明确其中Zn、Sn、Mg的最大含量
Tense	混合铝铸件（MIXED ALUMINUM CASTINGS） 由各种干净的铝铸件（可包括汽车或飞机铝铸件）混合废铝组成。油污和油脂不超过废铝总量的2%。不含铝锭、铁、黄铜、污物和其他非金属物品

代码	条款
Tepid	飞机飞铝板（AIRCRAFT SHEET ALUMINUM） 以回收销售为基础，或销售给特定购买者
Terse	新铝箔（NEW ALUMINUM FOIL） 由干净的、新的、无涂层的 1000 和/或 3000 和/或 8000 系列铝箔构成的废铝。不含电镀箔、涂铅铝箔、纸、塑料和其他非金属杂质
Tesla	旧铝箔（POST CONSUMER ALUMINUM FOIL） 由无涂层的 1000 和/或 3000 和/或 8000 系列旧的家用包装铝箔和铝箔容器构成的废铝；材料可以被电镀，有机残余物低于废铝总量的 5%。不含涂铅铝箔条、化学腐蚀箔、复合箔、铁、纸、塑料和其他非金属杂质
Tetra	新涂层铝箔（NEW COATED ALUMINUM FOIL） 包括涂有或层压有油墨、油漆、纸张或塑料的新铝箔。材料应清洁、干燥，无松散塑料、PVC 和其他非金属物品。该金属箔是以金属含量为基础或按买卖双方商定的样品出售的
Thigh	铝磨屑（ALUMINUM GRINDINGS） 以回收销售为基础，或销售给特定购买者
Thirl	铝灰渣（ALUMINUM DROSSES，SPATTERS，SPILLINGS，SKIMMINGS AND SWEEPINGS） 以回收销售为基础，或销售给特定购买者
Thorn	破损铝料（ALUMINUM BREAKAGE） 由各种铝制废料组成，含有铁、污垢、塑料和其他类型杂质。材料的售卖可以以铝回收量或铝含量为基准，需买卖双方达成共识。除非买卖双方另行规定，否则铝含量不低于 33%
Throb	加工废铝（SWEATED ALUMINUM） 由各种加工中的废杂铝组成，为了装运方便而加工、熔化成各种形状，如铸锭、板。不含腐蚀物、熔渣、其他非铝杂物。应根据样品或分析出售
Tooth	分类好的新铝合金边角料和固体物（SEGREGATED NEW ALUMINUM ALLOY CLIPPINGS AND SOLIDS） 由同种牌号铝板（厚度大于 0.38 mm）混合的新的、干净的，表面无涂层和漆层的废铝合金板组成。油脂不超过废铅含量的 1%，不含毛丝、丝网、直径小于 1.27 mm 的冲屑、污物和其他非金属物品
Tough	混合的新铝合金边角料和固体物（MIXED NEW ALUMINUM ALLOY CLIPPINGS AND SOLIDS） 由多种牌号铝板（厚度大于 0.38 mm）的混合废铝构成，且废铝板为新的、干净的，表面无涂层和漆层。油脂不超过废铝含量的 1%，不含毛丝、丝网、直径小于 1.27 cm 的冲屑、污物和其他非金属物品

代码	条款
Tread	同类铝铸件、锻件、挤出件（SEGREGATED NEW ALUMINUM CASTINGS, FORGINGS AND EXTRUSIONS） 由同种牌号的新的、干净的、无涂层的铝铸件、锻件、挤出件的废铝组成。不含锯屑、不锈钢、Zn、Fe、污物、油、润滑剂和其他非金属物品
Troma	铝轮毂（汽车或卡车）（Aluminum Auto or Truck Wheels） 由一种指定合金制成的干净的、单片的、非电镀的铝轮毂组成。不含轴衬、钢、阀杆、轮胎、润滑油、油脂和其他非金属物。买卖双方针对此规格的变化，应在装运之前达成协议
Trump	汽车铝铸件（ALUMINUM AUTO CASTINGS） 由干净的各种汽车用铝铸件的废铝组成。油污和油脂低于废铝总量的 2%。不含污物、黄铜、轴套及非金属物品
Trill	钢芯铝绞线（ACSR） ACSR 是钢丝和铝线组合在一起的导线，有各种构造，以回收铝为主。除非双方同意，不应含其他线缆
Twang	带绝缘层的废电线（IAW） 这类电线可以含有也可以不含有其他线或金属铠装，以回收铝为主，是否可含其他线缆由买卖双方协商
Twirl	破碎的飞机铝废料[FRAGMENTIZER AIRCRAFT ALUMINUM SCRAP（2000 and 7000 series）] 废料必须干燥，含 Zn 不超过 2%，Mg 不超过 1%，游离铁和不锈钢不超过 1.5%，分析铁不超过 2%。非金属杂物不超过 5%，其中橡胶和塑料不超过 1%
Twist	飞机铝铸件（ALUMINUM AIRPLANE CASTINGS） 由飞机上的干净铝铸件组成，不含铁、污垢、黄铜、衬套和非金属物品。油脂总量不超过 2%
Twitch	浮选出的汽车铝碎片［FLOATED FRAGMENTIZER ALUMINUM SCRAP（from Automobile Shredders）] 由干法或湿法分离装置分离得到的干燥废铝切片，且不含超过 1%的游离锌、1%的游离镁和 1%的分析铁。非金属含量不超过 2%，其中橡胶和塑料含量不得超过 1%。无过度氧化材料、安全气囊罐或任何密封或密闭压力容器。买方和卖方之间通过特殊安排出售的任何变更
Tweak	汽车铝碎片［FRAGMENTIZER ALUMINUM SCRAP（from Automobile Shredders）] 由机械或手工分选得到的干燥废铝切片，锌材料低于废铝的 4%，镁低于废铝的 1%，铁含量不超过废铝的 1.5%。非金属物质不超过废铝的 5%，其中橡胶和塑料不超过废铝的 1%。无过度氧化材料、安全气囊罐或任何密封或密闭压力容器。买方和卖方之间通过特殊安排出售的任何变更

代码	条款
Twire	烧过的汽车铝碎片［BURNT FRAGMENTIZER ALUMINUM SCRAP（from Automobile Shredders）］ 焚烧或燃烧过的干的废碎铝，并且焚烧灰最大含量要由买卖双方商定。锌材料低于废铝的4%，镁低于废铝的1%，铁含量不超过废铝的1.5%。非金属物质不超过废铝的5%，其中橡胶和塑料不超过废铝的1%。不含过度氧化的材料、安全气囊、密闭压力容器。无过度氧化材料、安全气囊罐或任何密封或密闭压力容器。买方和卖方之间通过特殊安排出售的任何变更
Zorba	主要含铝的有色金属废料［SHREDDED NONFERROUS SCRAP（predominantly aluminum）］ 由多种有色金属组成：Al、Cu、Pb、Mg、Ni、Sn、Zn，不锈钢等元素或合金。每种有色金属的含量由买卖双方商定。通过涡流、空气分选、浮选、筛分、其他分离技术（包括技术组合）获得这些材料。通过一个或多个磁选减少或排除游离铁或大块铁。不含有放射性物质、熔渣、灰渣。买卖这些材料被标识为"Zorba"并带上表示有色金属含量的数字（如"Zorba 90"表示大约含90%的有色金属）。经过筛分后，允许按特定尺寸范围进行描述（也可参考混合金属下的Zorba）

（4）锌（Zinc）

重件厚块可接受的尺寸、长度和重量要符合买卖双方的协议。

代码	条款
Saves	旧锌铸件废料（OLD ZINC DIE CAST SCRAP） 由各种混杂的含铁或不含铁旧锌铸件组成，可含有其他杂质。不含有切屑、碎渣块、大碎块、融化块和浮渣。要减少不可熔物质、污垢、杂质和易挥发物质（如橡胶、软木塞、塑料、润滑油等）。材料如果含有超过30%铁可能会影响交易
Scabs	新锌铸件废料（NEW ZINC DIE CAST SCRAP） 由新的、干净或未使用的锌铸件组成。铸件没有镀层，未上漆且未被腐蚀
Scoot	锌铸件汽车格栅（ZINC DIE CAST AUTOMOTIVE GRILLES） 由新的或旧的、干净的锌铸件汽车格栅组成。铸件没有焊接。应扣除所有外来附件与外部材料
Scope	新镀锌铸件废料（NEW PLATED ZINC DIE CAST SCRAP） 由新的或旧的干净未腐蚀的镀锌铸件组成
Score	旧锌废料（OLD SCRAP ZINC） 由干净干燥的锌废料组成，如锌板、瓶罐盖子、干净的非合金铸件和抗腐蚀板盘。不含有钻屑或车屑。材料不可被过度腐蚀或氧化。应扣除所有外来附件与外部材料

代码	条款
Screen	新锌切碎料（NEW ZINC CLIPPINGS） 由未被腐蚀的新纯锌片或冲压件组成。不含有外来杂质或附着物。印刷锌制品，如雕刻锌板、平版印刷版、名片印刷机板，须有专门的协议安排。不含打印机锌
Scribe	干净分类锌铸件废碎料（CRUSHED CLEAN SORTED FRAGMENTIZERS DIE CAST SCRAP，AS PRODUCED FROM AUTOMOBILE FRAGMENTIZERS） 材料干净，不含有污垢、油脂、玻璃、橡胶和垃圾。Fe、Cu、Al 及其他金属等不易熔化物的含量不超过总量的 5%
Scroll	未分类锌铸件废料（UNSORTED ZINC DIE CAST SCRAP） 产生自汽车破碎线。材料包含约 55% 含锌废料，其他有色金属（如铝、不锈钢、铜等）约 40%，绝缘铜线约占 1%。垃圾、污物、玻璃、橡胶、油、铁不超过总量的 5%。其他变化由买卖双方协商决定
Scrub	热浸镀锌底渣（成批处理）[HOT DIP GALVANIZERS SLAB ZINC DROSS（Batch Process）] 由成批处理的热镀锌板底渣组成，锌含量不少于 92% 且不含有松散的浮渣和铁。直径小于 2 in 的碎片重量不超过每次出货总量的 10%，每块厚板重量不超过 100 lb。经买卖双方同意，可以接受较重的部件和大块。不接受连续镀锌操作的材料
Scull	锌铸铁块（ZINC DIE CAST SLABS OR PIGS） 由锌基压铸材料组成，是光滑干净实心的铸块。材料不含浮渣，最低含 Zn 量 90%，Ni 含量最大 0.1%，Pb 含量最大 1%
Seal	连续镀锌板生产线的顶部浮渣（CONTINUOUS LINE GALVANIZING SLAB ZINC TOP DROSS） 由从连续镀锌槽上部清除的未熔锌浮渣组成，锌含量不低于 90%，且不含有浮渣。每块重量不超过 100 lb，若有超重将由买卖双方协商。直径小于 2 in 碎片重量不超过每次货物总重量的 10%
Seam	连续镀厚锌板的镀槽底部渣（CONTINUOUS LINE GALVANIZING SLAB ZINC BOTTOM DROSS） 由从连续镀厚锌板的镀槽底部清除的未熔的锌渣组成，锌含量不低于 92%，且不含有浮渣。每块重量不超过 100 lb，若有超重由买卖双方协商。直径小于 2 in 碎片重量不超过每次货物总重量的 10%
Shelf	初锌压铸渣（PRIME ZINC DIE CAST DROSS） 从熔锌压铸金属罐顶部撇出的金属，必须是未热析的、不含造渣熔剂的、发亮、光滑、金属性的，并且未被腐蚀和氧化。在模具中浇注成重量不超过 75 lb 的固体

（5）铅（Lead）

重件厚块可接受的尺寸、长度和重量要符合买卖双方的协议。有关货物装船的包装说明和管理状况，在装运前提供给买家。

代码	条款
Racks	软废铅（SCRAP LEAD-SOFT） 由干净的软废铅组成。不含其他材料，如浮渣、蓄电池极板、铅皮电缆、硬铅、折叠软管、金属箔、铅字合金、Al、Zn、Fe、黄铜配件、脏污的化学铅和放射性材料。在销售前与买方一起审查包装规格和装运要求
Radio	混合硬/软废铅（MIXED HARD/SOFT SCRAP LEAD） 由干净的铅固件和软铅组成，不含其他材料，如浮渣、蓄电池极板、铅皮电缆、硬铅、折叠软管、金属箔、铅字合金、Al、Zn、Fe、黄铜配件、脏污的化学铅和放射性材料。在销售前与买方一起审查包装规格和装运要求
Rains	完全排干的废铅电池（SCRAP DRAINED/DRY WHOLE INTACT LEAD） 不包含任何液体。电池壳是塑料或塑胶，并有完整的盖子。不包含非铅的废料（镍镉，镍铁蓄电池等）。对工业产生的、包钢的、航空的（铝制外壳）和局部有裂缝的或破碎的电池以及没有盖子的电池，其交易需要达成特别协议。在销售前与买方一起审查包装规格和装运要求
Rakes	电池接头（BATTERY LUGS） 不含有碎铅、车轮平衡块、蓄电池极板、橡胶或塑料外壳材料及其他外来材料。金属含量不低于总量的97%
Relay	包铅的铜线缆（LEAD COVERED COPPER CABLE） 不包含铠装电缆及其他杂质，涉及外来材料需买卖双方协商决定
Rents	铅灰渣（LEAD DROSS） 由干净的且一定程度上不含其他成分（如铁、污垢、有害化学制品或其他金属）的铅灰渣组成。不含有放射性物质、Al、Zn。可基于分析结果进行交易，或基于买卖双方达成协议。其他可包含金属，如Sb、Sn等，由买卖双方约定计算。物料应易于从桶中倒出，若依靠机械装卸物料，要估算额外增加的费用
Rink	完整湿铅电池废料（SCRAP WET WHOLE INTACT LEAD BATTERIES） 由SLI（启动，照明和点火）组成，包括汽车、卡车、8-D、商业高尔夫球车及船用电池。电池壳是塑料或塑胶，并且是完整的。非铅材料（如镍镉、镍铁、碳电极等）不可接受。其他类型须在专门的协议中指出，如飞机（铝）胶体电池、割草机，以及局部有裂缝的或破碎的电池、没有盖子的电池，以及液体含量和规格的变更等
Rono	完整工业铅电池单元废料（SCRAP INDUSTRIAL INTACT LEAD CELLS） 由完整塑料外壳包覆的铅板组成。局部有裂缝的或破碎的电池、没有盖子的电池，以及液体含量和规格的变更等须在专门的协议中指出

代码	条款
Roper	废完整工业铅电池（SCRAP WHOLE INTACT INDUSTRIAL LEAD BATTERIES） 由公共汽车、柴油机、机车、电话和/或钢制包装电池组成。船用电池需参照协议。局部有裂缝的或破碎的电池、没有盖子的电池，以及液体含量和规格的变更等须在专门的协议中指出
Ropes	轮胎铅平衡块（WHEEL WEIGHTS） 由含铁或不含铁的轮胎铅平衡块组成。除非协议特别规定，否则不含有其他铅废料、接线片或板，不含有其他杂质

后 记

——路的感想

在我确定书名时，选择了洋垃圾和征途两个关键词，目的是想体现新时代下党中央、国务院决策部署禁止洋垃圾入境的坚定意志，生态环境部、海关总署等部门齐心协力、不折不扣坚决落实这一决策的坚定决心，也想将自己融入该项事业的新作为体现出来。个人是我国进口废物管理和阻止洋垃圾入境的见证者、参与者和践行者，就如同是一名依然行进在征途中的不知疲倦的战士。我国政府打击洋垃圾入境不是现如今才开始的，而是伴随着国家允许固体废物进口的历程，多年前就有了，只是当今达到了全方位和最严厉的程度，我从始至今参与其中，从未中断，尤其在制定进口废物环境保护控制标准和承担固体废物属性鉴别工作方面发挥了积极作用，明辨了固体废物属性的一些是非问题，确立了固体废物属性鉴别的一些技术方法和标准规范，是国家、社会和时代铺就和指引了个人的事业之路。

这是一条艰难探索之路。25 年前个人开始接触进口固体废物，18 年前进一步从事了固体废物属性鉴别工作，一步步坚持下来并且深入进去，从个人探求到指导他人，学到并掌握了各种各样的固体废物来源特性、理化特性和污染特性方面的知识，判断并积累了数百项禁止进口的固体废物案例，梳理并总结了固体废物鉴别原理与方法，思考并揭示了洋垃圾进口的危害性和复杂性，工作过程犹如人生过程，百味杂陈，颇似力能扛鼎，实则是艰难支撑，过去是个人体会深刻，现在则成为很多鉴别机构和鉴别人员的共有体会。

这是一条有益事业之路。我曾经在一些场合多次说过，我国进口废物管理过去实行"有限许可、普遍禁止"的总策略，这是固体废物的自然属性、社会属性、资源属性和污染特性所决定的，不以个人的意志和个别企业的意志为转移；从法律、常理、道义和客观事实上都没有充分理由鼓励或依赖如此做法，即将一个国家的固体废物转移到另一个国家进行利用或处置，即便是环境无害化的也不应如此。因而，从我深入了解进口废物的法律要求和进口政策后，就始终坚信参加到固体废物属性鉴别和进口废物严厉管理的事业当中是一件于国于民有利的事，必须秉持公心公正，也必须小心谨慎，不可随意判断和妄下结论，没有信念、觉悟、知识和定力的人怎能长期坚持下来？

　　这是一条继续前行之路。2017 年 7 月 28 日，环境保护部部长在《人民日报》上撰文谈全面禁止洋垃圾入境，深刻阐明了禁止洋垃圾进口的重大意义，论述了禁止洋垃圾入境推进固体废物进口管理制度改革的根本措施，表明今后我国禁止洋垃圾入境不是空谈，不是悠悠寡断，也不是权宜之计，是党和政府的既定和长远方针。由于固体废物种类和来源太复杂了，有些时候对物质是否属于废物或产品的区分也太复杂了，不同人对同一个物质会得出截然不同的判断结论。那么，今后仍可能面临洋垃圾违法进口的复杂情形，口岸执法机关会继续紧盯违法进口行为，更需要主管部门不断完善技术规范和加强各种应对之策。

　　本书主要内容尽管是自己和小团队这两三年工作的集中体现，但很多是长期积累的知识和经验的再现，来自实践经验的总结又回馈于进口废物行业和社会，涵盖了固体废物属性鉴别案例、制定固体废物属性鉴别标准、修订进口废物环境标准、起草固体废物属性鉴别程序、进口废物环境影响分析、应对国际社会的质疑、禁止洋垃圾实施过程中其他支持工作等内容，都是一些肩负责任的具体工作。团队圆满完成了生态环境部交办的任务，尽力完成了各地海关委托的鉴别案例重任。

　　一位朋友曾跟我感叹说，人年纪大了有个鲜明特征，爱唠叨、牵挂这、牵挂那。回想自己最近十余年，天天忙碌于工作和业务、答疑解惑和化解鉴别工作可能的矛盾和潜在危险；思维也没闲着，将鉴别方法、思考体会总结出来编写进书中，还利用一些出差的机会宣传我国禁止洋垃圾的政策主张，反复强调鉴别工作必须严谨认真和综合考虑；在我身上也验证了老朋友的感叹，都是凡夫俗子和黎民百姓，人生体验自有相同之处，也有不同差异，更何况实际鉴别工作中常常会发生一些进口废物的当事人不理解和困惑的情形。但并非只有压力、紧张和叹息，也有坚守、坚毅、坚强带来的收获喜悦。古人云"君子自强不息，厚德载物"，人生过程在于顺乎天地自然和社会规范，努力地去做好应该做的事，努力地做到胸怀坦荡，尽力实现在背后少有人指骂你，不愧对己心和了解你的人以及不愧对这份事业的起码责任担当就足矣。

　　在此非常感谢中国环境出版集团的李卫民编辑为出版本书付出的辛苦，她倾注了不少心血，体现了责任担当，全力帮我再现了一段人生路程。

　　路仍在延伸下去，征途上加入的人越来越多，问题和险阻仍不少。

周炳炎

2019 年 1 月